高等职业教育机电类专业"十二五

中国高等职业技术教育研究会推荐

高等职业教育精品课程

MasterCAM X⁴ 实用教程

唐立山　主编

国防工业出版社

·北京·

内容简介

本书是高等职业教育机电类专业"十二五"规划教材。全书共 8 章,第 1 章是 MasterCAM X⁴ 概述,第 2 章介绍了二维图形的绘制、编辑方法及二维绘图项目,第 3 章介绍了曲面造型方法及曲面造型项目,第 4 章介绍了实体造型方法及实体造型项目,第 5 章介绍了二维铣削加工方法及外形铣削加工项目、挖槽加工项目、平面铣削加工项目、钻孔加工项目,第 6 章介绍了三维铣削加工方法及曲面加工项目,第 7 章介绍了铣削加工综合项目,第 8 章介绍了车削加工方法及车削加工综合项目。书中所举项目针对性强,所附思考与练习设计合理充实;本书既适合于项目式教学,又适合于传统教学,还适合于自学。随书所附光盘可供教学和自学时使用。

本书主要用作高职院校数控、机电、模具等专业的"CAD/CAM 软件应用"课程教材,也可作为普通高校机电类专业教材、MasterCAM X⁴ 培训教材、相关工程技术人员的参考书。

图书在版编目(CIP)数据

MasterCAM X⁴ 实用教程/唐立山主编. —北京:国防工业出版社,2011.6
高等职业教育机电类专业"十二五"规划教材
ISBN 978-7-118-07396-6

Ⅰ.①M… Ⅱ.①唐… Ⅲ.①计算机辅助制造-应用软件,MasterCAM X⁴-高等职业教育-教材 Ⅳ.①TP391.73

中国版本图书馆 CIP 数据核字(2011)第 084301 号

※

*国防工业出版社*出版发行
(北京市海淀区紫竹院南路 23 号 邮政编码 100048)
北京奥鑫印刷厂印刷
新华书店经售

*

开本 787×1092 1/16 印张 23½ 字数 541 千字
2011 年 6 月第 1 版第 1 次印刷 印数 1—4000 册 定价 49.00 元(含光盘)

(本书如有印装错误,我社负责调换)

国防书店:(010)68428422 发行邮购:(010)68414474
发行传真:(010)68411535 发行业务:(010)68472764

高等职业教育制造类专业"十二五"规划教材
编审专家委员会名单

主任委员 方 新(北京联合大学教授)

刘跃南(深圳职业技术学院教授)

委 员 (按姓氏笔画排列)

白冰如(西安航空职业技术学院副教授)

刘克旺(青岛职业技术学院教授)

刘建超(成都航空职业技术学院教授)

米国际(西安航空技术高等专科学校副教授)

李景仲(辽宁省交通高等专科学校教授)

段文洁(陕西工业职业技术学院副教授)

徐时彬(四川工商职业技术学院副教授)

郭紫贵(张家界航空工业职业技术学院副教授)

黄 海(深圳职业技术学院副教授)

蒋敦斌(天津职业大学教授)

韩玉勇(枣庄科技职业学院副教授)

颜培钦(广东交通职业技术学院教授)

总 策 划 江洪湖

《MasterCAM X⁴ 实用教程》
编 委 会

主　编　　唐立山

副主编　　廖璘志　　佛新岗　　吴　兵

参　编　　肖善华　　盛觉如　　刘建亚　　周益兰

　　　　　唐立权　　黄冬梅　　李凡国

主　审　　沈　斌

总　　序

在我国高等教育从精英教育走向大众化教育的过程中,作为高等教育重要组成部分的高等职业教育快速发展,已进入提高质量的时期。在高等职业教育的发展过程中,各院校在专业设置、实训基地建设、双师型师资的培养、专业培养方案的制定等方面不断进行教学改革。高等职业教育的人才培养还有一个重点就是课程建设,包括课程体系的科学合理设置、理论课程与实践课程的开发、课件的编制、教材的编写等。这些工作需要每一位高职教师付出大量的心血,高职教材就是这些心血的结晶。

高等职业教育制造类专业赶上了我国现代制造业崛起的时代,中国的制造业要从制造大国走向制造强国,需要一大批高素质的、工作在生产一线的技能型人才,这就要求我们高等职业教育制造类专业的教师们担负起这个重任。

高等职业教育制造类专业的教材一要反映制造业的最新技术,因为高职学生毕业后马上要去现代制造业企业的生产一线顶岗,我国现代制造业企业使用的技术更新很快;二要反映某项技术的方方面面,使高职学生能对该项技术有全面的了解;三要深入某项需要高职学生具体掌握的技术,便于教师组织教学时切实使学生掌握该项技术或技能;四要适合高职学生的学习特点,便于教师组织教学时因材施教。要编写出高质量的高职教材,还需要我们高职教师的艰苦工作。

国防工业出版社组织一批具有丰富教学经验的高职教师所编写的机械设计制造类专业、自动化类专业、机电设备类专业、汽车类专业的教材反映了这些专业的教学成果,相信这些专业的成功经验又必将随着本系列教材这个载体进一步推动其他院校的教学改革。

方　新

前　　言

数控加工技术是典型的机电一体化技术,《MasterCAM X⁴ 实用教程》为数控加工提供了全新的思维模式和解决方案,国内外制造企业、特别是模具制造企业纷纷采用 CAD/CAM 软件来进行数控加工编程。为了给企业培养一大批掌握 CAD/CAM 技术的高技能人才,我们组织了全国部分高职院校的教师和工程技术人员,根据多年的 CAD/CAM 软件教学和实际应用经验编写了本教材。

"CAD/CAM 软件应用"是一门实践性很强的课程,要学好它就要"精讲多练",就要有一本好的教材。在多年的教学中我们感觉没有一本好用的教材,只有自己辛苦准备的讲义。教科书要有别于一般的电脑书,不能厚厚一本书,就只有几个范例,应该要有概念、有分析、有项目案例、有小结、有思考题和习题,且项目案例要有很强的针对性;内容要精练,既注重系统性,又注重实用性,要让学生在"边学边做"中能很快地掌握 CAD/CAM 技术。这本教材在这些方面都考虑到了。

教材编写遵循"基础→小项目→大项目→实际应用"这一指导思想,注重学生能力的培养。第 7 章和第 8 章是实际加工综合项目案例,学生做毕业设计时可参考。本书配有教学光盘一张,光盘中的习题按章节分开存放,题号与教材中的图号相对应,使用非常方便。因此,本书一定是广大教师和学生及其他读者所喜爱的书。

本课程是数控、机电、模具、机制等专业的必修课,作为当代大学生必须对 CAD/CAM 技术有足够的了解;而不同的专业对 CAD/CAM 知识的掌握要求略有差别,可以根据专业需要,从教材中选学不同的章节,这本书也能满足这个特点。

全书共 8 章,主要包括 MasterCAM X⁴ 概述、二维图形的绘制和编辑、曲面造型、实体造型、二维铣削加工、三维铣削加工、铣削加工综合项目、车削加工等内容。

本教材由唐立山任主编,廖璘志、佛新岗、吴兵任副主编,同济大学中德学院沈斌教授任主审。参加编写的老师还有肖善华、盛觉如、刘建亚、周益兰、唐立权、李凡国,以及湘潭市天天电工器材有限公司黄冬梅工程师等。

本书在编写过程中得到了长沙航空职业技术学院、宜宾职业技术学院、西安航空职业技术学院、陕西工业职业技术学院、湖南科技工业职业技术学院的大力支持与帮助,在此表示衷心感谢!

由于编者水平有限,书中的不妥之处,恳请读者批评指正。

编　者

目　　录

第1章 MasterCAM X⁴ 概述

1.1 MasterCAM X⁴ 系统概述

MasterCAM 软件是美国 CNC 公司开发的基于 PC 平台的 CAD/CAM 软件。该软件自 1984 年问世以来，就以其强大的三维造型与数控加工自动编程功能闻名于世。

MasterCAM 软件虽不如工作站级软件功能全、模块多，但具有很大的灵活性。它对硬件的要求不高，可以在一般的微机上运行，且操作简单方便，易学易用，目前已被广泛地用于机械制造业、汽车、造船、模具、家电等领域。

MasterCAM X⁴ 在以前版本的基础上又增加了很多新的功能和模块，对 3 轴和多轴功能进行了提升，包括 3 轴曲面加工和多轴刀具路径。它集二维绘图、三维造型、图形编辑、数控编程、刀具路径模拟及真实感模拟等功能于一身，并且可以将生成的数控程序通过计算机的通信端口，将数控程序直接输入数控机床，提高工作效率。

1.1.1 MasterCAM X⁴ 的模块组成及功能

1. MasterCAM X⁴ 的模块组成

MasterCAM X⁴ 是 CAD/CAM 一体化软件，主要包括设计、铣削、车削、线切割和雕刻 5 大模块。

2. MasterCAM X⁴ 中的设计、铣削和车削模块的主要功能

(1)绘制二维图形。MasterCAM X⁴ 可以直接进行二维图形的绘制。在【绘图】菜单中提供了丰富的绘图命令，用户使用这些命令可以绘制点、直线、圆、圆弧、椭圆、矩形、样条曲线等基本图形。

(2)绘制三维图形。MasterCAM X⁴ 具有较强的三维造型功能，可完成三维曲面和实体造型。在绘制好的二维图形的基础上使用曲面的举升、直纹、旋转、扫描、牵引和网格面等命令进行三维曲面造型。

(3)由三维实体图形直接生成二维工程图。MasterCAM X⁴ 具有由三维实体图形直接生成二维工程图的功能。

(4)图形编辑。MasterCAM X⁴ 具有对绘制的二维图形、三维图形进行"编辑"和"转换"，实现图形的修剪、延伸、打断、镜像、旋转、比例缩放、阵列、平移、补正等操作。

(5)打印图形。MasterCAM X⁴ 具有将绘制的图形打印在纸上、实现硬拷贝的功能。

(6)铣削加工。要对零件进行铣削加工，必须先绘制好图形，然后进行相关参数设置。例如，根据零件定义毛坯；进行加工方式、刀具参数、加工参数设置；生成刀具路径；刀具路径模拟；后置处理产生数控机床所需的 NC 数控加工程序。

(7)车削加工。车削加工与铣削加工相似，可完成零件车削加工 NC 程序。

1.1.2 MasterCAM X^4 的主要特点

(1)使用全新整合式的视窗界面,可依据个人不同的喜好,调整屏幕外观及工具栏,使用户的工作更迅速。

(2)新的抓图模式,简化操作步骤。

(3)图形属性改为"使用中的(live)",便于以后的修改。

(4)曲面的建立新增"围离曲面"、"面与面倒圆角",昆氏曲面改成更方便的"网状曲面"。

(5)直接读取其他 CAD 图形文件,包括 DXF、DWG、IGES、VDA、SAT、parasolid、SolidEdge、SolidWorks 及 STEP,实现图形文件的共享。

(6)对 3 轴和多轴功能做了大幅提升,包括 3 轴曲面加工和多轴刀具路径。

(7)增加机器定义及控制定义,明确规划用户的 CNC 机器的功能。

(8)外形铣削型式除了 2D、2D 倒角、螺旋式渐降斜插及残料加工外,新增"毛头"的设定。

(9)外形铣削、挖槽及全圆铣削增加"贯穿"的设定。

(10)增强交线清角功能,增加"平行路径"的设定。

(11)将曲面投影精加工中的两区曲线熔接成独立的"熔接加工"。

(12)挖槽粗加工、等高外形及残料粗加工采用新的快速等高加工技术(FZT),大幅减少了计算时间。

(13)改用更人性化的路径模拟界面,让用户可以更精确地观看及检查刀具路径。

1.2 系统的启动与退出

1. 启动

在默认的情况下,成功地安装 MasterCAM X^4 中文版后,在桌面上产生一个 Master-CAM X^4 中文版快捷图标,并且在程序组里也产生一个 MasterCAM X^4 中文版的程序组。

启动 MasterCAM X^4 主窗口有如下 3 种方式。

(1)双击桌面快捷图标█。

(2)将鼠标指针指向快捷图标并单击右键,在弹出的快捷菜单中选择【打开】命令。

(3)单击【开始】菜单进入【程序】,选择下拉菜单中的"MasterCAM X^4"。

2. 退出

退出 MasterCAM X^4 系统有如下 3 种方式。

(1)单击 MasterCAM X^4 主窗口中的【文件】→【退出】菜单命令。

(2)单击 MasterCAM X^4 主窗口中右上角的关闭图标█。

(3)同时按下【Alt+F4】组合键。

3.【MasterCAM X^4】对话框

当用户发出"退出"命令时,系统弹出如图 1-1 所示对话框,询问用户是否退出系统,单击【是(Y)】按钮退出系统,单击【否(N)】按钮返回系统工作状态。

如果当前图形经修改又尚未存盘时,系统弹出如图 1-2 所示对话框,询问用户是否保存所做改动? 单击【是(Y)】按钮表示保存所做改动,单击【否(N)】按钮表示放弃保存,只有当用户作出明确选择后,才能退出系统。

图 1-1 是否退出系统对话框

图 1-2 是否保存文件对话框

1.3 系统工作界面

MasterCAM X^4 启动后,屏幕上出现如图 1-3 所示的工作界面,该界面主要包括标题栏、菜单栏、工具栏、状态栏、操作管理器、绘图区、坐标系图标、视角/视图、次菜单、鼠标右键菜单等。

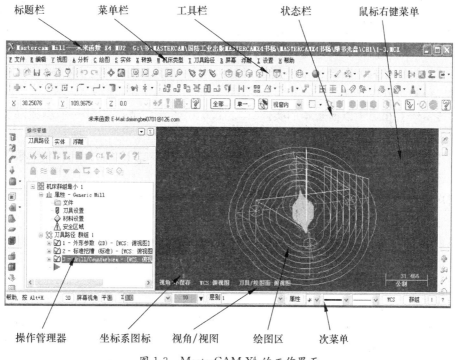

图 1-3 MasterCAM X^4 的工作界面

MasterCAM X^4 的工作界面是一种 Windows 方式的图形用户界面,真正的人机对话方式,界面简单易懂,操作者只需掌握各部分的用途和位置,就可将各种功能应用自如。

MasterCAM X^4 工作界面介绍如下。

1. 标题栏

标题栏显示当前打开的 MasterCAM X^4 模块名称、图形文件名称、文件路径等信息。

2. 菜单栏

默认的情况下系统有 13 个菜单项,由【文件】、【编辑】、【视图】、【分析】、【绘图】、【实体】、【转换】、【机床类型】、【刀具路径】、【屏幕】、【浮雕】、【设置】及【帮助】菜单组成,这些菜单包括了 MasterCAM X⁴ 的所有功能和命令。

(1)单击菜单栏中的某一项将直接执行相应的命令。

(2)菜单的后面有向右的黑三角的图标,表示带有二级子菜单,光标移至此图标上将弹出下一级菜单。

(3)命令后跟有快捷键,如【视图】下拉菜单中【视图放大 F1】,表示按下快捷键【F1】,即可执行视窗放大命令。

3. 工具栏

工具栏是 MasterCAM X⁴ 提供的一种调用命令的方式,它包含多个由图标表示的命令按钮,单击这些图标按钮,就可以调用相应的命令。

把光标置于某个图标按钮上时,会显示该图标功能名称,以方便用户使用。

4. 状态栏

用于进行数据的输入,或显示操作向导、用户操作的反馈信息等。

5. 操作管理器

操作管理器位于工作界面的左边,类似于其他软件的模型树。操作管理器把同一加工任务的各项操作集中在一起,界面简练、清晰。

操作管理器包括【刀具路径】、【实体】和【雕刻】3 个选项卡。

(1)【刀具路径】:可进行加工使用的刀具以及加工参数的设置,刀具路径的编辑、复制、粘贴、校验等操作。

(2)【实体】:相当于以前版本的实体管理器,记录了实体造型的每一个步骤以及各项参数等内容。

(3)【雕刻】:与刀具路径一项类似,它是用来记录雕刻加工时的刀路、各项参数等。

6. 绘图区

用户进行绘图、编辑等的工作区,用于显示绘制的图形或选取图形对象等。

7. 坐标系图标

显示坐标系的原点和 3 个轴(X 轴、Y 轴、Z 轴)及方向。

8. 视角/视图

显示当前的屏幕视角、刀具平面和构图平面。

9. 次菜单

次菜单位于工作界面的底部,主要包括视角选择、构图面设置、Z 轴设置、图层设置、颜色设置、图素属性设置和群组设定功能。

下面介绍次菜单中主要菜单项的含义及功能。

(1)屏幕视角:单击 屏幕视角 按钮,系统弹出【屏幕视角】菜单,如图 1-4 所示。可设定观察三维图形的视角、位置。屏幕视角表示的是当前屏幕上的观察角度,但用户所绘制的图形不受当前屏幕视角的影响,仅由构图平面和工作深度决定。

(2)构图面和刀具面:单击 平面 按钮,系统弹出【构图面和刀具面】菜单,如图 1-5 所示。可设定图形绘制时所在的二维平面,其允许定义在三维空间的任何处。它依赖于图形视角的设置,绘图时应避免绘制的图形设置在不适当的位置。

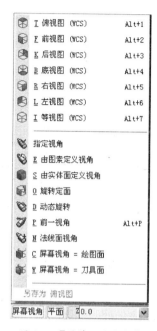

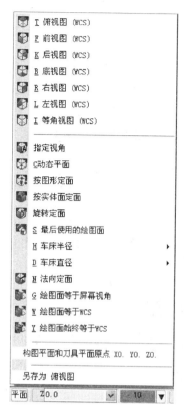

图 1-4 【屏幕视角】菜单　　　　图 1-5 【构图面和刀具面】菜单

刀具面是 CAM 操作时刀具工作的一个二维平面,及 CNC 机床的 xoy 平面。数控加工中,系统提供了 3 个主要的刀具平面:Top、Front 和 Side,在 NC 代码中其分别有 G17、G18 和 G19 指令来制定。一般都设置为 Top,即与机床坐标系保持一致。

（3）工作深度:单击 Z 按钮,系统提示选取一点定义新的构图深度;或可设定当前构图面的绘图深度,即 Z 轴的坐标位置。Z 轴的定义与构图面的选择有关,它总是垂直当前构图面(Cplane)的 XY 平面,而构图深度是相对于系统原点(X_0,Y_0,Z_0)来定义的。当构图面设为 3D 时,将忽略此深度值。

（4）颜色:单击  按钮,系统弹出【颜色】对话框,如图 1-6 所示。用户可以从【颜色】对话框中选取新的颜色,单击该对话框中按钮完成颜色设置。利用该对话框可在 16 色和 256 色样板间进行切换,设定系统当前所使用的绘图颜色,以采用选定的颜色直观地绘制图形,方便构图时区分图素。

单击系统颜色按钮,系统弹出按钮,再单击该按钮,系统提示选择一个图素,在绘图区中选择一个图素,系统将以此图素颜色绘制图形。

（5）图层:单击 层别 按钮,系统弹出【层别管理】对话框,如图 1-7 所示;或在【层别】文本框中直接输入某层别号,用户可定义当前的工作层,控制图素在工作区的显示等。

图层是管理图层的一个重要工具。一个 MasterCAM X[4] 图形文件可以包含线框模型、曲面、实体、尺寸标注、刀具路径等对象,把不同的对象放在不同的图层中,可以控制任何对象在绘图区是可见或不可见。在 MasterCAM X[4] 系统中,可以设置为 1～255 的任何一层为当前构图层,也允许拷贝、移动图层从一个层到另一个层,或隐藏图层、给图层命令等。

5

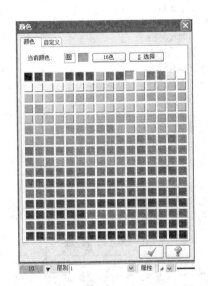

图 1-6 【颜色】对话框

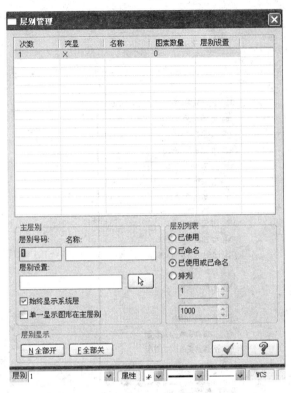

图 1-7 【层别管理】对话框

（6）属性：单击 属性 按钮，系统弹出【属性】对话框，如图 1-8 所示。在其中可设定当前的绘图颜色、图层、线型、线宽等，它也反映着当前图素的类型。

（7）群组：单击 群组 按钮，系统弹出【群组管理】对话框，如图 1-9 所示。

图 1-8 【属性】对话框

图 1-9 【群组管理】对话框

6

用户可将多个图素定义为一个整体,便于在转换指令中使用,如镜像、旋转、平移等,但单体补正不能使用群组。执行群组设定时,其操作对话框如图1-9所示。

10. 鼠标右键菜单

在绘图区单击鼠标右键,系统弹出浮动的鼠标右键菜单,可对图形进行缩放,选择屏幕视角,光标自动抓点设置,清除颜色。

1.4 MasterCAM X⁴ 的命令输入

1. MasterCAM X⁴ 的命令输入

MasterCAM X⁴ 的命令输入是使用鼠标与键盘来操作的。鼠标的左键一般用于选择菜单项或图标按钮来执行相关的命令,而鼠标右键随命令的不同会出现相对应的一些功能。键盘输入数据时还可以接受四则运算以及代数符号等数值。

2. MasterCAM X⁴ 默认的功能键

在 MasterCAM X⁴ 系统中有一些默认的功能键,通过此类功能键可快捷地实现所需执行的某些操作。

MasterCAM X⁴ 默认的功能键及其含义如表1-1所列。

表 1-1 默认的功能键及其含义

功 能 键	功能键的含义
Alt+1	俯视图
Alt+2	前视图
Alt+3	后视图
Alt+4	仰视图
Alt+5	右视图
Alt+6	左视图
Alt+7	等角视图
Alt+A	对图形进行水平或垂直旋转
Alt+"←、→、↑、↓"	打开自动存档对话框
Alt+C	打开(C-HOOKS and NET-HOOKS)对话框
Alt+D	打开标注尺寸参数对话框
Alt+E	显示或隐藏图素
Alt+F1	将全部几何图形显示于屏幕上,图形适度化
Alt+F2	将屏幕上图形缩小0.8倍
Alt+F4	退出 MasterCAM X4 系统,回到 Windows 系统
Alt+F8	打开系统配置对话框
Alt+F9	显示原始视图中心、当前构图面的坐标系(左上角)和刀具平面的坐标系(左下角)
Alt+F12	选择中心点为控制器旋转
Alt+G	打开栅格设置对话框
Alt+H	打开系统帮助信息窗口
Alt+O	打开/关闭操作管理器
Alt+P	前一视角
Alt+S	曲面着色显示
Alt+T	显示或隐藏刀具路径
Alt+U	取消上一次操作

功 能 键	功能键的含义
Alt+V	打开本系统版本号和序列号对话框
Ctrl+A	选择所有的图素
Ctrl+C	拷贝所有图素
Ctrl+F1	选择中心点缩放图形
Ctrl+U	取消上一次创建的图素
Ctrl+V	粘贴图素
Ctrl+X	剪切图素
Ctrl+Y	恢复取消操作
Ctrl+Z	恢复上一次操作
F1	用鼠标在屏幕中指定一矩形区域,将区域内的图形放大
F2	几何图缩小为先前的50%
F3	重画图形
F4	打开选择的图素分析对话框
F5	执行删除功能
F9	显示或隐藏坐标轴
Page Down	几何图形缩小为先前的5%
Page Up	几何图形放大为先前的5%
Shift+Ctrl+R	再生图形
Esc	中断当前命令

1.5　自动抓点方式设置

由于绘图中要经常捕捉一些特殊点,在 MasterCAM X^4 中单击图标 ▣,系统弹出【光标自动抓点设置】对话框,如图 1-10 所示。

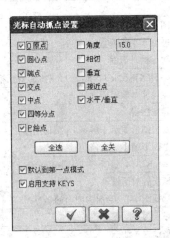

图 1-10 【光标自动抓点设置】对话框

在该对话框中的抓点项前面方框中单击鼠标左键出现"√",说明该项自动抓点方式被选取,单击按钮 ✓ 设置完成。

设置完成后,需要输入点时,将鼠标移动到图形元素的端点、交点、四等分点、圆心等特殊点时,会出现一个方框,在此处单击鼠标左键则该点就被抓取。

如果不需要自动抓取某项点时,在抓点项前面方框中再次单击鼠标左键,该项前的"√"消失,则该项自动抓点功能取消。

1.6 文 件 管 理

MasterCAM X[4] 的文件管理包括:创建新文件、打开文件、合并文件、保存文件、另存文件、部分文件保存以及文件的输入/输出等。

1. 创建新文件

在 MasterCAM X[4] 启动后,系统按其默认配置自动创建一个新文件,用户可以直接进行图形绘制等操作。若已经在编辑一个文件,要新建另一个文件,可选择【文件】→【新建文件】菜单命令。

如果当前文件没有保存,系统会出现如图 1-11 所示的提示对话框,单击【是】按钮,则保存当前文件;单击【否】按钮,则放弃保存。

图 1-11　提示对话框

2. 打开文件

(1)选择【文件】→【打开文件】菜单命令,系统弹出【打开】文件对话框,如图 1-12 所示。

图 1-12　【打开】文件对话框

9

(2)在图 1-12 中选择【预览】复选框，即可通过该预览窗口查看所需文件，如图 1-13 所示。

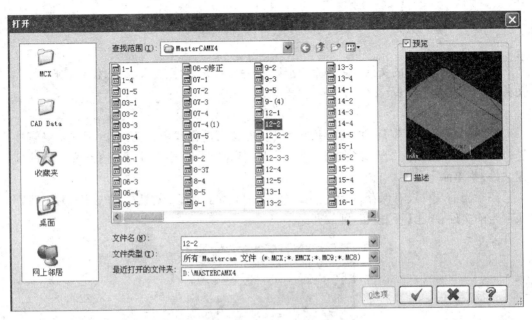

图 1-13　【预览】复选框

(3)选择文件后，单击 ✔ 按钮或双击所选文件，将在图形窗口打开该文件。此时，如果当前文件没有保存，系统将弹出如图 1-11 所示的对话框提示是否保存当前文件。

(4)单击【文件类型】下拉列表按钮，可打开不同类型的文件，如所有的 MasterCAM X⁴ 文件（＊.MC8；＊.MC9；＊MCX；）。

(5)单击【最近打开的文件夹】下拉列表按钮，可选择"最近打开过的文件"或"最近打开过的文件夹"，该列表中列出最近使用过的大多数文件，用户可以很方便地进行选择。

3.合并文件

(1)选择【文件】→【合并文件】菜单命令，可以将已有的 MCX、MC9、MC8、MC7 或 DWG 文件合并到当前的文件中，但合并文件的关联几何对象（如刀具路径等）不能被调入。

(2)合并文件时，可以对其进行插入点设置、属性设置、缩放、旋转、镜像、刀具平面设置等操作。

4.保存文件

完成了图形的绘制与修改后，应对图形文件进行保存，选择【文件】→【保存文件】菜单命令即可。

(1)如果当前图形已有文件名，执行该命令，将当前文件的所有几何图形、属性和操作保存在一个 MCX 文件中。

(2)如果当前图形文件没有命名，系统将弹出【另存为】对话框，如图 1-14 所示。在该对话框中，允许用户以新的图形文件名存盘。输入文件名后，单击按钮，即完成文件的保存操作。

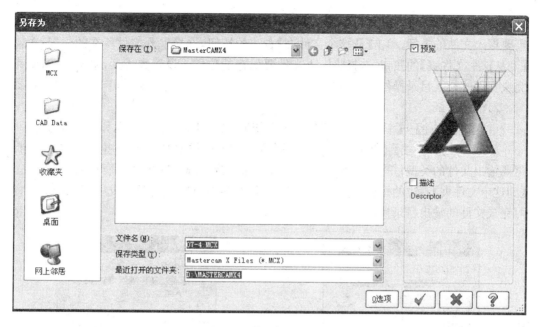

图 1-14 【另存为】对话框

5. 另存文件

选择【文件】→【另存文件】菜单命令，系统同样弹出【另存为】对话框，如图 1-14 所示。

(1)允许用户以新的图形文件名存盘，输入文件名后，单击"确定" ✔ 按钮，即完成另存文件的操作。

(2)当用户输入的图形文件名与已有图形文件同名，屏幕即显示另存文件【错误】对话框，如图 1-15 所示，询问用户是否以当前图形文件替换原有的同名图形文件。单击【是(Y)】按钮，则当前图形替代同名文件的原有图形。为防止因操作失误造成原图形文件的丢失，用户应谨慎对待对话框的询问，只有在确定不需要保留原图形文件的前提下，才能单击【是(Y)】按钮。

图 1-15 【另存为】提示对话框

6. 部分保存

部分保存就是对绘图区图形中的部分图素进行单独保存。

选择【文件】→【部分保存】菜单命令，系统提示选取需要保存的图素，选取完图素后，系统同样弹出【另存为】对话框，如图 1-14 所示，重复保存文件操作过程即可。

7. 汇入/汇出目录

1)汇入目录

(1)【文件】→【汇入目录】菜单命令，系统弹出【汇入目录】对话框，如图 1-16 所示。

11

(2)用户可以单击【汇入目录】对话框中【汇入文件的类型】右边的下拉箭头按钮,选择需要汇入文件的类型;单击【从这个文件夹】右边的按钮,选择汇入文件所在的位置;单击【到从这个文件夹】的按钮,选择将汇入文件要保存的位置。设置完成后,单击按钮,即可完成文件的汇入目录操作。

2)汇出目录

(1)选择【文件】→【汇出目录】菜单命令,系统输出【汇出目录】对话框,如图 1-17 所示。

(2)用户可以单击【汇出目录】对话框中【汇出文件的类型】右边的下拉箭头按钮,选择需要输出文件的类型;单击【从这个文件夹】右边的按钮,选择输出文件所在的位置;单击【到这个文件夹】右边的按钮,选择将汇出文件要保存的位置。设置完成后,单击按钮,即可完成文件的输出目录操作。

图 1-16 【汇入目录】对话框

图 1-17 【汇出目录】对话框

8. 标准工具栏与制定工具栏

1)标准工具栏

工具栏是 MasterCAM X^4 提供的一种调用命令的方式,它包含多个由图标表示的命令按钮,单击这些图标按钮,就可以调用相应的名。图 1-18 所示为 MasterCAM X^4 提供的"转换"、"草绘"和"视图处理"工具栏。

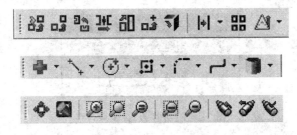

图 1-18 "转换"、"草绘"和"视图处理"工具栏

提示:

①将鼠标放在工具栏上的某一个按钮上面时,将弹出该按钮的名称。

②MasterCAM X^4 的工具栏采用浮动方式,因此,其位置可以根据实际情况在屏幕上放置,移动方法与 Windows 中的操作相同。

2)制定工具栏

如果要显示当前隐藏的工具栏,用户可选择【设置】→【工具栏设置】菜单命令,系统弹出【工具栏状态】对话框,如图 1-19 所示。

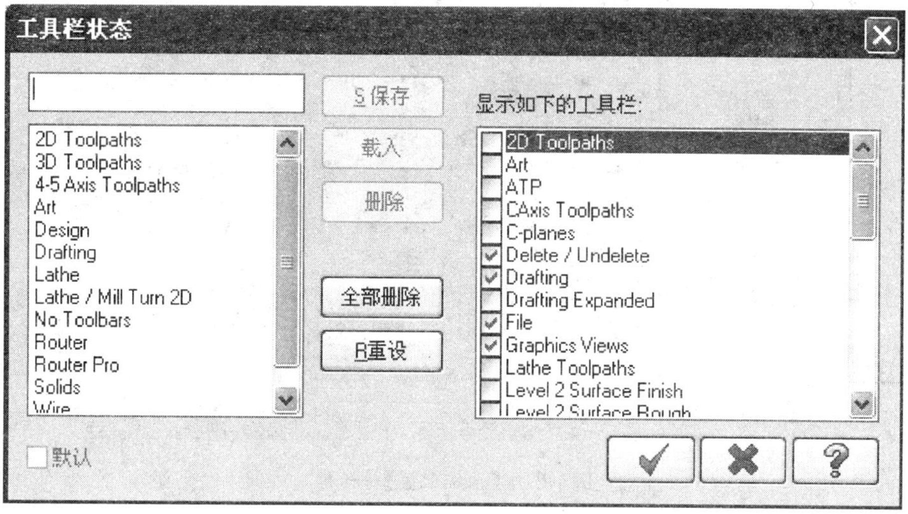

图 1-19　【工具栏状态】对话框

在该对话框的【显示如下的工具栏】列表框中,在要显示的工具栏前面的方框中单击鼠标左键,其前面出现"√",表明在 MasterCAM X⁴ 工作界面将显示该工具栏,若要隐藏工具栏,可取消其前面的"√"号。

例如:MasterCAM X⁴ 工作界面要显示【File(文件)】工具栏,则在"Flie"选项前面的方框中单击鼠标左键,其前面出现"√",工作界面将显示该工具栏,如图 1-20 所示。

图 1-20　显示该工具栏

1.7　系 统 规 划

初次启动 MasterCAM X⁴ 系统时,应先进行系统规划。系统规划是指设置 Master-CAM X⁴ 系统的默认值,并且其存储在一个设置文件(＊.config)中,该默认设置的文件可以是 English(英制)或 Metric(公制)。当然,允许改变系统的默认设置,存储新的文件至设置文件中。

选择【设置】→【系统规划】菜单命令,系统弹出【系统配置】对话框,如图 1-21 所示。

在【系统配置】对话框中,可根据需要选择相应的选项进行设置。

1. 文件设置

单击【系统配置】对话框中的【文件】主题,打开该主题设置页,如图 1-22 所示。

用户可以根据自己的需要对文件进行设置,例如:

选择【存档时包含预览的图片】复选框;

选择【打开文件时回复完整的刀具路线资料】复选框;

选择【显示已执行过的命令的数目】为"10"。

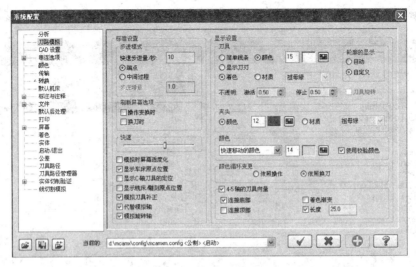

图 1-21 【系统配置】对话框

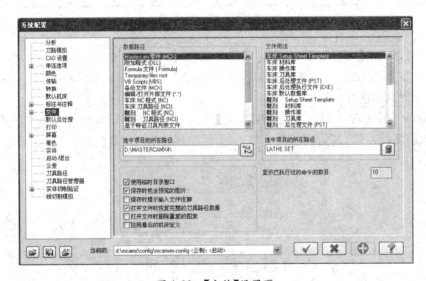

图 1-22 【文件】设置页

2. 文件的自动保存/备份

单击【系统配置】对话框中【文件】主题中的【自动保存/备份】子选项，即可打开文件【自动保存/备份】设置页，如图 1-23 所示。

用户可以根据自己的需要对文件自动保存/备份进行设置，例如：

设置【存档的间隔（分钟）】为"60"；

输入【文件名】为"T"；

选择【使用活动的文件名存档】复选框；

选择【存档前先做提示】复选框；

选择【使用自定目录备份文件】复选框。

3. 屏幕设置

单击【系统设置】对话框中的【屏幕】主题，即可打开该设置页，如图 1-24 所示。

用户可以根据自己的需要对屏幕进行设置,例如:

设置【图层对话框的显示】为"已用或命名的图层";

选择【允许预选取】复选框;

选择【绘图层始终打开显示】复选框;

设置【动态旋转时显示的图素数量】为"10000";

设置【显示 MRU 按钮的数量】为"10";

选择【显示穿线切割符号】复选框;

选择【显示停止/信息/regs 符号】复选框;

选择【自动-突显】复选框;

选择【依照实体面】复选框。

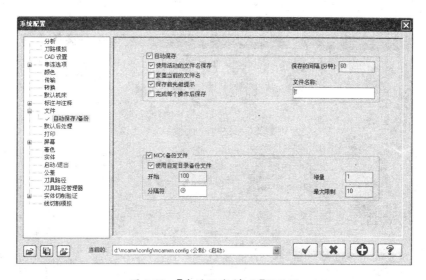

图 1-23 【自动保存/备份】设置页

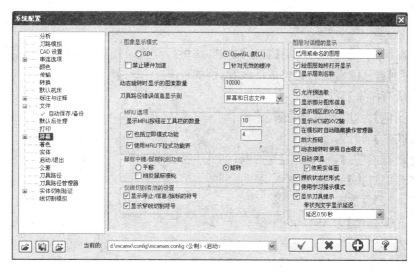

图 1-24 【屏幕】设置页

4. 串联设置

单击【系统配置】对话框中的【串联设置】主题,即可打开该设置页,如图 1-25 所示。用户可以根据自己的需要对串联进行设置,例如:

设置【封闭式串联方向】为"顺时针";

选择【以光标所在位置来决定串联方向】复选框;

设置【图素对应模式】为"无";

设置【区段的停止角度】为"30.0";

限定【开放式串联】;

限定【封闭式串联】;

设置【默认串联模式】为"20";

选择【从提示窗口搜索位置】复选框。

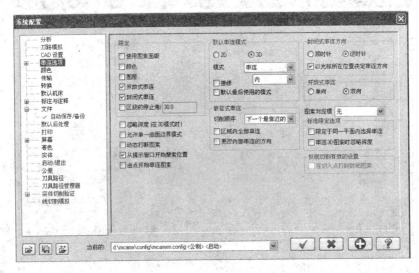

图 1-25 【串联设置】设置页

5. 着色设置

单击【系统配置】对话框中的【着色】主题,即可打开该设置页,如图 1-26 所示。此时,用户可以根据自己的需要对着色进行设置,例如:

选择【所有图素】复选框;

设置【颜色】为"原始图素的颜色";

设置【弦差】参数为"0.05";

选择【动态旋转时显示着色】复选框;

设置【环境灯光】为"20%";

选择【电源】复选框;

设置【光源强度】为"0.89999998";

设置【光源颜色】"15";

设置【光源形式】为【聚光灯】;

设置【投射角度】为"90.0"。

16

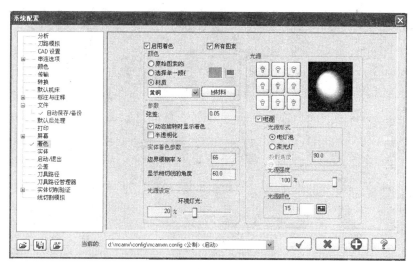

图 1-26 【着色设置】设置页

6. 实体设置

单击【系统配置】对话框中的【实体】主题,即可打开该设置页,如图 1-27 所示。此时,用户可以根据自己的需要进行设置,例如:

选择【新的实体操作加在最后的刀具路径之前】复选框;

设置【曲面转为实体】为【使用所有可以看见的曲面】,【边界误差】为"0.075";

设置【实体的图层】为【使用当前绘图层】,【图层编号】为"1000";

设置【原始曲面】为【隐藏】。

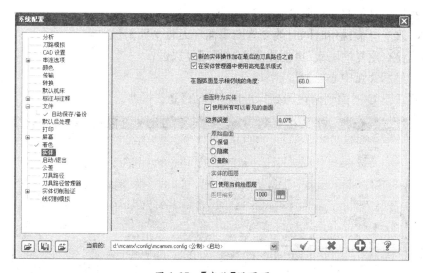

图 1-27 【实体】设置页

7. 打印设置

单击【系统配置】对话框中的【打印】主题,即可打开该设置页,如图 1-28 所示。此时,用户可以根据自己的需要对打印进行设置,例如:

选择【打印选项】中的【颜色】复选框;

设置【统一线宽为】"1"。

17

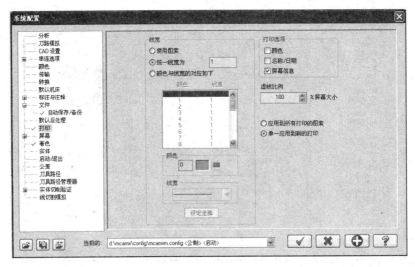

图 1-28　【打印设置】设置页

8. CAD 设置

单击【系统配置】对话框中的【CAD 设置】主题,即可打开该设置页,如图 1-29 所示。此时,用户可以根据自己的需要对 CAD 进行设置,例如:

设置默认属性的【线型】、【线宽】和【点型】;

设置线长【占直线的百分比】为"125.0",【固定长度】为"1.0";

设置【曲线/曲面的构建形式】为"NURBS";

设置【曲面的显示密度】为"1";

选择【加亮显示曲面背面的颜色】复选框;

选择【改变屏幕视角时同时改变构图平面和刀具平面】复选框;

选择【检查重复的图素(可能速度会减慢)】复选框;

选择【显示圆弧中心点】复选框;

选择【重设 C-平面到俯视图到标准屏幕视角】复选框。

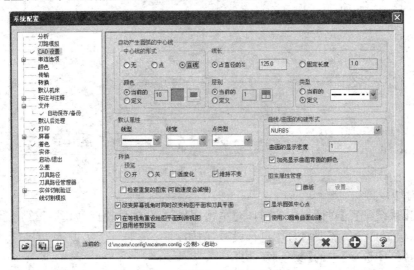

图 1-29　【CAD 设置】设置页

9. 启动/退出设置

单击【系统配置】对话框中的【启动/退出】主题，即可打开该设置页，如图 1-30 所示。此时，用户可以根据自己的需要对启动/退出进行设置，例如：

选择【编辑器】为"MASTERCAM"；

设置【构图平面】为"Top"；

设置【默认】的附加应用程序为"TRIMETRIC.DLL"；

设置【可撤销的次数】为"100"，【缓存不能超过此数值】为"10"MB；

设置【默认的 Mcx 文件名】为"T"。

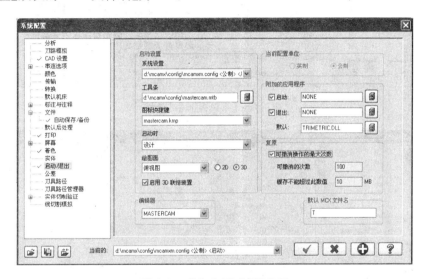

图 1-30 【启动/退出】设置页

1.8 实 例

将 MasterCAM X⁴ 工作界面背景颜色设置为白色，设置自动保存文件设置为 C:\，并设置文件每隔 20min 自动保存一次。

1. 将 MasterCAM X⁴ 工作界面背景色设置为白色

(1)单击【设置】→【系统规划】菜单命令，系统弹出【系统配置】对话框，如图 1-31 所示。

(2)单击【颜色】主题，在【颜色】列表框中选择"工作区背景颜色"，在【S 显示 256 色】的颜色选择板中选择"白色(15)"，单击按钮，及完成工作界面背景色设置为白色操作。

2. 设置自动保存文件设置为 C:\，并设置文件每隔 20min 自动保存一次

(1)单击【设置】→【系统规划】菜单命令，系统弹出【系统配置】对话框，如图 1-32 所示。

(2)选择"文件"主题中的【自动保存/备份】子选项，单击【自动保存】复选框，其前面出现"√"，表明自动存档被激活，可进行相应的设置。

在【文件名称】文本框中输入"C:\"，即设置自动保存文件位置为 C:\。

在【保存的间隔（分钟）】文本框中输入"20"，即设置文件每隔 20min 自动保存一次。

单击【保存前先做提示】复选框，其前面出现"√"，表明自动保存时先做提示。

最后，单击 ✔ 按钮，即完成设置操作。

图 1-31 【系统配置】对话框

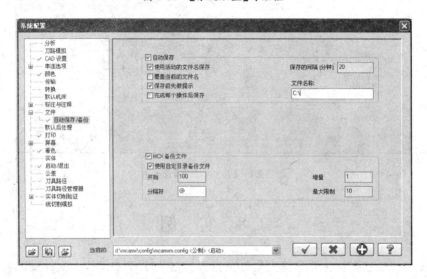

图 1-32 【系统配置】对话框

提示:

设置自动保存文件位置为 C:\,并设置文件每隔 20min 自动保存一次,若单击【使用活动的文件名保存】复选框,其前面出现"√",或单击【覆盖当前的文件名】复选框,其前面出现"√",系统均每隔 20min 自动保存一次。若按以上设置,单击【保存前先做提示】复选框,其前面出现"√",在实际绘图操作过程中,每隔 20min 系统会出现【自动保存】对话框,如图 1-33 所示,用户在该对话框中输入所需文件名即可。

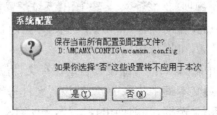

图 1-33 【自动保存】对话框

本 章 小 结

本章主要讲述了 MasterCAM X⁴ 的基础知识。在完成本章的学习之后,读者应该具备熟练地对文件进行操作管理(如文件的打开、保存等)、命令输入方法、自动抓点方式设置的能力,为学习 MasterCAM X⁴ 打好基础。

熟悉系统工作界面、定制工具栏可大大提高操作者的绘图速度。设置自动抓点可精确地绘制图形。进行相应的系统规划,可按读者的习惯和工程设计与制造的要求设置系统,使 MasterCAM X⁴ 的使用更得心应手。

思考与练习

①MasterCAM X⁴ 系统的工作界面由哪几部分组成?

②MasterCAM X⁴ 所提供的自动抓点功能可以自动捕捉哪些点? 如何打开和关闭自动抓点功能?

③熟练掌握图形文件的【新建文件】、【打开文件】、【保存文件】和【另存文件】命令,【保存文件】与【另存文件】命令有何区别? 绘图时,为什么要养成及时存盘的好习惯?

④利用次菜单,执行以下设置:当前构图面为"前视图",视角为"等角视图",工作深度为"－50",图层号位"3",颜色为"红色",线型为"点画线(Center)"。

⑤常用功能键有哪些? 功能键【Alt＋A】、【Alt＋F1】、【Alt＋F8】、【Alt＋Z】分别代表什么?

⑥在 MasterCAM X⁴ 系统的工作界面中,试调出【Xform(转换)】工具栏。

⑦如何设置自动保存文件位置? 并设置自动保存文件每隔 10min 保存一次。

⑧如何将 MasterCAM X⁴ 工作界面背景色设置为黑色?

第 2 章　二维图形的绘制和编辑

MasterCAM X[4] 具有强大的二维构图和三维造型功能。掌握各种二维绘图与编辑命令是学习三维曲面造型和实体造型的基础。本章首先介绍常用二维图形的绘制与编辑命令，然后通过一个综合实例来介绍运用这些命令绘制和编辑二维图形的一般思路与方法。

2.1　二维图形的绘制

完整的二维绘图功能是 MasterCAM X[4] 的重要特色之一。本节主要介绍点、直线、圆、圆弧、矩形、椭圆、正多边形、样条曲线、倒圆角、倒角、文字等常用二维图形绘制命令。在介绍这些命令绘制二维图形时，图形视角、构图面和工作深度均采用 MasterCAM X[4] 初始化的默认设置，即分别为俯视图（TOP）、顶平面（TOP）和 0。

2.1.1　点

"点"可以指三维坐标系中的一个位置，也可以指一种几何图素，这里的"点"指的是一种几何图素。

点的形状可以在状态栏的【点风格】列表中选择，如图 2-1 所示。

选定点风格之后，可以通过选择如图 2-2 所示的【绘图】→选择点菜单命令，或者单击如图 2-3 所示【绘图】工具栏的绘制点工具按钮来绘制各种位置要求的点。

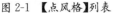

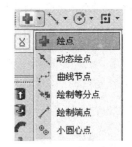

图 2-1　【点风格】列表　　　　图 2-2　【绘点】菜单命令　　　　图 2-3　【绘图】工具栏的绘制点工具

1. 指定位置

该命令用于在制定位置绘制点。

选择【指定位置】菜单命令或工具按钮，显示如图 2-4 所示【手动控制】操作栏，同时在绘图区提示："任意点"。用户可以直接用鼠标捕捉绘图区显示的图素的特征点，或者点击绘图区的任意位置，或者在如图 2-5 所示【自动抓点】操作栏的 X、Y、Z 坐标输入框中分别输入相应的坐标值后按【Enter】键，来指定绘点位置。

手动控制　编辑点　确定　帮助

图 2-4 【手动控制】操作栏

X坐标输入框　　　Y坐标输入框　　　Z坐标输入框　快速点　配置　手动捕捉　帮助

图 2-5 【自动抓点】操作栏

在指定位置绘制出一个点之后，MasterCAM X^4 并不自动结束绘制点命令，而是等待用户继续指定位置绘制下一个点。此时，用户可以继续指定位置绘制下一个点，或者单击【手动控制】操作栏上的"编辑点"按钮修改当前所绘制的点的位置，也可以单击【手动控制】操作栏上的"确定"按钮或者按【Esc】键来结束命令。

【例 2-1】 绘制如图 2-6 所示的点 P。

操作步骤如下。

(1)在状态栏的【点风格】列表中选择点的风格为"＋"。

(2)单击【绘图】工具栏上的【指定位置】工具按钮。

(3)在【自动抓点】操作栏的 X、Y、Z 坐标输入框中分别输入"15"、"20"、"0"，并按【Enter】键。

(4)单击【手动控制】操作栏上的"确定"按钮或者按【Esc】键结束命令。

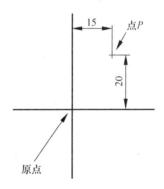

图 2-6 指定位置绘点

2. 动态绘点

该命令用于在指定的直线、圆弧、曲线、曲面或实体面上绘制点。

选择【动态绘点】菜单命令或工具按钮，显示如图 2-7 所示的【动态点】操作栏，同时在绘图区提示："选取直线，圆弧，曲线，曲面或实体面"。

在用户选择图素之后，在所选图素上都会显示一个箭头，它可随鼠标的移动沿图素（或其延长线）滑动，同时，【动态点】操作栏的"距离值"动态更新。当箭头滑动到所需位置时，单击鼠标左键即可在指定图素（或其延长线）上绘制一个点。用户也可以输入具体的"距离值"和"补偿值"，然后按【Enter】键，从而画出指定位置的点。

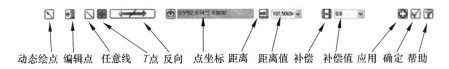

动态绘点 编辑点 任意线 T点 反向 点坐标 距离 距离值 补偿 补偿值 应用 确定 帮助

图 2-7 【动态点】操作栏

在【动态点】操作栏中,"距离值"指的是绘制点与测量起点(在选择图素时,图素上离选择点最近的那个端点)之间在所选图素(或其延长线)上的距离;"补偿值"指的是绘制点在所选图素的法向与所选图素键的偏置距离。

【例 2-2】 根据已有直线绘制如图 2-8 所示的点 $P1$、$P2$、$P3$、$P4$。

操作步骤如下。

(1)在状态栏的【点风格】列表中选择点的风格为"□"。

(2)单击【绘图】工具栏上的【动态绘点】工具按钮。

(3)在如图 2-8 所示"图素选择点"附近选择已有直线。

(4)在【动态点】操作栏中输入"距离值"为"20",按下【Enter】键,绘制出 $P1$ 点。

(5)输入"距离值"为"40",按下【Enter】键,绘制出 $P2$ 点。

(6)输入"距离值"为"—20",按下【Enter】键,绘制出 $P3$ 点。

(7)输入"距离值"为"20"、"补偿值"为"10",按下【Enter】键,移动鼠标,并且在已有直线的上方单击,绘制出 $P4$ 点。

(8)单击【动态点】操作栏上的"确定"按钮或者按【Esc】键结束命令。

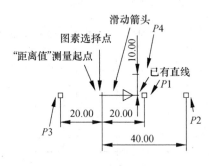

图 2-8 动态绘点

提示:

在【动态点】操作栏上单击"应用"按钮与单击"确定"按钮的区别:在选定图素上绘制完所需的动态点后,单击"应用"按钮,固定该点,但是命令不会结束,绘图区继续提示"选取直线、圆弧、曲线、曲面或实体面"。此时,用户可以选择其他已有图素,以便动态地在新选定图素上绘制动态点。单击"确定"按钮,则固定该点同时结束命令。

在其他命令的操作栏中单击"应用"按钮与单击"确定"按钮也有类似的区别,后续章节不再赘述。

3. 曲线节点

选择【曲线节点】菜单命令或工具按钮,系统在绘图区提示:"选择一直线",在用户选择一曲线后,系统立即在所选曲线的各个节点处绘点,并且自动结束命令,如图 2-9 所示。

4. 绘制剖切点

该命令用于在选定图素上绘制"定距等分"点或"定数等分"点。

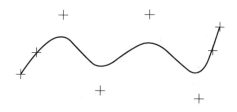

图 2-9　绘曲线节点

选择【绘制剖切点】菜单命令或工具按钮,系统显示如图 2-10 所示【分割点】操作栏,同时在绘图区提示:"画图素等分点:选择一图素"。用户选取绘图区上一个已有图素后,系统接着提示"输入数量,间距或选取新的图素"。此时,用户若在"距离值"输入框中输入距离值并且按【Enter】键,则在选定图素上绘制出"定距等分"点,并且第一个点出现在测量起点(在选择图素时,图素上离选择点最近的那个端点)上,后续各点按设定的距离依次排列,选定图素上长度不足设定距离值的最后部分不画点,如图 2-11 所示。用户若在"数量值"输入框中输入等分点个数并且按【Enter】键,则在选定图素上绘制出"定数等分"点,并且在选定图素的两端各有一个等分点,其他等分点等间距地排列在选定图素的两端点之间,如图 2-12 所示。

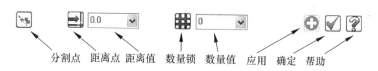

图 2-10　【分割点】操作栏

图 2-11　绘制"定距等分"点(距离值=5)

图 2-12　绘制"定数等分"点(数量值=10)

提示:

在封闭图形(圆、椭圆、封闭曲线等)上绘制"定数等分"点时要注意,由于它们的两个端点(起始点和终止点)重合,所以用户看到的"定数等分"点个数将会比用户在【分割点】操作栏"数量值"输入框中输入的等分点个数少 1,如图 2-13 所示。

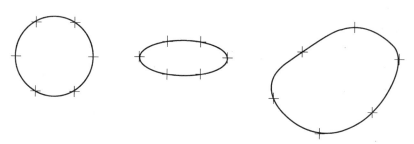

图 2-13　封闭图形上绘制"定数等分"点(数量值=7)

5. 端点

选择【端点】菜单命令或工具按钮,系统立即在绘图区的所有可见直线、曲线、圆、圆弧、椭圆、椭圆弧等图素的端点处自动绘制点。

6. 小圆弧圆心点

该命令用于在半径小于或等于设定值的选定圆弧的圆心处绘制点。

选择【小圆弧圆心点】菜单命令或工具按钮,显示如图 2-14 所示【小圆弧圆心点】操作栏,同时在绘图区提示:"选取弧/圆,按【Enter】键完成"。此时,用户可以在"最大半径值"输入框输入最大半径值,然后选择绘图区已有的圆或圆弧,并且按【Enter】键结束命令,系统立即在半径小于或等于设定值的选定图素的圆心处绘制点,如图 2-15 所示。

小圆弧圆心点　最大半径锁　最大半径值　部分圆弧　删除圆弧　确定　帮助

图 2-14 【小圆弧圆心点】操作栏

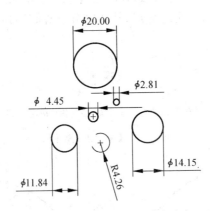

图 2-15 绘制小圆弧圆心点(最大半径＝5)

在【小圆弧点】操作栏上,选中"部分圆弧"按钮,则可以同时在符合设定条件的圆和圆弧的圆心处绘制点,否则只能在圆的圆心处绘制点;选中"删除圆弧"按钮,则系统在绘制出圆心点的同时,删除相应的原圆和圆弧。

2.1.2　直线

选择如图 2-16 所示的【绘图】→【任意直线】菜单命令,或者单击如图 2-17 所示【绘图】工具栏上的绘制直线工具按钮,即可绘制各种类型的直线。

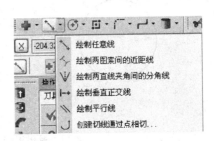

图 2-16 【绘图】→【任意直线】菜单命令　　　图 2-17 【绘图】工具栏上的绘制直线工具按钮

26

1. 绘制任意线

在默认情况下,该命令将以用户指定的两个点作为端点绘制一条直线段。

选择【绘制任意线】菜单命令或工具按钮,显示如图 2-18 所示的【直线】操作栏,同时在绘图区提示:"指定第一个端点"。

图 2-18 【直线】操作栏

在用户指定直线的第一个端点后,系统提示"指定第二个端点"。用户指定直线的第二个端点后,即可绘制出一条以用户指定的两个点作为端点的直线。用户在为直线指定端点时,可以使用绝对坐标、相对坐标、自动捕捉、手动捕捉等精确定点方式,也可以使用鼠标在绘图区任意位置单击定点方式。

绘制出一条直线段之后,系统依次重复提示"指定第一个端点"和"指定第二个端点",用户可以继续绘制其他直线段,如图 2-19 所示。单击"确定"按钮或者按【Esc】键则结束命令。

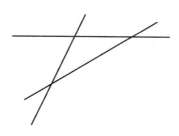

图 2-19 任意直线段

【直线】操作栏中其他主要按钮或数值输入框的功能如下。

(1)单击"编辑终点 1"按钮和"编辑终点 2"按钮,可以分别修改当前直线的第一个端点和第二个端点的位置。

(2)单击"连续线"按钮,可以将该按钮锁定,此时可以绘制由多条首尾相接的直线段组成的连续线,如图 2-20 所示。再次单击该按钮,则释放该按钮,回到绘制任意直线段的状态。

(3)在指定第一个端点之后,在"长度值"输入框输入直线段的长度值,可以绘制制定长度的直线段。

(4)在指定第一个端点之后,在"角度值"输入框输入直线段与 X 坐标轴正半轴的夹角度数(逆时针为正,顺时针为负),可以绘制指定倾斜角度的直线段。

(5)在指定第一个端点之后,在"长度值"输入框输入直线段的长度值,在"角度值"输入框输入直线段的倾斜角度值,可以绘制指定长度和倾斜角度的直线段,如图 2-21 所示。

(6)单击"长度锁"按钮,可以将该按钮锁定,同时也将"长度值"锁定,此时可以绘制一条或多条长度等于锁定值的直线段。保持"长度锁"按钮为锁定状态,修改"长度值",则接下来绘制的直线段的长度等于新的锁定值。再次单击"长度锁"按钮,则释放该按钮,同时

"长度值"也被解锁,此时输入的长度值只对当前绘制的直线段有效。

(7)单击"角度锁"按钮,可以将该按钮锁定,同时也将"角度值"锁定,此时可以绘制一条或多条倾斜角度值等于锁定值的直线段。保持"角度锁"按钮为锁定状态,修改"角度值",则接下来绘制的直线段的倾斜角度值等于新的锁定值。再次单击"角度锁"按钮,则释放该按钮,同时"角度值"也被解锁,此时输入的角度值只对当前绘制的直线段有效。

(8)锁定"垂直"按钮,可以绘制"垂直线"(与坐标系 Y 轴平行),在用户指定垂直线的两个端点后,"定位坐标值"输入框自动激活,这时用户可以输入垂直线的定位坐标——X 坐标值,也可以不输入而采用默认值。

(9)锁定"水平"按钮,可以绘制"水平线"(与坐标系 X 轴平行),在用户指定视平线的两个端点后,"定位坐标值"输入框自动激活,这时用户可以输入水平线的定位坐标——Y 坐标值,也可以不输入而采用默认值。

(10)锁定"切线"按钮,选择圆,然后指定圆外一点,即可绘制经过该点并且与圆相切的直线段。若用户选择两个圆,则绘制两圆的公切线,如图 2-22 所示。该功能也可用于绘制椭圆和曲线的切线。

图 2-20　连续线　　　图 2-21　定长度、定角度线　　　图 2-22　切线

提示:

在【直线】操作栏中,可以对部分按钮进行组合锁定,以便绘制一些特殊的直线段。例如:同时锁定"连续线"按钮和"长度锁"按钮,可以绘制各组成线段等长度的连续线,如图 2-23 所示;同时锁定"长度锁"按钮和"切线"按钮,也可以绘制一系列等长度的切线,如图 2-24 所示;同时锁定"长度锁"按钮,"角度锁"按钮和"切线"按钮,可以绘制若干条等长度等角度的切线,如图 2-25 所示。也有一些按钮不能组合锁定,例如"角度所"按钮,"垂直"按钮和"水平"按钮不能组合锁定。

在其他命令的操作栏中也可以相应地对部分按钮进行组合锁定,后续章节不再赘述。

图 2-23　等长度的连续线　　　图 2-24　等长度的切线　　　图 2-25　等角度、等长度的切线

2. 近距线

选择【近距线】菜单命令或工具按钮,系统在绘图区提示:"选取直线,圆弧或曲线"。用户指定两条已有线段,即可在两者之间的最近处绘制出一条直线段,并且自动结束命令,如图 2-26 所示。若用户指定的两线段相交,则在交点处绘制出一个点。

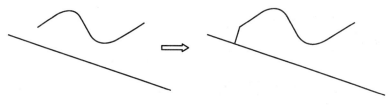

图 2-26　近距线

3. 分角线

该命令用于绘制两条相交直线的角平分线。

选择【分角线】菜单命令或工具按钮,显示如图 2-27 所示的【分角线】操作栏,同时在绘图区提示:"选择两条相切的线"。

图 2-27　【分角线】操作栏

用户可以在"长度值"输入框输入分角线的长度值(从交点算起),然后选择两条相交直线,并且按照提示从产生的 4 条角平分线中选取要保留的那条线,如图 2-28 所示。

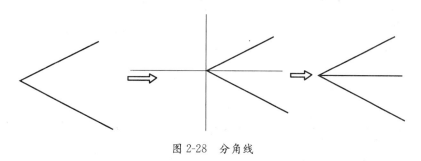

图 2-28　分角线

4. 法线

该命令主要用于通过指定点绘制指定直线(圆弧或曲线)的垂线(法线)。

选择【法线】菜单命令或工具按钮,显示如图 2-29 所示的【法线】操作栏,同时在绘图区提示:"选取直线,圆弧或曲线"。在用户选取已有图素后,系统提示"任意点"。用户移动鼠标并在适当位置单击,即可绘制出一条经过该点并且与选定线段垂直的直线段。按照提示重复操作,可以绘制多条与选定图素垂直的直线段,如图 2-30(a)所示。

锁定"长度锁"按钮,并且输入"长度值",则可绘制一系列等长度的法线,如图 2-30(b)所示。锁定"切线"按钮,则可绘制与指定直线垂直同时又与指定圆弧相切的直线段,如图 2-30(d)所示。

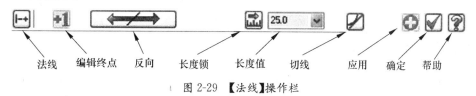

图 2-29　【法线】操作栏

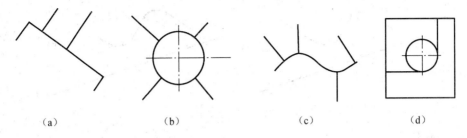

（a）　　　　　　（b）　　　　　　（c）　　　　　　（d）

图 2-30　法线

提示：

在绘制法线时，若用户要指定的法线经过点就在用户指定的线段上，则用户应该先输入法线的长度值，然后再指定点。例如：在绘制已有直线的中垂线时就应该这样操作。

5. 平行线

该命令主要用于通过该指定点绘制指定直线的平行线。

选择【平行线】菜单命令或工具按钮，显示如图 2-31 所示的【平行线】操作栏，同时在绘图区提示："选取一线"。在用户选取一条已有直线后，系统提示"选取一个平行线通过的点"。在用户指定一个点后，即可绘制出经过该点并且与选定直线平行的直线段，绘出的线段长度与用户选定的已有直线的长度相等。

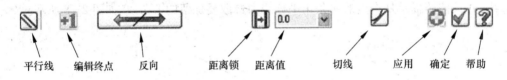

平行线　编辑终点　反向　　　距离锁　距离值　　　切线　　　应用　确定　帮助

图 2-31　【平行线】操作栏

【平行线】操作栏中部分按钮的功能如下。

(1)"编辑终点 1"按钮用于改变当前绘制的平行线通过的点。

(2)"反向"按钮用于改变当前绘制的平行线的分布情况（在选定直线的一侧、另一侧或两侧都绘制平行线）。

(3)"距离锁"按钮用于锁定新绘制的平行线与用户选定的原直线之间的距离值。

(4)"距离值"输入框用于输入新绘制的平行线与用户选定的原直线之间的距离值。

(5)"切线"按钮用于绘制与选定直线平行并且与选定圆弧相切的直线段，如图 2-32所示。

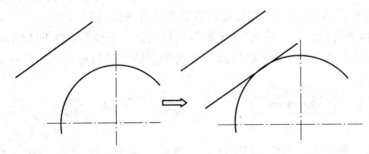

图 2-32　与选定直线平行并且与选定圆弧相切的直线段

6. 通过点相切线

该命令主要用于通过点绘制与曲线相切的直线，如图 2-33 所示。

方法：选择要相切的曲线，选择第一点，选择第二点，确定即可。也可以锁定长度做切线。

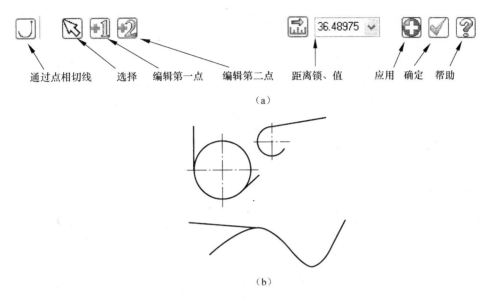

（a）

（b）

图 2-33 【通过点相切线】工具栏（a）和图例（b）

2.1.3 圆弧

选择【绘图】→【圆弧】菜单命令，或者单击【绘图】工具栏上的绘制圆弧工具按钮，即可绘制各种类型的圆弧，如图 2-34 所示。

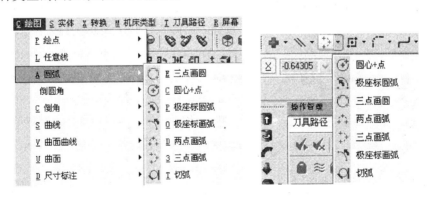

图 2-34 【圆弧】菜单命令和【绘图】绘制圆弧工具按钮

1. 圆心＋点

该命令主要用于指定圆心和圆周上一点画圆。

选择【圆心＋点】菜单命令或工具按钮，显示如图 2-35 所示的【圆心＋点】操作栏，同时在绘图区提示："输入圆心点"。

编辑圆心　编辑圆上点　半径锁　半径值　直径锁　直径值　切线　应用　确定　帮助

图 2-35 【圆心＋点】操作栏

在用户指定圆心位置之后，移动鼠标，将产生一个经过当前光标位置并且大小随光标移动而变化的高亮圆，在适当位置单击鼠标即可绘制出一个圆。此时，命令不会自动结束，而且当前绘制出的圆仍然处于激活状态，用户可以利用【圆心＋点】操作栏上的"编辑圆上点"按钮、"半径值"输入框或"直径值"输入框分别修改当前圆的圆心位置、半径大小或直径大小。单击"应用"按钮，固定当前绘制的圆，同时进入下一个圆的绘制状态。也可以不单击"应用"按钮而直接指定下一个圆的圆心，这样也可以固定当前绘制的圆并且同时开始绘制下一个圆。锁定"切线"按钮，按照提示，指定圆心点位置，选取一条直线或圆弧，可以绘制圆心在指定点上，并且与指定直线或圆弧相切的圆，如图 2-36 所示。

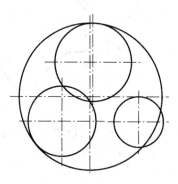

图 2-36 指定圆心画切圆

2. 极坐标圆弧

该命令主要通过指定圆心位置、半径（或直径）、起始角度和终止角度来绘制圆弧。

选择【极坐标圆弧】菜单命令或工具按钮，显示如图 2-37 所示的【极坐标圆弧】操作栏，同时在绘图区提示："输入圆心点"。

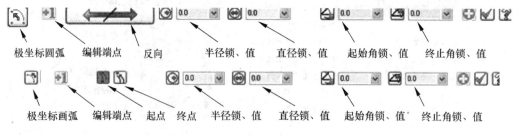

极坐标圆弧　编辑端点　反向　　半径锁、值　直径锁、值　起始角锁、值　终止角锁、值

极坐标画弧　编辑端点　起点　终点　半径锁、值　直径锁、值　起始角锁、值　终止角锁、值

图 2-37 【极坐标圆弧】操作栏和【极坐标画弧】操作栏

用户在指定圆心位置之后，可以在【极坐标圆弧】操作栏中设置圆弧的"半径值"或者"直径值"、"起始角度值"和"终止角度值"，然后按下【Enter】键，即可绘制出所需圆弧，如图 2-38 所示；在当前圆弧还处于活动状态时，单击"切换"按钮，可以使当前圆弧反向，如图 2-39 所示；锁定"切线"按钮，指定圆心位置，输入"终止角度值"或者指定圆弧终止点，可以绘制圆心在指定点上并且与选定直线或圆弧相切的圆弧。

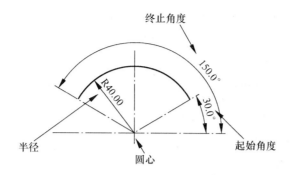

图 2-38 极坐标圆弧

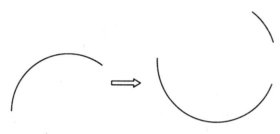

图 2-39 圆弧反向

提示:

在 MasterCAM X^4 中,系统把圆和椭圆当做包含角为 360°的圆弧和椭圆弧处理,其起始角度为 0°,终止角度为 360°,起始点和终止点是两个位置重合的点。所以常常把圆和圆弧统称为圆弧,把椭圆和椭圆弧统称为椭圆弧。

3. 三点画圆

该命令的主要功能是通过指定圆周上的三点来绘制圆。

选择【三点画圆】菜单命令或工具按钮,显示如图 2-40 所示的【三点画圆】操作栏,同时在绘图区提示:"输入第一点"。用户按照提示依次输入第一点、第二点和第三点,就可以绘制出经过这三个点的圆,如图 2-41(a)所示。

三点画圆 编辑一点 编辑二点 编辑三点 三点圆 两点圆 半径 直径 相切 应用 确定 帮助

图 2-40 【三点画圆】操作栏

【三点画圆】操作栏的部分按钮功能如下。

(1)"一点"按钮、"二点"按钮、"三点"按钮:分别用于修改当前处于活动状态(高亮显示)的圆的第一个、第二个、第三个定义点的位置。

(2)"三点"按钮:通过指定圆周上的三个点来画圆。

(3)"二点"按钮:通过指定圆周上的两个点来画圆,两个点的距离就是该圆的直径,如图 2-41(b)所示。

(4)"切线"按钮:与"二点"按钮组合锁定,可以用于绘制与两个已有图素(直线或者圆弧)相切的圆,此时"半径锁"按钮、"直径锁"按钮、"半径值"输入框和"直径值"输入框都被激活，用户可以输入切弧的半径值或直径值，从而画出指定半径并且与两图素相切的圆，如图 2-41(c)所示；与“三点”按钮组合锁定，可以绘制与 3 个已有图素(直线或者圆弧)相切的圆，如图 2-41(d)所示。

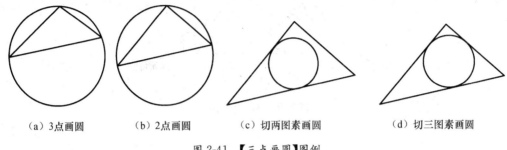

（a）3点画圆　　（b）2点画圆　　（c）切两图素画圆　　（d）切三图素画圆

图 2-41　【三点画圆】图例

4. 两点画弧

此命令先指定圆弧的两个端点，然后指定圆弧经过的点，以此操作顺序绘制圆弧。

选择【两点画弧】菜单命令或工具按钮，显示如图 2-42 所示的【两点画弧】操作栏，同时在绘图区提示：“输入第一点”。用户按照提示依次指定圆弧的两个端点和圆弧经过的点，便可画出所需圆弧，如图 2-43 所示。

若在指定两个端点后不指定圆弧经过的点，而是输入圆弧的半径或直径，则显示 4 条满足条件的圆弧，用户从中选取需要保留的圆弧即可，如图 2-44 所示。

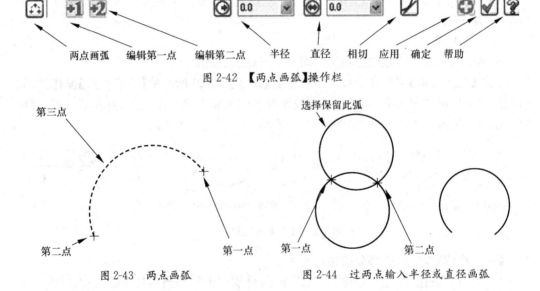

0.0
0.0
两点画弧
编辑第一点
编辑第二点
半径
直径
相切
应用
确定
帮助

图 2-42　【两点画弧】操作栏

第三点
第二点
第一点

图 2-43　两点画弧

选择保留此弧
第一点
第二点

图 2-44　过两点输入半径或直径画弧

锁定【两点画弧】操作栏上的“切线”按钮，可以绘制两端点在指定点上并且与指定的一条直线或圆弧相切的圆弧。

5. 三点画弧

该命令主要用于通过依次指定的 3 个点画圆弧。

选择【三点画弧】菜单命令或工具按钮，显示如图 2-45 所示的【三点画弧】操作栏，同时在绘图区提示：“输入第一点”。用户按照提示依次指定 3 个点即可画出圆弧，如图 2-46

所示。锁定【三点画弧】操作栏上的"切线"按钮,可绘制与三图素(直线或圆弧)相切的圆弧,如图 2-47 所示。

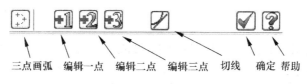

三点画弧　编辑一点　编辑二点　编辑三点　切线　确定　帮助

图 2-45　【三点画弧】操作栏

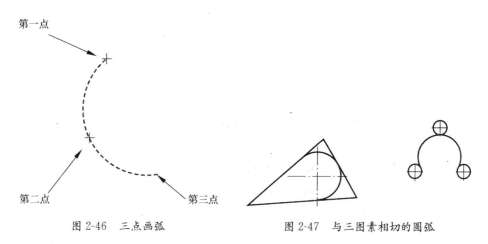

图 2-46　三点画弧

图 2-47　与三图素相切的圆弧

6. 极坐标画弧

此命令用于通过指定圆弧的一个端点(起始点或终止点)、圆弧半径(或直径)、起始角度和终止角度来绘制圆弧。

选择【极坐标画弧】菜单命令或工具按钮,显示如图 2-48 所示的【极坐标画弧】操作栏,同时在绘图区提示:"输入起点"。用户指定圆弧的起始点后,系统接着提示:"输入半径,起始点和终止角度"。用户输入相应的参数后按下【Enter】键即可,如图 2-49 所示。

极坐标弧　编辑点　起始点　终止点　半径　直径　起始角　终止角　应用　确定　帮助

图 2-48　【极坐标画弧】操作栏

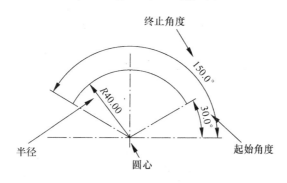

图 2-49　极坐标画弧

在默认情况下,系统以指定起始点方式进行画弧,单击【两弧的端点】操作栏上的"端点"按钮,可以切换成指定终止点方式,单击"起始点"按钮则反向切换。起始点和终止点按逆时序判定。

7. 切弧

此命令用于绘制与指定直线或圆弧相切的圆弧。

选择【切弧】菜单命令或工具按钮,显示如图 2-50 所示的【切弧】操作栏。

切弧 切一物 切点 中心线 动态切弧 切三物弧 切三物圆 切两物 半径 直径 应用 确定 帮助

图 2-50 【切弧】操作栏

【切弧】操作栏的部分按钮功能如下。

(1)"切一物"按钮:用于按指定的半径或直径绘制与指定的一个图素(直线或圆弧)相切并且切点在这个指定图素上的圆弧,如图 2-51(a)所示。

(2)"切点"按钮:用于按指定的半径或直径绘制与指定的一个图素(直线或圆弧)相切并且经过这个指定图素外一点的圆弧,如图 2-51(b)所示。

(3)"中心线"按钮:用于按指定的半径或者直径绘制与指定的一条直线相切并且圆心在指定另一条直线上的圆弧,如图 2-51(c)所示。

(4)"动态切弧"按钮:用于动态地绘制相切弧。该相切弧与指定的一个图素(直径或圆弧)相切,并且切点可以动态地在这个指定的图素上选取,圆弧的半径和长度随指定的圆弧终点位置而定,圆弧的包含角小于或等于 180°,如图 2-51(d)所示。

(5)"切三物弧"按钮:用于绘制与 3 个指定图素(直线或圆弧)相切的圆弧。该功能与【三点画圆弧】操作栏的"切线"按钮的功能相同,如图 2-47 所示。

(6)"切三物体圆"按钮:用于绘制与 3 个指定图素(直线或圆弧)相切的圆。该功能与【三点画圆】操作栏"切线"按钮和"三点"按钮组合锁定时的功能相同,如图 2-41(d)所示。

(7)"切两物":用于按指定的半径或直径绘制与指定的两个图素(直线或圆弧)相切的圆弧,如图 2-51(e)所示。

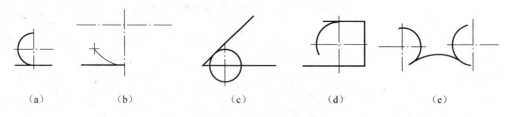

(a)　　　　(b)　　　　(c)　　　　(d)　　　　(e)

图 2-51 各种方式的切弧

2.1.4 矩形

MasterCAM X[4] 不但能绘制点、直线、圆弧等单一图素,而且能绘制矩形、正多边形和图形文字等复合图素。一个复合图素由多条直线或圆弧构成,用户可以对其各组成图素

36

进行独立操作,但是,在绘制一个复合图素时,只要用一个相应的绘图命令就可以一次性地将其绘制出来。复合图素绘制命令的工具按钮如图 2-52 所示。

图 2-52　复合图素绘制命令的工具按钮

本小节介绍矩形绘制命令,随后几个小节将分别介绍其他几个复合图素绘制命令。

1. 矩形

该命令主要用于创建四个角为直角的标准矩形。

选择【矩形】菜单命令或工具按钮,显示如图 2-53 所示的【矩形】操作栏,同时在绘图区提示:"选取第一个角的位置"。用户依次指定矩形的两个对角点后便可以绘制出一个矩形,如图 2-54(a)所示。用户也可以根据需要采用另外几种方式来绘制矩形,如图 2-54(b)、(c)、(d)、(e)所示。

图 2-53　【矩形】操作栏

【矩形】操作栏中的部分按钮功能如下。

(1)"长度锁"按钮和"长度值"输入框:分别用于锁定矩形的长度和输入矩形的长度值。

(2)"高度锁"按钮和"高度值"输入框:分别用于锁定矩形的高度和输入矩形的高度值。

(3)"设置基准点为中心点"按钮:用于定位矩形的中心点,并提供了两种绘制矩形的方式,如图 2-54(c)、(d)所示。

(4)"创建曲面"按钮:用于在创建矩形的同时生成曲面,如图 2-54(e)所示。

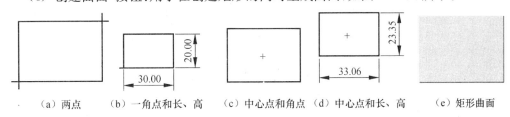

（a）两点　　（b）一角点和长、高　　（c）中心点和角点　（d）中心点和长、高　　（e）矩形曲面

图 2-54　各方式绘制的矩形

2.【矩形形状设置】

利用该命令不但可以创建 4 个角为直角的标准矩形,而且可以对矩形参数进行设置,从而创建出特殊形状的矩形,如圆角矩形、普通键槽形、D 形、双 D 形、旋转矩形等,如图 2-55 所示。图中,W 表示矩形的宽度(对应于坐标系 X 轴方向),H 表示矩形的高度(对应于坐标系 Y 轴方向),R 表示圆角半径。

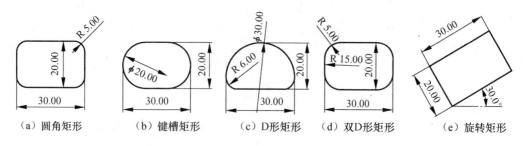

（a）圆角矩形　　　（b）键槽矩形　　　（c）D 形矩形　　　（d）双 D 形矩形　　　（e）旋转矩形

图 2-55　特殊形状的矩形

选择【矩形形状设置】菜单命令或工具按钮,显示如图 2-56 所示的【矩形选项】对话框,同时在绘图区提示:"选取基准点位置。"这是一个简化了的对话框,利用它可以使用默认的参数设置绘制矩形。用户在对话框中设定矩形的定位方式、宽度、高度、圆角半径、旋转角度、形状类型和基准点的位置以后,在绘图区指定定位点即可绘制出相应的矩形。在用户指定下一个矩形的定位点、点击对话框中的"应用"按钮或者"确定"按钮之前,当前绘制的矩形还处于活动状态(高亮显示),用户可以对其定位点位置、宽度、高度等参数进行修改。

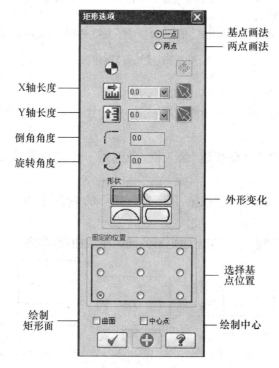

图 2-56　【矩形选项】对话框

提示:

像【矩形选项】对话框一样,其他同类型的命令对话框也有简化的和完整的两种形式,为了叙述方便,后续章节将只提及完整的对话框。

另外,不管是以命令操作栏形式还是以命令对话框形式进行命令操作,在用某个命令绘制出当前图素之后,单击"应用"按钮或者"确定"按钮之前,当前绘制的图素都还处于活动状态(高亮显示),用户可以对其位置、大小或形状等参数进行修改,直到用户开始绘制下一个图素、单击"应用"按钮或者"确定"按钮为止。后续章节对此将不再赘述。

2.1.5 正多边形

MasterCAM X^4 可以绘制 3 条～360 条边的正多边形。

选择【N 画多边形】菜单命令或工具按钮,显示如图 2-57 所示的【多边形选项】对话框,同时在绘图区提示:"选取基准点位置"。

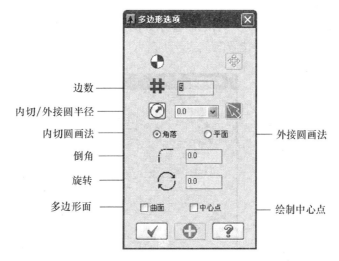

图 2-57 【多边形选项】对话框

用户在对话框中设置正多边形的边数、外接圆(或内切圆)的半径、多边形与圆的位置关系、圆角半径、旋转角度等参数之后,在绘图区指定基准点(即正多边形的中心点)位置,即可绘制出一个正多边形。图 2-58 中列举了不同参数设置情况下绘制的不同形式的正多边形,其中图(a)为圆内接正五边形,图(b)为圆外切正五边形,图(c)为圆角切正五边形,图(d)为整体旋转 30°后的正五边形,图(e)为同时绘制曲面的正五边形,图(f)为同时在中心位置绘制点的正五边形。

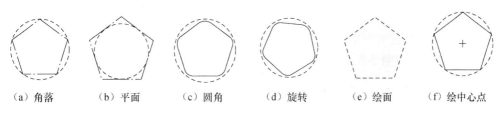

(a) 角落　　(b) 平面　　(c) 圆角　　(d) 旋转　　(e) 绘面　　(f) 绘中心点

图 2-58 不同形式的正多边形

用户也可以在"选取基准点位置"提示下先在绘图区指定基准点位置,然后在"输入半径或选取一点"提示下在绘图区指定一点,这时,系统立即按照默认设置绘制出一个正多边形,接着用户根据需要在对话框中修改参数设置,最后单击 ✚ 或按钮 ✔ 固定该正多边形。

提示:

在【多边形选项】对话框中,单选钮【角落】和【平面】对应于正多边形与圆的两种位置关系。"角落"位置关系是指正多边形在圆内与圆线切,即正多边形的各个顶点在圆周上,圆的半径等于正多边形的中心到其顶点的距离,如图 2-58(a)所示。在"角落"位置关系下,正多边形叫做圆的内接正多边形,圆则叫做正多边形的外接圆。"平面"位置关系是指正多边形在圆外与圆相切,即正多边形的各条边与圆相切,圆的半径等于正多边形的中心到其边的中点的距离,如图 2-58(b)所示。在"平面"位置关系下,正多边形叫做圆的外切正多边形,圆则叫做正多边形的内切圆。

2.1.6 椭圆

选择【I 画椭圆】菜单命令或工具按钮,显示如图 2-59 所示的【椭圆形选项】对话框,同时在绘图区提示:"选取基准点位置"。

图 2-59 【椭圆形选项】对话框

在对话框中设置椭圆半径 A(与坐标系 X 轴对应的半轴长度)、半径 B(与坐标系 Y 轴对应的半轴长度)、起始角度、终止角度、旋转角度等参数后,在绘图区指定基准点(即椭圆的中心点)位置,即可生成一个椭圆。图 2-60 中所示为不同参数设置情况下绘制的不同形式的椭圆,其中图 2-60(a)为标准椭圆,图 2-60(b)为旋转 30°后的椭圆,图 2-60(c)为起始角 30°、终止角 270°的椭圆,图 2-60(d)为同时绘制曲面的椭圆,图 2-60(e)为同时在中心位置绘制点的椭圆。

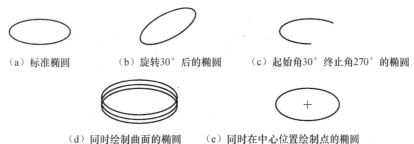

（a）标准椭圆   （b）旋转30°后的椭圆   （c）起始角30°终止角270°的椭圆

（d）同时绘制曲面的椭圆   （e）同时在中心位置绘制点的椭圆

图 2-60   不同参数设置情况下绘制的不同形式椭圆

2.1.7   图形文字

在 MasterCAM X⁴ 中，图形文字不同于标注文字。图形文字是由直线、圆弧和样条曲线组合而成的复合图素，用户可以对其每一个笔画进行独立编辑，它们是图样中的几何信息要素，可以在数控加工编程时用于刀具路径的生成，而标注文字则是图样中的非几何信息要素，在图样中起说命作用，用于不能对其笔画进行独立编辑，也不能将其用于刀路生成。

选择【绘制文字】菜单命令或工具按钮，显示如图 2-61 所示的【绘制文字】对话框。在该对话框中选定文字和对齐方式，输入文字高度、圆弧半径（只有在文字对齐方式设置为"圆弧顶部"或"圆弧底部"时该输入框才可用）、字符间距和文字内容，然后单击"确定"按钮，并且按照提示在绘图区指定文字的起点位置即可绘制出所需文字，如图 2-62 所示。

图 2-61   【绘制文字】对话框

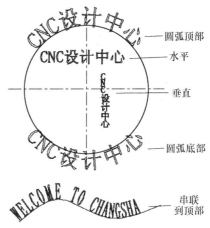

图 2-62   文字对齐方式

若要绘制中文字，则应选用真实字型中相应的中文字体，否则用于正常输入的中文字在绘图区不能正常显示。

若当前选用的字体为草绘字体（Drafting Font），则文字对齐方式默认为"水平"对齐，可以选用"串联到顶部"对齐方式，其他对齐方式则不能选用。

若当前选用的字体为草绘字体（Drafting Font）或真实字体（TrueType Font），则【绘制文字】对话框中的【尺寸标注整体设置】按钮处于可用状态，单击该按钮将打开如图

2-63 所示【注解文字】对话框。利用该对话框,可以对文字属性进行更详细的设置。

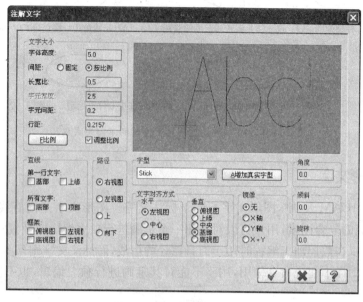

图 2-63　【注解文字】对话框

2.1.8　倒圆角

选择如图 2-64 所示的【绘图】→【倒圆角】菜单命令,或者单击如图 2-65 所示【绘图】工具栏上的倒圆角工具按钮,即可进行倒圆角操作。

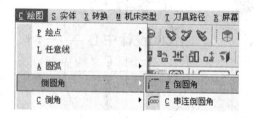

图 2-64　【倒圆角】菜单命令

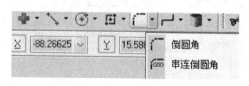

图 2-65　工具栏上的倒圆角工具按钮

1.【倒圆角】

该命令用于两个处于同一平面但不平行的图素之间倒圆角(创建光滑过渡的连接圆弧)。

选择【倒圆角】菜单命令或工具按钮,显示如图 2-66 所示【倒圆角】操作栏,同时在绘图区提示:"倒圆角:选取一图素"。

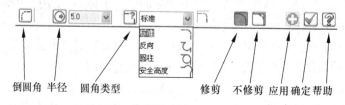

图 2-66　【倒圆角】操作栏

42

用户在【倒圆角】操作栏中选择圆角类型和修剪延伸模式（"修剪延伸"或"不修剪"），再输入圆角半径，然后按照提示选择第一个图素，绘图区接着提示"倒圆角：选取另一图素"。这是用户将鼠标移动到第二个图素附近，即可产生圆角的预览效果，选取第二个图素后系统立即绘制出符合设定条件的圆角，如图2-67和图2-68所示。

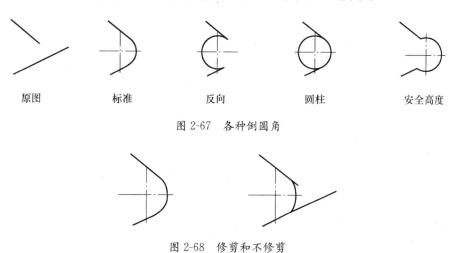

图 2-67　各种倒圆角

图 2-68　修剪和不修剪

提示：

在两个圆之间倒圆角时，所有符合条件的圆角都会显现出来，这时需要用户选取要保留下来的那个圆角，如图2-69所示。

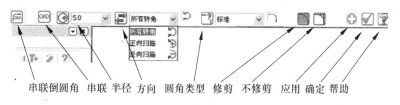

图 2-69　两个圆之间倒圆角

2. 串联图案

该命令用于对曲线链的拐角处倒圆角（创建光滑过渡的连接圆弧）。

选择【串联图案】菜单命令或工具按钮，显示如图2-70所示的【串联倒角】操作栏和如图2-71所示的【串联选项】对话框，同时在绘图区提示："选取串联1"。

图 2-70　【串联倒角】操作栏

43

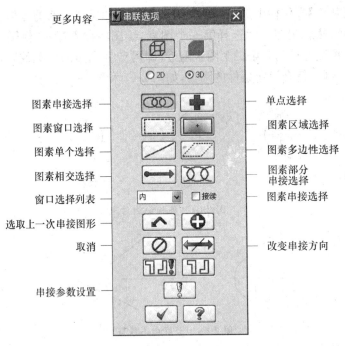

图 2-71 【串联选项】对话框

更多内容

图素串接选择 — 单点选择
图素窗口选择 — 图素区域选择
图素单个选择 — 图素多边性选择
图素相交选择 — 图素部分串接选择
窗口选择列表 — 图素串接选择
选取上一次串接图形
取消 — 改变串接方向
串接参数设置

　　用户选取图形中的一个曲线链之后,单击【串联选项】对话框中的"确定"按钮,系统会以【串联倒角】操作栏的默认设置在曲线链的各个拐角处产生光滑过渡的链接圆弧,这时,用户根据需要在该操作栏中修改相应的设置后单击"应用"按钮或者"确定"按钮即可,如图 2-72 所示。

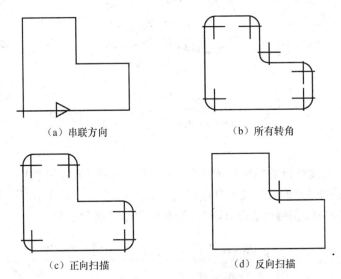

（a）串联方向　　　　　　　　　　（b）所有转角

（c）正向扫描　　　　　　　　　　（d）反向扫描

图 2-72　方向及倒角效果

　　【串联倒角】操作栏中"方向"选项的功能如下。

　　(1)"所有转角":在曲线链的所有拐角处产生圆角,如图 2-72(b)所示。

　　(2)"正向扫描":仅在沿着串联方向的逆时针拐角处产生圆角,如图 2-72(c)所示。

(3)"反向扫描":仅在沿着串联方向的顺时针拐角处产生圆角,如图2-72(d)所示。

提示:

有关串联、曲线链和【串联选项】对话框的详情参见本章2.2.2节。

2.1.9 倒角

选择如图2-73所示的【绘图】→【倒角】菜单命令,或者单击如图2-74所示【绘图】工具上栏的倒角工具按钮,即可进行倒角操作。

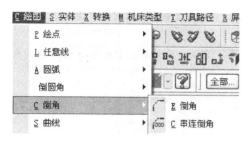

图2-73 【倒角】菜单命令

图2-74 【倒角】工具按钮

1. 倒角

该命令用于两个相交图素之间绘制倒角。

选择【倒角】菜单命令或工具按钮,显示如图2-75所示的【倒角】操作栏,同时在绘图区提示:"选取直线或圆弧"。

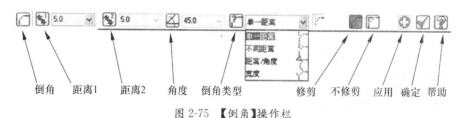

图2-75 【倒角】操作栏

用户在【倒角】操作栏中选择倒角类型和修建延伸模式("修剪延伸"或"不修剪"),再输入相应的倒角距离或角度,然后按照提示选择第一个图素,绘图区继续提示"选取直线或圆弧"。这时,用户将鼠标移动到第二个图素附近,即可产生倒角的预览效果,选取第二个图素后系统立即绘制出符合设定条件的倒角,如图2-76和图2-77所示。

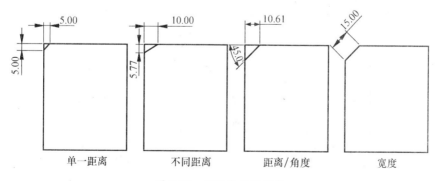

图2-76 不同类型的倒角

（a）原图　　　　　　（b）修剪　　　　　　（c）不修剪

图 2-77　修剪与不修剪

提示：

在采用"不同距离"倒角类型进行倒角时，"距离 1"与第一个被选图素对应，"距离 2"与第二个被选图素对应，如图 2-78(a)所示。

在采用"距离/角度"倒角类型进行倒角时，"距离 1"与第一个被选图素对应，"角度"是倒角与第一个被选图素的夹角，如图 2-78(b)所示。

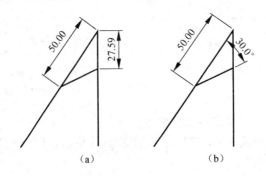

（a）　　　　　　　　　　　（b）

图 2-78　"不同距离"倒角和"距离/角度"倒角的不同

2. 串联图案

该命令用于在曲线链的拐角处绘制倒角。

选择【串联图素】菜单命令或工具按钮，显示【串联选项】对话框和如图 2-79 所示的【串联倒角】操作栏，同时在绘图区提示："选取串联 1"。

用户选取图形中的一个曲线链后，单击【串联选项】对话框中的"确定" ✔ 按钮，系统会以【串联倒角】操作栏的默认设置在曲线链的各个拐角处产生倒角，这时，用户根据需要在该操作栏中修改相应的设置后单击"应用" ✚ 按钮或者"确定" ✔ 按钮即可，如图 2-80 所示。

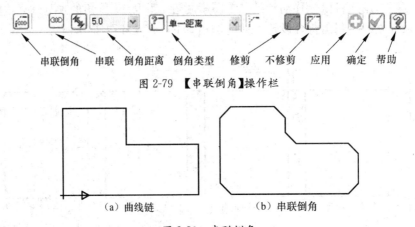

图 2-79　【串联倒角】操作栏

（a）曲线链　　　　　　　　　（b）串联倒角

图 2-80　串联倒角

2.1.10 样条曲线

MasterCAM X[4] 提供了两种类型的样条曲线:一是参数式样条曲线,其形状由节点决定,曲线经过每一个节点,如图 2-81(a)所示;另一种是 NURBS 样条曲线(非均匀有理 B 样条曲线),其形状由控制点决定,曲线经过第一个和最后一个控制点,不一定经过中间的控制点,但会尽量逼近这些控制点,如图 2-81(b)所示。

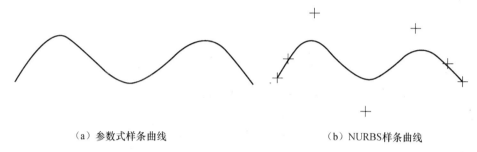

（a）参数式样条曲线　　　　　　　　　　　　（b）NURBS样条曲线

图 2-81　曲线类型比较

当前所绘制样条曲线的类型取决于系统配置(通过选择【设置】→【系统规划】→【CAD 设置】→【曲线/曲面的构建形式】菜单命令可以修改该配置。可以使用【创建到 NURBS】命令将参数式样条曲线转换为 NURBS 样条曲线(详见本章 2.3.2 节)。

选择如图 2-82 所示的【绘图】→【曲线】菜单命令,或者单击如图 2-83 所示的【绘图】工具栏上的绘制样条曲线工具按钮,即可通过各种方式来绘制样条曲线。

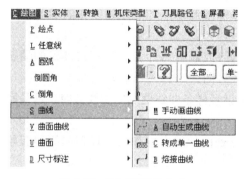

图 2-82　【曲线】菜单命令

图 2-83　样条曲线工具按钮

1. 手动

该命令用于手动选取各个节点的方式绘制样条曲线。如果第一个和最后一个节点选在同一个位置上,则绘制闭合样条曲线,否则绘制开放样条曲线。

选择【手动】菜单命令或工具按钮,显示如图 2-84 所示的【曲线】操作栏,同时在绘图区提示:"选取一点,按〈Enter〉或〈Apply〉键完成"。

图 2-84　【曲线】操作栏

用户依次指定各个节点的位置之后，按【Enter】键或者单击【曲线】操作栏上的"应用"按钮，即可绘制出一条通过各个节点的样条曲线，如图 2-85 所示。

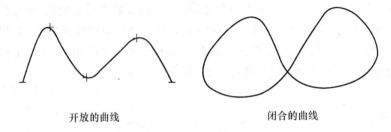

开放的曲线　　　　　　　　　　　　闭合的曲线

图 2-85　手动绘制的样条曲线

在指定节点的过程中，单击【曲线】操作栏的"指定打断点"按钮，可以逆序依次撤销已经指定的点，以便改变节点位置。

若在指定第一个节点之前先锁定【曲线】操作栏上的"编辑端点状态"按钮，则在画出样条曲线之后将自动打开如图 2-86 所示的【曲线端点状态】操作栏。利用该操作栏可以编辑样条曲线起始点和终点的切线方向，从而改变样条曲线的形状。

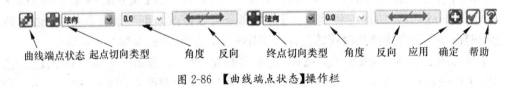

曲线端点状态　起点切向类型　　　角度　反向　　终点切向类型　角度　反向　应用　确定　帮助

图 2-86　【曲线端点状态】操作栏

在【曲线端点状态】操作栏中，用于确定样条曲线起始点和终点切线方向的 5 个选项的功能如下。

（1）【三点圆弧】：将系统根据样条曲线的开始（或最后）3 个点计算所得圆弧的端点切线方向，设置为样条曲线起始点（或终点）的切线方向。

（2）【法向】：按最短曲线长度优化计算机来设置样条曲线两端的切线方向。这是系统的默认选项。

（3）【至图素】：选取参考图素，并将其选取点处的切线方向作为本样条曲线的起始点（或终点）切线方向。

（4）【至端点】：选取参考图素，并将其靠近选取点的那个端点的起点方向设置为本样条曲线的起始点（或终点）的切线方向。

（5）【角度】：直接在"角度值"输入框中指定曲线起始点（或终点）的切线方向角。

2. 自动输入

当绘图区已经绘制出一系列点图素后，利用该命令，用户只需选取曲线要通过的第一个、第二个和最后一个点，其余各点均由系统自动选取来绘制样条曲线。

选择【自动输入】菜单命令或工具按钮，显示如图 2-87 所示的【自动曲线】操作栏，同时在绘图区提示："选取第一点"。在用户按照提示一次选取第一个、第二个和最后一个点后，系统即可依据这 3 个点来判断其余各点，从而绘制所需样条曲线。

提示：

在自动选点时，系统结合点与点之间的相对位置和方向来判断和安排点的顺序。为了避免扭曲曲线形状,系统可能自动放弃某些点,如图 2-88 所示。

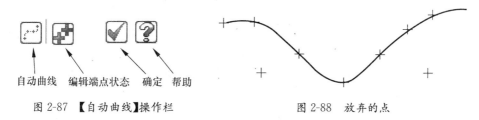

图 2-87 【自动曲线】操作栏　　　　　　　　　图 2-88　放弃的点

3. 转成曲线

使用该命令可以基于选定的曲线链(直线、圆弧或曲线)的几何位置创建一条新的样条曲线。

选择【转成曲线】菜单命令或工具按钮,显示【串联选项】对话框和如图 2-89 所示的【转成曲线】操作栏,同时在绘图区提示:"选取串联 1"。

图 2-89　【转成曲线】操作栏

用户选取曲线链后按下【Enter】键,或者单击【串联选项】对话框中的"确定" ✔ 按钮,然后在【曲线至曲线】操作栏中设置弦高偏差(链接精度)、原始曲线处理方式(保留、隐藏、删除或移到另一层别)和层别(只在原始曲线处理方式设置为"移到另一层别"时有效),最后单击"应用" ✚ 按钮或者"确定" ✔ 按钮,即可在原曲线链的位置上创建一条新的样条曲线。

4. 熔接曲线

该命令用于在两个图素(直线、圆弧和样条曲线)的指定点之间绘制一条光滑过渡的链接曲线。

选择【熔接曲线】菜单命令或工具按钮,显示如图 2-90 所示的【熔接曲线】操作栏,同时在绘图区提示:"选取曲线 1"。

曲线熔接状态　第一条曲线　第一点熔接范围　第二条曲线　第二点熔接范围　修剪方式

图 2-90　【熔接曲线】操作栏

用户按照提示选取两条已有曲线,同时滑移箭头分别在两条曲线上指定连接点的位置,即可绘制出一条熔接曲线,如图 2-91 所示。用户可以通过选择不同的"修剪延伸方式",以获得不同的连接效果,还可以通过输入不同的"第一点数量"和"指定 2 端大小"数值(0、1、2、3 等)来改变曲线熔接的平滑度(数值越小,熔接曲线越平滑)。

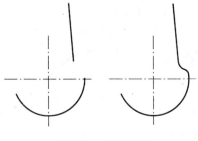

图 2-91 熔接曲线

2.2 图素的选取

选择图素是编辑图形的基本操作之一。MasterCAM X⁴ 的图素选择功能灵活多样，不仅可以利用鼠标进行选择(如单击、窗口选择等)，而且可以利用对话框根据图素的图层、颜色、线宽、线型等属性进行快速选择。默认情况下，既可以先选择图素再启动编辑命令，也可以先启动编辑命令再选择图素。

2.2.1 通用选择方法

MasterCAM X⁴ 使用【普通选项】操作栏选择图素。【普通选项】操作栏有"标准选择"和"实体选择"两种模式，分别如图 2-92 所示。其中"标准选择"是默认模式。若用户起用的命令专属于对实体图素的操作，则【普通选项】操作栏自动切换到"实体选项"模式。有些命令可以激活两种模式，这是用户可以使用"激活实体选择" ██ 按钮从"标准选择"模式切换到"实体选择"模式，或者使用"激活标准选择"按钮 █ 从"实体选择"模式切换到"标准选择"模式。

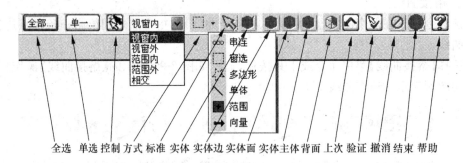

图 2-92 【普通选项】操作栏

下面介绍【普通选项】操作栏的主要命令和按钮。

1. 全部

该命令用于设置图素选择条件，并且自动选中图形中所有符合设定条件的可见图素。

在【普通选项】操作栏中，单击【全部】按钮，打开如图 2-93 所示的【全选】对话框。该对话框用于设置图素选择条件。用户设置好图素选择条件后单击按钮，则所有符合设定条件的图素都将被自动选中。

2. 单一

该命令用于设置图素选择条件,但是它与"全部选择"命令不同,它不会自动选中任何图素,用户需要利用鼠标手动选取符合设定条件的可见图素。

在【普通选项】操作栏中,单击【单一】按钮,打开图 2-94【单一选取】对话框。该对话框用于设置图素选择条件。用户设置好图素选择条件后单击 ✔ 按钮,关闭对话框,这时,【单一】按钮上多了一个临时标记"x",变成【单一】,表示用户此时只能手动选取符合设定条件的图素。

图 2-93 【全选】对话框

图 2-94 【单一选取】对话框

3. "选择控制"下拉列表

该下拉列表列出了 5 种控制方式。这 5 种控制方式将决定"窗口选择"和"多边形选择"两种选择方式如何选中图素。当用户采用"窗口选择"或者"多边形选择"方式选择图素时,图素与选择窗口或者多边形之间有在内、在外和相交 3 种位置关系。选中哪种位置关系的图素,取决于所采用的选择控制方式,因此,在用户采用"窗口选择"或者"多边形选择"方式选择图素之前,应该在"选择控制"下拉列表中选择合适的选择控制方式。下面对5 种选择控制方式分别说明。

(1)"视窗内":只选中完全位于选择窗口或者多边形边界内的图素。

(2)"视窗外":只选中完全位于选择窗口或者多边形边界外的图素。

(3)"范围内":不但选中完全位于选择窗口或者多边形边界内的图素,而且选中与选择窗口或者多边形边界相交的图素。

(4)"范围外":不但选中完全位于选择窗口或者多边形边界外的图素,而且选中欲选择窗口或者多边形边界相交的图素。

(5)"交点":只选中与选择窗口或者多边形边界相交的图素。

4. "选择方式"下拉列表

该下拉列表列出了 6 种利用鼠标在绘图区进行图素选择的方式。其中【窗选】和【单体】两种选择方式是标准选择方式。在用户没有指定具体选择方式时,实际上就是利用标准选择方式选择图素。将鼠标指针移动到某个图素上单击,该图素即被选中,这就是【单体】选择方式;将鼠标指针移动到绘图区的某个空白处,按下鼠标左键并且拖动鼠标至任意位置,然后释放鼠标左键,出现一个动态的矩形窗口(即选择窗口),该窗口随着鼠标的移动而改变大小,在适当位置单击,则与该窗口的相对位置关系符合相应选择控制方式的图素被选中,这就是【窗选】选择方式。在"选择方式"下拉列表中"单击"某一种选择方式,则可以使用该方式进行"1次"图素选择,接着系统自动恢复到标准选择方式;在"选择方式"下拉列表中"右击"某一种选择方式,则可以将该选择方式锁定,并且可以使用该方式进行"多次"图素选择,同时【普通选项】操作栏的"激活标准选择"按钮有效,单击该按钮可以恢复到标准选择方式。下面分别对其他4种选择方式进行说明。

(1)【串联】:该方式用于选取曲线链,详见本章2.2.2节。

(2)【多边形】:该方式采用多边形选择窗口选取图素,其功能与【窗选】方式的功能类似。在使用【多边形】方式选取图素时,用鼠标在绘图区指定若干个点,系统用直线段依次将这些点连接起来(最后一点与第一点连接),形成一个封闭的多边形选择窗口,按【Enter】键,或者在指定最后一点时"双击",则与该窗口的相对位置关系符合相应选择控制方式的图素被选中。

(3)【范围】:该方式用于选取由封闭的曲线链所界定的区域的边界及其内部的图素。操作时,在该区域内适当位置"单击",则该区域的边界及其内部的图素被选中。

(4)【向量】:该方式让用户在绘图区指定若干个点,系统依次在这些点之间建立矢量,形成"围栏"(不必封闭),在用户按【Enter】键,或者在指定最后一点时"双击"之后,与"围栏"相交的图素被选中。

5. 该按钮有两个不同的功能。当【普通选项】操作栏处于"实体选择"模式,并且该按钮有效时,单击该按钮可以将【普通选项】操作栏切换到"标准选择"模式;当【普通选项】操作栏处于"标准选择"模式,并且在"选择方式"下拉列表中锁定了一种图素选择方式(例如【多边形】方式)时,单击该按钮可以取消被锁定的选择方式,使用户可以采用标准选择方式(【窗选】或者【单体】方式)选取图素。

6. 当【普通选项】操作栏处于"标准选择"模式,并且该按钮有效时,单击该按钮可以将【普通选项】操作栏切换到"实体选择"模式。

7. 单击该按钮,可以在打开或者关闭实体边选择功能之间切换。打开实体边选择功能,可以选取实体的边,否则不能选取实体的边。

8. 单击该按钮,可以在打开或者关闭实体面选择功能之间切换。打开实体面选择功能,可以选取实体的表面,否则不能选取实体的表面。

9. 单击该按钮,可以在打开或者关闭实体主题选择功能之间切换,打开实体主题选择功能,可以选取实体的主体(即整个实体),否则不能选取实体的主题。

10.

单击该按钮,可以在打开或者关闭背面选择功能之间切换。打开背面选择功能,可以选取当前视角下处于实体背面(不可见)的边或者表面,否则只能选取当前视角下处于实体前面(可见)的边或者表面。

11.

单击该按钮,可以选中上一次选用过的实体要素(即实体的边、面或主体)。

12.

单击该按钮,可以在打开或者关闭验证选择功能之间切换。打开验证选择功能,在选取图素时,如果系统检测到光标单击处有多个可供选择的图素,则系统打开如图 2-95 所示【验证】对话框,同时凸显其中 1 个待选图素,用户可以单击该窗口的前进或后退按钮,系统会注意凸显相应的待选图素,当用户想要的图素凸显时,单击"确定"按钮即可将其选中。

图 2-95　【验证】对话框

13.

单击该按钮,可以撤销本次选取的所有图素,回到本次图素选择的初始状态。

14.

单击该按钮,可以结束本次图素选择。

提示:

在可以选择多个图素的场合,可以通过按【Enter】键、单击【普通选项】操作栏的"结束选择"按钮或者在最后一个要选择的图素上"双击"等方式来结束选择。

2.2.2　串联

"串联"是一种选择并且按某个顺序和方向连接几何图素的方法。当用户采用串联方式选择图素时,"单击"某个图素,即可选中这个图素或者选中与这个图素串接的一系列图素。串联方式不同于其他图素选择方式,它把顺序和方向与被选图素关联在一起。在创建刀具路径、曲面和实体时,采用串联方式选取的曲线链是它们的"基础",而串联顺序和方向则影响他们的生成效果。

1. 与串联有关的基本概念

(1)曲线链及其类型。曲线链——单一图素(通常称为单体,如 1 条直线、1 条圆弧、1 条样条曲线等)或者通过端点串接起来的一系列图素。同一个曲线链中,图素之间必定是通过端点串接在一起的,交叉的图素不会包含在其中。要是原本交叉的图素串接成链,必须先将它们在交点处打断。

开放链——起点和终点不重合的曲线链,如图 2-96 所示。它可以是单一图素,如 1 条直线,1 条小于 360°的圆弧,1 条首尾相接的样条曲线,也可以是由多个图素串接而成的封闭的曲线组合,如矩形等。

封闭链——起点和终点重合的曲线链,如图 2-97 所示。它可以是 1 个椭圆,1 条首尾相接的样条曲线,也可以是由多个图素串接而成的封闭的曲线组合,如矩形等。

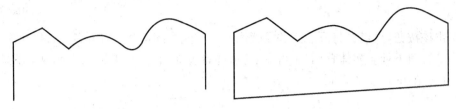

图 2-96　开放链　　　　　　　　　　　　　图 2-97　封闭链

(2)串联方向。在串联图素时,系统赋予被选曲线链一个方向,称为串联方向,用箭头表示。箭头的起点指示曲线链的起点,箭头的方向指示曲线链的串接顺序。串联方向与被选曲线链的类型有关。对于开放曲线链,串联方向从曲线链的最靠近选取点的一端指向曲线链的另一端,如图 2-98 所示;对于封闭的曲线链,一般以曲线链上被选图素来决定串联方向,即串联方向从曲线链上被选图素的最靠近选取点的一端指向该图素的另一端,如图 2-99 所示。

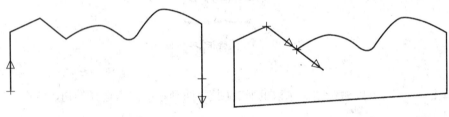

图 2-98　开放链串联方向　　　　　　　　图 2-99　封闭链串联方向

(3)分歧点。分歧点(又叫分支点)是指 3 个或者更多图素所共同具有的一个端点。在串联图素时,如果没有遇到分歧点,系统会自动从串联起点沿着串联方向按顺序选取和连接整个曲线链上的所有图素,直至该曲线链的终点;如果遇到分歧点,则表示在该点处有不同的串联路径可以选择,因此,系统不能自动完成该串联。这时,系统会在分歧点显示一个箭头,并提示用户手动选取串联前进的分支,如图 2-100 所示。在选取分支后,串联继续进行,直至曲线链的终点。用户也可以单击【串联选项】对话框中的"结束串联"按钮或者按【Enter】键,在分歧点结束串联。

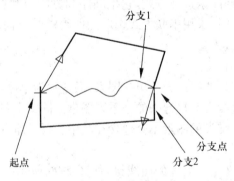

图 2-100　分歧点

2.【串联选项】对话框

该对话框用于为生成曲面、实体或刀具路径,或者为执行某个分析、转换或者其他操作,选择所需曲线链。

54

【串联选项】对话框有"线架"和"实体"两种操作模式,分别如图 2-101(a)、(b)所示单击该对话框顶部的按钮进入"线架"模式,单击按钮则进入"实体"模式。如果图形中存在可见的线架,不管图形中是否同时存在可见的实体,"线架"模式都是默认开启模式。"实体"模式只有在图形中存在可见实体,并且当前执行的命令(如外形铣削等)与实体要素(边、面)的选择有关时才有效。

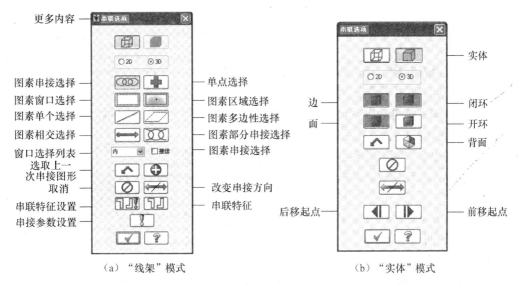

（a）"线架"模式　　　　　（b）"实体"模式

图 2-101　【串联选项】对话框

下面介绍【串联选项】对话框中的部分按钮或选项的功能。

(1)【2D】单选钮:选中该项,只串联平行于单个构图面且与第一个被选图素处于同一工作深度的二维曲线链。

(2)【3D】单选钮:选中该项,可以串联三维曲线链。

(3)"串联选择"按钮 ◎◎◎ :选中该项,可以通过单击一个图素去构建一个曲线链。如果中途遇到分歧点,则在用户选取分支后继续完成曲线链的构建。

(4)"窗口选择"按钮 ▭ :选中该项,用鼠标在需要选择的曲线链周围拖曳出一个矩形选择窗口,然后指定一个搜寻点,默认情况下(选择控制方式为"内"),位于选择窗口内的所有曲线链都将被选中。如果【串联设置】属性页(下拉菜单【设置】→【系统规划】→【串联设置】)中没有选中【从提示窗口搜索位置】复选框,则系统自动以选择窗口的第一个角点为搜寻点,无需用户指定搜寻点。要改变选择控制方式,可以单击"选择控制"下拉列表的其他控制方式。"窗口"串联方式一般使用于需要一次快速选择多个曲线链的情况。

(5)"单个选择"按钮 ╱ :选中该项,单击某个图素,则可以创建只包含该图素的曲线链。

(6)"相交选择"按钮 ⟷ :选中该项,可以按照这样的方式创建曲线链:在绘图区指定若干个点定义向量,系统自动从向量线相交的图素出发,双向延伸曲线链,直到遇到分歧点为止。

(7)"选择控制"下拉列表 ▨▾ :该列表中列出了 5 种曲线链选择控制方式,即

"内"、"内＋相交"、"相交"、"外＋相交"和"外"，它们分别与【普通选项】操作栏的 5 种"选择控制"方式——"视窗内"、"范围内"、"交点"、"范围外"和"视窗外"类似，决定着"窗口"和"多边形"两种串联方式如何选中曲线链。

(8)"选取上次串联"按钮 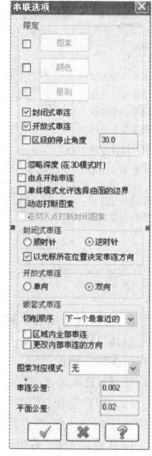：单击该按钮，可以选中上一次选用过的曲线链。

(9)"取消"按钮 ：单击该按钮，可以从当前选择集中剔除最后一次串联选取的曲线链，其方法与"窗口"串联的方法类似。

(10)"改变串接方向"按钮 ：单击该按钮，可以切换串联方向。

(11)"点"按钮 ：单击该按钮，可以进行单点串联。

(12)"区域"按钮 ：选中该项，在图形的适当位置点位"单击"，则系统自动串联包围该点的最内层的封闭曲线链以及该曲线链内部的其他封闭曲线链。

(13)"多边形"按钮 ：选中该项，可以用一个临时定义的多边形窗口串联曲线链，其方法与"窗口"串联的方法类似。

(14)"部分串联"按钮 ：选中该项，可以通过依次指定需要选中的曲线链的第一个图素和最后一个图素去选取该曲线链。图 2-102 所示为一个采用"部分串联"方式选取的包含 3 条直线的开放曲线链。在指定第一个图素时，应该在靠近串联起点的位置单击该图素，使串联方向从起点指向终点，否则得不到所需曲线链。在指定最后一个图素时，可以在该图素上任意位置单击。如果在该曲线链的第一个图素和最后一个图素之间遇到分歧点，则需要用户指定分支才能完成串联。

(15)"结束串联"按钮 ：单击该按钮，结束当前串联，以便开始下一个新的串联。

(16)"串联参数设置"按钮 ：单击该按钮，系统显示如图 2-102 所示的线架模式下的【串联选项】对话框。利用该对话框，用户可以对串联方式进行更精细地设置。

图 2-102　线架模式下更精细的【串联选项】对话框

2.3　图形的编辑

图形的编辑就是对已有图形所进行的删除、修整（如修剪、延伸、打断、分割、连接、分解等）或转换（如平移、3D 平移、镜像、旋转、比例缩放、补正、阵列、投影等）等操作，它有利于降低用户的绘图难度，确保图样的准确性，提高设计效率。

2.3.1　删除

选择如图 2-103 所示的【编辑】→【删除】菜单命令，或者单击如图 2-104 所示【删除/恢复删除】工具栏上的相应按钮，即可进行删除或恢复删除操作。

图 2-103 【删除】菜单命令

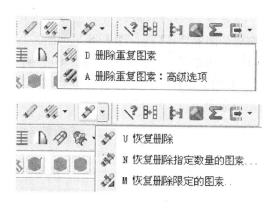

图 2-104 【删除/恢复删除】工具栏

1. 删除图素

该命令用于删除图形中已有的图素。

选择 ✐ E 删除图素 菜单命令或工具按钮,绘图区提示:"选取图素"。用户选取需要删除的图素后按【Enter】键即可将选中的图素删除。

用户也可以先选取需要删除的图素,然后选择菜单项或工具按钮,或者按下键盘上的【Delete】键将所选图素删除。

提示:

与使用"删除图素"命令一样,在使用其他图形编辑命令时,在默认情况下,既可以先启动编辑命令再选取图素,也可以先选取图素再启动编辑命令。为了叙述方便,在后续章节中只介绍先启动编辑命令再选择图素这种操作方式。

2. 删除重复图素

该命令用于自动找出并删除当前图形文件中所有可见的重复图素。

重复图素就是指那些与某一个图素位置完全重叠的图素。由于重复图素会额外增加文件的存储空间,并且会影响串联,所以有必要将"多余的"重复图素删除。

选择 ✐ D 删除重复图素 菜单命令或工具按钮,弹出如图 2-105 所示的【删除重复图素】信息框,其中列出了系统自动找出并删除的所有可见的重复图素,单击【确定】按钮结束命令。

例如,用户在相同的起点和终点位置上绘制了 3 条直线,执行【删除重复图素】命令后,该位置将只留下其中的 1 条直线,其余 2 条直线被当做重复图素删除了。

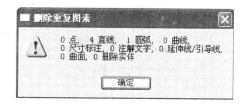

图 2-105 【删除重复图素】信息框

3. 删除重复图素:高级选项…

该命令也用于删除重复图素,但该命令删除的重复图素除了具有与某一个图素位置完全重叠这一特征之外,还可以具有相同的颜色、线型、线宽、图层、点的类型等属性。

选择 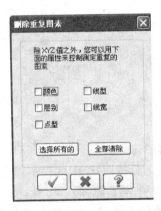的位置。这里图标为"删除重复图素：高级选项"菜单命令或工具按钮,绘图区提示："选取图素"。用户选取需要删除的图素后按【Enter】键,弹出如图 2-106 所示的【删除重复图素】对话框。用户从中勾选重复图素所具有的共同属性后单击"确定"按钮,系统接着弹出如图 2-106 所示【删除重复图素】信息框,其中列出了将要删除的重复图素的数量和类型,单击其中的【确定】按钮结束命令。

图 2-106 【删除重复图素：高级选项…】对话框

例如,用户在相同的起点和重点位置上绘制了 3 条线型为"连续线"的直线和 3 条线型为"虚线"的直线,执行【删除重复图素：高级选项…】命令,并且勾选【删除重复图素】对话框中的【线型】复选框,结束命令后,该位置将留下其中的 1 条"连续线"直线和 1 条"虚线"直线,其余 2 条"连续线"直线和 2 条"虚线"直线分别被当着相应的重复图素删除了。保留下拉的 1 条"连续线"直线和 1 条"虚线"直线虽然位置完全重叠,但是由于它们的线型属性不同,所以在这次命令执行过程中系统没有把它们当成重复图素处理。

4. 恢复删除

该命令用于恢复最后被删除的一个图素。连续多次执行该命令则可以按照图素被删除时的顺序的逆顺序恢复被删除的多个图素。

5. 恢复删除的数量

该命令用于按照用户设定的数量恢复被删除的多个图素。恢复图素的数量按照图素被删除时的顺序的逆顺序计算。

选择 恢复删除指定数量的图素菜单命令或工具按钮,弹出如图 2-107 所示的【输入撤消删除的数量】对话框。用户输入需要恢复删除的图素的个数,然后单击"确定"按钮即可。

图 2-107 【输入撤消删除的数量】对话框

6. 恢复删除限定图素

单击 恢复删除限定的图素按钮,打开【选取所有的】对话框,在该对话框中设置恢复图素的选择条件,系统间自动把符合所设条件的图素恢复出来。

2.3.2　修整

修整图素就是对已有的图素进行长度、形状或法向等方面的调整。常用的修整命令有修剪、延伸、打断、分割、连接、分解等。

选择如图 2-108 所示的【编辑】→【修剪/打断】菜单命令，或者单击如图 2-109 所示【修剪/打断】工具栏上的相应按钮，即可进行图素修整操作。

图 2-108　【修剪/打断】菜单命令

图 2-109　【修剪/打断】工具栏

1. 修剪/延伸/打断

该命令用于已有图素。

选择 修剪/打断/延伸 菜单命令或工具按钮，显示如图 2-110 所示的【修剪/延伸/打断】操作栏，同时在绘图区提示："选取图素去修剪或延伸。"

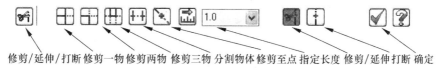

修剪/延伸/打断 修剪一物 修剪两物 修剪三物 分割物体 修剪至点 指定长度 修剪/延伸打断 确定

图 2-110　【修剪/延伸/打断】操作栏

【修剪/延伸/打断】操作栏中部分按钮的功能和操作方法如下。

(1)"修剪一物体"按钮：锁定此按钮，先单击图素 1(被减图素，单击点必须在该图素需要保留的部分)，再单击图素 2(参照图素，单击点可以在该图素的任意部分)，则图素 1 被修剪或延伸至它们的交点处，如图 2-111 所示。

(2)"修剪两物体"按钮：锁定此按钮，分别单击两个相交图素(单击点必须在各个图素需要保留的部分)，则两个图素同时被修剪或延伸至它们的交点处，如图 2-112 所示。

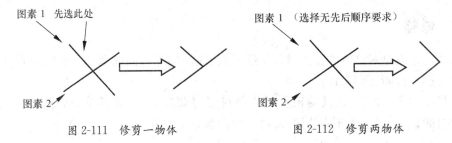

图 2-111　修剪一物体　　　　　　图 2-112　修剪两物体

（3）"修剪三物体"按钮：锁定此按钮，依次单击图素 1、2、3（单击点必须在各个图素需要保留的部分），则图素 1 和 3 同时被修剪或延伸至两者的交点处，图素 2 和 3 也同时被修剪或延伸至两者的交点处，如图 2-113 所示。此处要特别注意图素的选择顺序，图素 3 必须最后选择，否则得不到图 2-113 所示的结果。

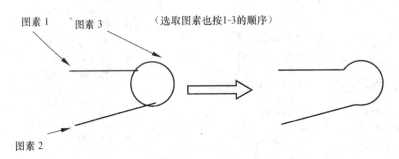

图 2-113　修剪三物体

（4）"分割物体"按钮：锁定此按钮，单击图素（直线或圆弧）需要割除的部分，系统自动搜索该图素与其他图素的交点，并将所选图素被鼠标单击部分分割删除到交点处。如果是选择了后面的打断则不删除，只分割，如图 2-114 所示。

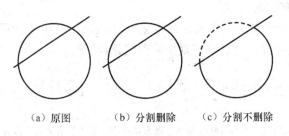

（a）原图　　　　　（b）分割删除　　　　　（c）分割不删除

图 2-114　分割物体

（5）"修剪至点"按钮：锁定此按钮，单击需要修剪或延伸的图素（修剪图素时，单击点必须在该图素需要保留的部分），再制定修剪或延伸的目标点，即可将选定图素修剪或延伸到指定点。如果目标点不在被选图素或其延长线上，则系统将该图素修剪或延伸至指定点到被选图素的垂足处，如图 2-115 所示。

（6）"指定长度"按钮与"长度输入框"30：锁定此按钮，并且在该输入框图素需要修剪或延伸的长度（负值用于修剪图素，正值用于延伸图素），再在图素需要修剪或延伸的一端单击，则该图素被修剪或延伸指定长度，如图 2-116 所示。

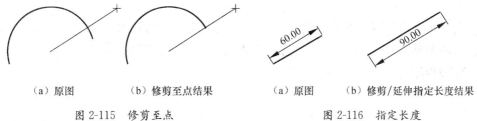

（a）原图　　　　（b）修剪至点结果　　　　（a）原图　　　（b）修剪/延伸指定长度结果

图 2-115　修剪至点　　　　　　　　　图 2-116　指定长度

（7）"修剪延伸"按钮：锁定此按钮，【修剪/打断】命令按照"修剪/延伸"模式工作。该模式是系统默认模式。也就是说，默认情况下，该按钮是锁定的，上述的操作结果都是在该模式下获得的。

（8）"打断"按钮：锁定此按钮，【修剪/打断】命令按照"打断"模式工作。在该模式下，虽然上述操作方法相同，但是操作结果不同。其结果是选定的图素被打断或延伸，并且延伸部分与原有部分是断开的。

提示：

当【修剪/延伸/打断】操作栏中前六个按钮均未被锁定时，默认的修剪/延伸功能（修剪一个或两个相交图素）处于激活状态。此时，分别单击两个相交图素，则第一个被单击的图素被修剪或延伸至它们的交点处，如图 2-111 所示；若先单击一个图素，再双击与之相交的另一个图素，则两个图素同时被修剪或延伸至它们的交点处，如图 2-112 所示。

2. 多物体修剪

该命令用于将多个图素修剪、延伸或打断至指定的边界图素，而边界图素本身在操作前后不变。

选择 多物修整 菜单命令或工具按钮，显示如图 2-117 所示的【多物体修剪】操作栏，同时在绘图区提示："选取曲线去修剪"。

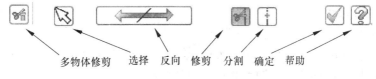

多物体修剪　选择　反向　修剪　分割　确定　帮助

图 2-117　【多物体修剪】操作栏

用户选取需要修剪、延伸或打断的图素后按【Enter】键，再按照提示选取一个边界图素（即修剪曲线），最后按照提示指定修剪曲线的那一边（在被修剪或延伸图素需要保留的一侧单击，打断图素时没有最后这一步骤），如图 2-118 所示。

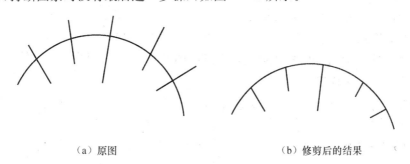

（a）原图　　　　　　　　　　（b）修剪后的结果

图 2-118　多物体修剪

3. 连接图素

该命令用于将两个或多个图素连接成一个图素,如图 2-119 所示。选择 ✐ I连接图素 菜单命令或工具按钮,绘图区提示:"选取图素去连接"。用户选取需要连接的图素后按【Enter】键即可。

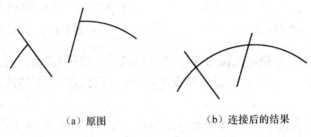

　　　　(a)原图　　　　　　　(b)连接后的结果

图 2-119　连接图素

提示:

①只有共线的直线段、同心且同半径的圆弧或者被打断的样条曲线才能进行连接。

②连接后的结果图素的属性(颜色、线型、线宽等)与第一个被选图素的属性相同。

4. 恢复全圆

该命令用于将圆弧转换成等半径的同心全圆。

5. 两点打断

该命令用于将一个图素在指定位置打断成为两个图素。

选择 ✐ Ⅱ两点打断 菜单命令或工具按钮,显示【两点打断】操作栏,同时在绘图区提示:"选择要打断的图素"。用户选取一个需要打断的图素后,绘图区接着提示:"指定打断位置",用户指定打断位置后,该图素即在指定位置一分为二。系统重复上述提示,以便继续打断其他图素。用户单击该操作栏的"确定"按钮,或者按【Esc】键结束命令。

6. 在交点处打断

该命令用于将相交图素在它们的交点处打断。

选择 ✐ I在交点处打断 菜单命令或工具按钮,绘图区提示:"选取要打断的图素"。用户选取要打断的两个或多个相交图素后,按【Enter】键即可。

7. 打断成若干段

该命令基于选定的直线、圆弧或样条曲线按照指定的数量、长度或弦高公差生成多个图素。原直线、圆弧或样条曲线可以被删除、保留或隐藏。生成的多个新图素可以是直线段,也可以是圆弧线段。

选择 ✐ ₂打成若干段 菜单命令或工具按钮,显示如图 2-120 所示的【打断若干段】操作栏,同时在绘图区提示:"选取一个图素去打断或延伸"。用户选取一个需要打断的图素后,绘图区接着提示"输入数量、距离、误差或选取新的图素"。用户在【打断若干段】操作栏上进行所需设置后单击"确定"按钮即可。

　打断多段　精确距离　整数距离　段数　长度　弦高公差　处理方式　线弧切换　应用　确定　帮助

图 2-120　【打断若干段】操作栏

62

【打断多段】操作栏中部分按钮的功能和操作方法如下。

（1）"等分数量"按钮和"数量输入框"：锁定该按钮，输入等分数量，可以使选定的一个图素按指定数量打断成等长度的多个图素。

（2）"等分长度"按钮和"长度输入框"：锁定该按钮，输入等分长度，可以使选定的一个图素从离选取点较近的一端起按指定长度打断成多个图素。最后一段图素的长度小于或等于指定长度。

（3）"弦高公差"按钮和"公差输入框"：锁定该按钮，输入弦高公差，可以使选定的一个圆弧或样条曲线按指定弦高公差打断成多个图素。

（4）"处理方式"选项：原图素的处理方式有【删除】、【保留】和【隐藏】3 种，如图 2-121 所示。

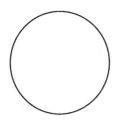 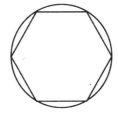 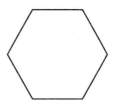

  （a）原图   （b）打断成6段保留的效果 （c）打断成6段删除/隐藏的效果

图 2-121 3 种处理方式

（5）"线/弧切换"按钮：单击该按钮，可以使生成的多个新图素在直线段与圆弧之间切换。

8. 打断全圆

该命令用于将全圆按照指定的数量打断成半径相等、弧长相等的多个同心圆弧。

9. 依指定长度打断

该命令用于将尺寸标注、注释文本、标签、引线、图案填充等复合图素分解成直线、圆弧和 NURBS 曲线。

10. 转成 NURBS

该命令用于将选定的直线、圆弧和参数式样条曲线转换为 NURBS 样条曲线，也可用于将曲线成形曲线和参数式曲面转换为 NURBS 曲面，以便通过调整 NURBS 曲线或曲面的控制点来改变这些曲线或曲面的形状。

11. 更改曲线

该命令用于修改样条曲线或曲面的形状。

选择 更改曲线 菜单命令或工具按钮，绘图区提示："选取 NURBS 曲线或曲面"。用户选取需要修改的 NURBS 样条曲线或曲面后，绘图区接着提示："选取一个控制点，按【Enter】键结束"。用户选取一个需要调整的控制点，并且移动鼠标到目标位置单击，系统将显示改变控制点后 NURBS 曲线的预览效果，同时继续提示："选取一个控制点，按【Enter】键结束"。用户可以继续调整曲线形状，也可以按【Enter】键结束命令，如图 2-122 所示。

若用户选取的不是 NURBS 样条曲线，而是参数式样条曲线，则会显示如图 2-123 所

63

示的【更改曲线】操作栏。利用该操作栏,可以在调整参数式样条曲线的形状时保持其一个或者两个端点的切向状态不变。

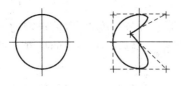

图 2-122 更改曲线

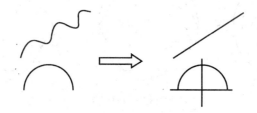

图 2-123 更改参数式样条曲线的【更改曲线】操作栏

12. 曲线变弧

该命令用于将圆弧形的样条曲线转换为圆弧,也可以将直线形的样条曲线转换为直线(不过公差要设置得足够大才行),如图 2-124 所示。

图 2-124 曲线变弧

2.3.3 转换

转换图素就是利用图形中的已有图素,通过移动、复制或连接方式生成新的图素。3种方式的区别如下。

移动——在新位置生成新的图素,原图素被删除。

复制——在新位置生成新的图素,原图素保持不变。

连接——在新位置生成新的图素,原图素保持不变,同时系统自动创建直线段或圆弧线段将新图素的各个端点分别与源图素的各个端点连接起来。

常用的图素转换命令有平移、3D平移、镜像、旋转、比例缩放、单体补正、串联补正、投影、阵列等。

选择如图 2-125 所示的【转换】菜单命令,或者单击如图 2-126 所示【转换】工具栏上的相应按钮,即可进行图素转换操作。

1. 平移

该命令用于将选定的原图素在同一视图平面内按照指定次数沿指定方向和距离进行平行移动、复制或连接,生成新图素,并保持它们原有的朝向、大小和形状,如图 2-127 所示。

选择 I 平移 菜单命令或工具按钮,绘图区提示:"平移:选取图素去平移"。用于在选取需要平移的源图素后按【Enter】键即可打开如图 2-128 所示的【平移选项】对话框。用户可以在该对话框中设置或修改有关参数,并且可以在绘图区实时预览参数设置或修改的效果。单击该对话框中的"应用"按钮可以固定当前操作结果,以便继续新的平移操作。单击该对话框中的"确定"按钮则完成平移操作,同时退出命令。

64

图 2-125 【转换】菜单命令

图 2-126 【转换】工具栏

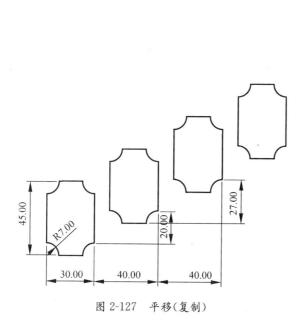

图 2-127 平移(复制)

图 2-128 【平移选项】对话框

【平移选项】对话框中部分图标按钮或参数解释如下。

(1)"增加/移除图形"按钮 ：单击该按钮,可以进入绘图区去增选或移除图素。

(2)【次数】输入框:用于输入平移操作的次数。图 2-127 所示为"次数"为 2 的操作结果。

(3)【两点间的距离】/【全程距离】单选项:这两个单选钮只有在"次数"大于1时才被激活。若选中【两点间的距离】单选钮,则平移距离指的是"每次"操作的"步距"。图2-127所示为"步距"为(40,20)的操作结果;若选中【全程距离】单选钮,则平移距离指的是"总距离"。图2-127所示也可以看作是"总距离"为(80,40)的操作结果。

(4)平移向量的定义方式:该对话框提供了3类(4种)定义平移向量的方式。用户可以根据已知条件选用其中的一种方式。

【输入角度向量值】:使用新图素相对于原图素的直角坐标增量$(\Delta x,\Delta y,\Delta z)$来定义平移向量,如图2-127所示。

【从一点到另一点】:该方式有两种情况。一种是通过指定两个点来定义平移向量(从第一点指向第二点);另一种是通过指定一条已有直线来定义平移向量(从直线上距离选择点较近的一端指向该直线的另一端)。在用户还没有使用指定一条直线的方式定义平移向量的情况下,单击"第一点"按钮或"第二点"都将让用户选择第一点和第二点;若用户已经用其中的一种方式定义了平移向量,则单击"第一点"按钮让用户重新指定第一点,单击"第二点"按钮让用户重新指定第二点。

【极坐标】:使用新图素相对于原图素的极坐标来定义平移向量。

(5)"方向"按钮:单击该按钮 ⟺ ,可以切换操作结果,以便获得正向、反向或者双向操作结果。

(6)【预览】复选框和【重建】按钮 ☑ 重建 :选中【重建】按钮左边的【预览】复选框,可以实现预览【平移选项】对话框中参数设置和绘图区操作行为的结果,这时【重建】按钮无效;清楚【预览】复选框,可以激活【重建】按钮,这时,参数设置和操作行为的结果不会实时显现出来,待用户单击【重建】按钮后才显现结果。

(7)【适度化】复选框:选中该项,可以使"预览"或"重建"效果缩放至整个视窗。

(8)【使用新的图素属性】复选框:选中该复选框,显示"层别"和"颜色"设置区域,以便设置新图素的层别和衍射属性。清除该复选框,则新图素将继承源图素的属性。

(9)"层别"设置区域:用于设置新图素的"层别"属性。

(10)【每次平移都增加一个图层】复选框:该复选框只有在"次数"大于1时才被激活。选中该复选框,将使每一"步"的平移结果图素创建在不同的图层上。其中"第一步"平移结果图素置于"层别"设置区域指定的图层上,后续各"步"对应的层别号按增量1依次递增。

(11)"颜色"设置区域:用于设置新图素的颜色属性。

提示:
平移操作完成后,默认情况下,源图素暂时标记为红色,新图素(也称为"结果"图素)暂时标记为紫色。用户可以选择【屏幕】→【清除颜色】菜单命令,或者单击【Utilities】工具栏上的"清除颜色"按钮,或者在绘图区单击鼠标右键,在弹出的快捷菜单中选择【清除颜色】子菜单项,将源图素和新图素的颜色恢复为它们的属性颜色。

2. 3D平移

该命令用于将选定的源图素,沿着由指定的起点和终点确定的向量,从一个视图平面到另一个试图平面进行移动或复制,生成新图素,并保持它们原有的朝向、大小和形状,如

图 2-129 所示。

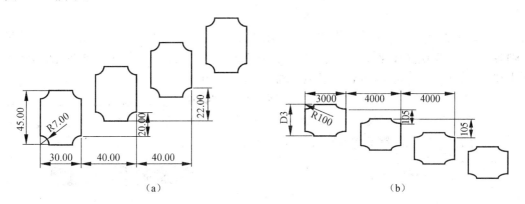

（a）   （b）

图 2-129　3D 平移

选择  菜单命令或工具按钮,绘图区提示:"平移:选取图素去平移"。用户在选取需要平移的源图素后按【Enter】键即可打开如图 2-130 所示的【3D 平移选项】对话框。用户可以利用该对话框进行 3D 平移的有关设置。单击"起始视角"的【视角选择】下拉框,可选取原来视角。单击"结束视角"的【视角选择】下拉框,可选取结束视角,如图 2-131所示。在用户按照提示指定目标视角和相对于目标视角的平移终点后,系统才会返回【3D 平移选项】对话框。系统根据用户指定的平移起点和终点确定平移向量,并且在绘图区预览操作效果。单击"确定"按钮完成 3D 平移操作。

图 2-130　【3D 平移选项】对话框　　　图 2-131　【视角选择】对话框

除了可以利用上述"起始视角"按钮和"结束视角"按钮定义起始视角、平移起点、结束视角和平移终点外,还可以利用【3D 平移选项】对话框中【点】区域内的 3 个按钮,通过三点(或一条直线和一个点)方式来定义它们。

3. 镜像

该命令主要用于绘制轴对称图形。利用该命令,可以将选定的源图素沿指定的镜像轴线(对称轴线)进行镜像移动、复制或连接,生成新图素。新图素与源图素相比较,其大小和形状相同,朝向相反,位置关于镜像轴线对称,如图 2-132 所示。

选择 菜单命令或工具按钮,绘图区提示:"镜像:选取图素去镜像"。用户在选取需要镜像的源图素后按【Enter】键即可打开如图 2-133 所示的【镜像】对话框。在该对话框中选择转换方式,指定镜像轴线,然后单击"确定"按钮,即可完成图素的镜像操作。

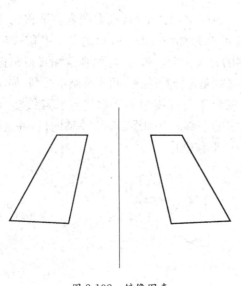

图 2-132　镜像图素

图 2-133　【镜像】对话框

【镜像】对话框提供了 5 种定位镜像轴线的方式,用户根据已知条件选用其中的 1 种即可。这 5 种方式分述如下。

(1)X 轴:镜像轴线为水平线(虚拟的,与 X 轴平行),其位置通过单击"X 轴:选择点"按钮在绘图区指定一个点,或者直接在【Y】输入框输入 Y 坐标确定。

(2)Y 轴:镜像轴线为垂直线(虚拟的,与 Y 轴平行),其位置通过单击"Y 轴:选择点"按钮在绘图区指定一个点,或者直接在【X】输入框输入 X 坐标确定。

(3)极轴:镜像轴线为斜线(虚拟的,与 X 轴正向成指定角度),其位置通过单击"极轴:选择点"按钮在绘图区指定一个点,并且在【A】输入框输入角度确定。

(4)直线:在绘图区选择一条已有直线作镜像轴线。

(5)两点:在绘图区指定两个点,由这两个点确定的直线(虚拟的)作为镜像轴线。

提示:

当原图素中含有注释文本或标签图素时,选中【镜像】对话框中的【镜像文本与标签】复选框,可以使其镜像所得新文本或标签反向或颠倒。否则新文本或标签将保持与其相同的对齐和调整方式。

4. 旋转

该命令用于将选定图素按照指定次数绕指定基点旋转某个角度进行移动、复制或连接，生成新图素，并保持其原有的大小和形状，其朝向则有不变(平移)和旋转两种情况。

选择 旋转 菜单命令或工具按钮，绘图区提示："旋转:选取图素去旋转"。用户在选取需要旋转的源图素后按【Enter】键即可打开如图 2-134 所示的【旋转】对话框。用户利用该对话框指定转换方式(移动、复制或连接)、输入旋转次数、指定旋转基点(即旋转中心)、输入旋转角度(当旋转次数大于 1 时，还应指定该旋转角度是单次旋转角度还是总旋转角度)、指定新图素的朝向(旋转或平移)，必要时还可以切换旋转方向、指定旋转结果中需要剔除的新图素(误剔除时可以恢复)，最后单击"确定"按钮，即可完成图素的旋转操作。

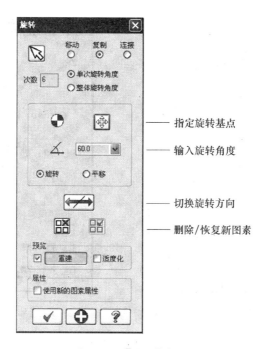

图 2-134　【旋转】对话框

【旋转】对话框的参数设置组合及其相应的操作结果如图 2-135 所示。

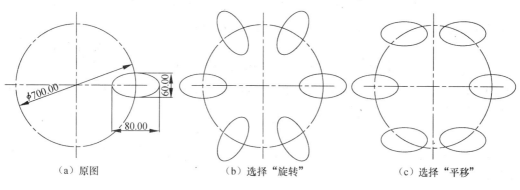

（a）原图　　　　　　　　（b）选择"旋转"　　　　　　　（c）选择"平移"

图 2-135　旋转结果

5. 缩放

该命令用于以构图坐标原点或用户指定的点位参考点,按照用户指定的次数和比例因子将选定图素放大或缩小相应尺寸进行移动、复制或连接,生成新图素,如图 2-136 所示。

选择  ⑤ 比例缩放 菜单项或工具按钮,绘图区提示:"比例:选取图素去缩放"。用户在选取需要比例缩放的源图素后按【Enter】键即可打开如图 2-137 所示的【缩放】对话框。在该对话框中,默认情况下,【等比例】单选钮被选中,其下方只有一个比例因子输入框,用于输入统一比例因子进行等比例缩放;若用户选中【XYZ】单选钮,则其下方将显示 X、Y、Z,3 个比例因子输入框,用于输入 X、Y、Z,3 轴方向上的比例因子进行不等比例缩放。

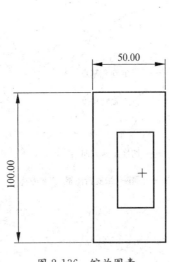

图 2-136　缩放图素

图 2-137　【缩放】对话框

提示:

在用户没有指定比例缩放的参考点时,系统以构图坐标原点为默认的比例缩放参考点。

6. 单体补正

该命令用于将选定的一个图素按照指定的方向和次数偏移指定的距离进行移动或复制,生成新图素。新图素与源图素平行。如图 2-138 所示。

选择 ⑨ 单体补正 菜单命令或工具按钮,打开如图 2-139 所示的【单体补正】对话框,同时绘图区提示:"选取线、圆弧、曲线或曲面线去补正"。用户在选取一个需要补正的源图素并指定补正方向后,可以实时预览操作结果,再在该对话框中按需调整有关设置,最后单击"确定"按钮即可完成图素的补正操作。

7. 串联补正

该命令用于将选定的一个或多个曲线链按照指定的次数和方向偏移指定的距离和深度进行移动或复制,生成新图素。

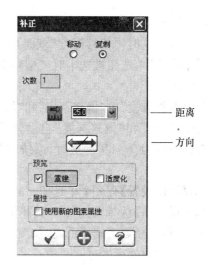

图 2-138　单体补正图素　　　　　　　　图 2-139　【单体补正】对话框

　　选择  菜单命令或工具按钮，打开【串联选项】对话框，同时绘图区提示："补正：选取串联 1"。用户在选取需要补正的曲线链原图素后按【Enter】键，即可打开如图 2-140所示的【串联补正】对话框（若串联方向与默认的偏移距离不相符，则系统先弹出"外形补正失败！"警告信息栏，单击该信息框中的【确定】按钮即可打开【串联补正】对话框），同时绘图区提示："修改对话框的值或选取反向串联"。用户按需要修改有关设置后单击"确定"按钮即可完成曲线链的补正操作。

偏移距离

偏移深度

偏移锥度

偏移方向切换

图 2-140　【串联补正】对话框

【串联补正】对话框部分选项或参数说明如下。

71

(1)当【绝对值】单选钮被选中时,不管原图素是二维图素还是三维图素,新图素都将是二维图素。这时,"偏移深度"就是新图素的统一结构深度(Z坐标),如图 2-141(a)所示;当【增量值】单选钮被选中时,"偏移深度"则为新图素相对于原图素的坐标增量,如图 2-141(b)所示。

(2)"偏移锥度"由"偏移距离"和"偏移深度"共同决定。当"偏移深度"不为 0 时,系统根据"偏移距离"和"偏移深度"自动算出相应的"偏移锥度"。用户也可以指定"偏移锥度",数值范围为 0~89°。这时,系统将根据"偏移锥度"和"偏移深度"自动算出相应的"偏移距离"。

(3)【转角设置】有 3 个单选钮。其中,【无】意味着向外串联补正生成新图素时不产生过渡圆角;【尖角】意味着向外串联补正生成新图素时在小于 135°的拐角处产生过渡圆角,并且圆角半径等于偏移距离,如图 2-141 所示;【全部】意味着向外串联补正生成新图素时在所有拐角处产生过渡圆角。

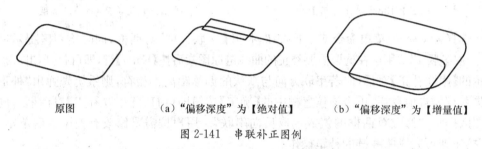

原图　　　　　(a)"偏移深度"为【绝对值】　　(b)"偏移深度"为【增量值】

图 2-141　串联补正图例

8. 投影

该命令用于将选定图素按照下列 3 种方式之一投影到指定面上进行移动、复制或连接,生成新图素。

(1)投影到平面:将选定图素投影到指定的二维平面上,如图 2-142(a)所示。

(2)投影到构图面:将选定图素投影到当前构图面的指定深度,如图 2-142(b)所示。

(3)投影到曲面:将选定图素投影到指定的曲面上,如图 2-142(c)所示。

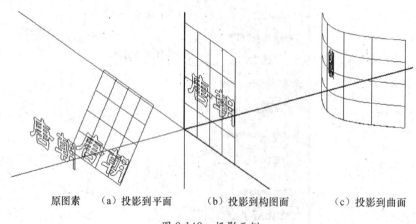

原图素　　(a)投影到平面　　　(b)投影到构图面　　　(c)投影到曲面

图 2-142　投影示例

选择 投影 菜单命令或工具按钮,绘图区提示:"选取图素去投影"。用户在选取需要投影的源图素后按【Enter】键即可打开如图 2-143 所示的【投影】选项对话框。利用该对

72

话框即可完成选定图素的投影操作。

　　单击【投影】选项对话框中的"选取平面"按钮，将打开如图 2-144 所示的【平面选项】对话框。用户可以利用该对话框提供的 8 种方式之一定义所需的投影平面（详见 3.4.1 节）。

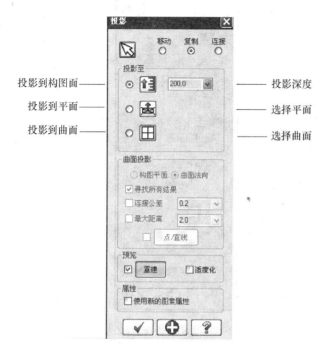

图 2-143　【投影】选项对话框　　　　　　　图 2-144　【平面选项】对话框

　　单击【投影】选项对话框中的"选取曲面"按钮，用户可以在绘图区选取投影曲面，同时【投影】选项对话框中的【曲面投影选项】区域中的选项被激活。其中，【构图面】单选钮用于将选定图素沿当前构图面的法向投影到投影曲面；【曲面法向】用于将选定图素沿着投影曲面的法向投影到投影曲面；【寻找所有结果】复选框用于找出将选定图素投影到指定曲面时所有符合条件的解；【连接公差】复选框用于将投影得到的多个新图素按照给定的公差值连接成一个图素；【点/直线】复选框及其按钮在将点投影到曲面时有效，用于决定是否生成点和直线，并且可以设置直线的长度和生长方向；【最大距离】复选框用于设置产生投影的最大距离（从源图素的选择点算起），避免在大于该距离的投影曲面上产生符合条件但不需要的投影。【最大距离】复选框只有在【曲面法向】单选钮被选中时才有效。

　　9. 阵列

　　该命令用于将选定图素相对于当前构图面同时沿两个方向按照用户指定的次数和间距进行复制，生成规则阵列的新图素，并保持它们原有的朝向、大小和形状，如图 2-145 所示。该功能可以看做是上述"平移"功能的扩展。

　　选择 ⊞ A 阵列 菜单命令或工具按钮，绘图区提示："平移：选取图素去平移"。用户在选取阵列的原图素后按【Enter】键即可打开如图 2-146 所示【阵列选项】对话框。用户可以在该对话框中设置或修改有关参数，并且可以在绘图区实时预览参数设置或修改的效果。单击该对话框中的"确定"按钮即可完成阵列操作。

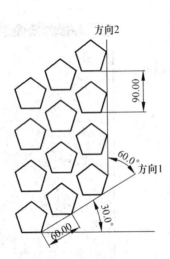

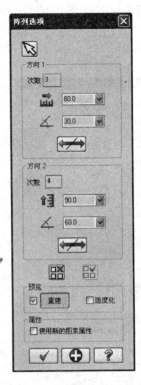

图 2-145　阵列图素　　　　　图 2-146　【阵列选项】对话框

提示:

　　在【阵列选项】对话框中,【方向2】的角度是方向2相对于方向1的角度,其值只能是 0～180°的正数。

2.4　图形标注与图案填充

　　图形标注于图案填充是一张完整工程图样的重要组成部分。其中,图形标注的主要内容包括尺寸标注、引线标注、注解文字标注、标注设置和标注编辑。本节将对 Master-CAM X⁴ 的图形标注和图案填充功能做简要介绍,以便满足工程图样输出的需要。

　　MasterCAM X⁴ 的图形标注和图案填充功能可以通过如图 2-147 所示的【绘图】→【尺寸标注】菜单命令,或如图 2-148 所示【尺寸标注】工具栏中的相应按钮来实现。

2.4.1　标注设置

　　标注设置包括 5 个方面:标注属性设置、标注文本设置、尺寸标注设置、注解文本设置、引导线/延伸线设置。其中涉及很多参数和概念,大部分参数都有很强的通用性,不必要修改。对于初学者来说,需要修改的几个参数及其相关概念如图 2-149 所示。其中,除了尺寸数字 100.00、50、30°和 Φ20,公差数字+0.025 和-0.015 之外,其他数字都是为了方便说明问题而标注的,并非修改设置的参考值。

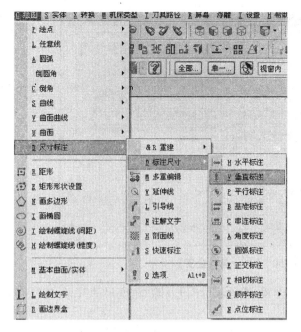

图 2-147 【尺寸标注】菜单命令

图 2-148 【尺寸标注】工具栏

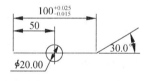

图 2-149 标注示例

在 MasterCAM X[4] 初始化时,默认的标注设置就会载入当前文件。用户可以根据自己的需要对这些设置进行修改。修改途径主要有以下两个。

(1)选择【设置】→【系统规划】菜单命令,打开【系统配置】对话框,在该对话框中选择【标注与注释】主题,即可对有关标注设置进行修改。按照这一途径进行的修改,可以保存到系统配置文件,因而对当前文件、新建文件和新打开的文件都有效。

(2)选择【绘图】→【尺寸标注】→【选项】菜单命令,或者【绘图】工具栏中的【选项】工具按钮,打开【选项】对话框,在该对话框中同样可以对标注设置进行修改。按照这一途径进行的修改,只对当前文件的后续标注和在 MasterCAM X[4] 重新初始化之前新打开文件的图形标注有效。

下面以【尺寸标注设置】对话框为例,对标注设置进行简要介绍。

单击【尺寸标注设置】工具栏的工具按钮,打开如图 2-150 所示的【尺寸标注设置】对话框。该对话框包含 5 个主题,在该对话框左边的主题列表中单击某个主题,该主题的设置页即被打开。图 2-150 所示为【尺寸属性】主题的设置页。当某个主题有项目被修改时,该主题名称前面会出现一个"√"标记。在完成各个主题需要进行的修改后,单击该对话框中的"确定"按钮,即可完成标注设置。下面对 5 个主题分别加以说明。

1.【尺寸属性】

该主题主要用于设置尺寸标注的基本属性。

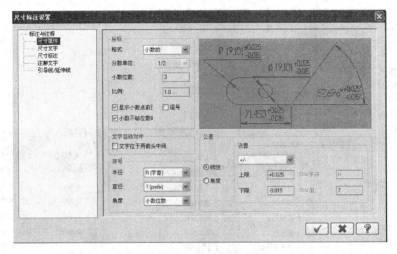

图 2-150 【尺寸属性设置】

(1)【线性】单选钮:该单选钮用于设置"线性尺寸"以及除"角度尺寸"以外的所有其他类型尺寸的公差项目。

(2)【角度】单选项:该单选钮用于设置"角度尺寸"的公差项目。

(3)【小数位数】输入框:该输入框用于设置尺寸标注时系统自动测量的基本尺寸的小数数位和公差的小数位数。要使两者的小数位数不同,可以在尺寸标注过程中进行调整,具体方法参见 2.4.2 节。

(4)【比例】输入框:该输入框用于设置尺寸标注时系统自动测量的基本尺寸与实际标注之间的缩放比例,默认值为 1。例如,比例设置为 2,标注时系统自动测量的基本尺寸为 10,则实际标注尺寸等于两者的乘积——20。当绘图比例不是 1:1 时,标注尺寸之前应该设置该缩放比例。

2.【标注文字】

该主题的设置页如图 2-151 所示,主要用于设置尺寸文本的属性,如基本尺寸的字体高度、公差字高、文字的长宽比、文字书写方向、文字定位方式等。

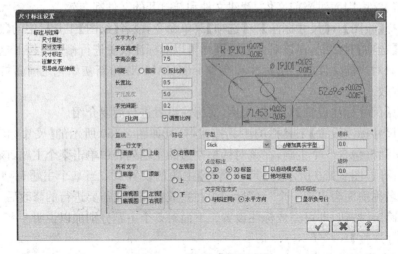

图 2-151 【标注文字设置】

(1)【间距】:包括【固定】单选钮和【按比例】单选钮。选中【固定】单选钮,则【长宽比】输入框无效,【字元宽度】输入框有效,这时可以输入固定的字元宽度,该宽度不随"字体高度"的改变而改变;选中【按比例】单选钮,则【长宽比】输入框有效,【字元宽度】输入框无效,这时字元宽度将随"字体高度"的改变而按比例(长宽比)自动改变。

(2)【比例】复选框:选中该复选框,则另外一些参数也将随"字体高度"的改变而自动按比例改变。这时"比例"按钮有效,单击该按钮将打开如图 2-152 所示的【尺寸字高的比例】对话框,从中可以设置有关参数与"字体高度"的比例因子。

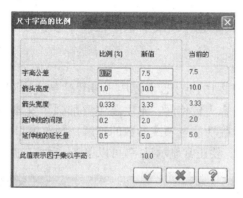

图 2-152 【尺寸字高的比例】对话框

(3)【路径(书写方向)】:包括【右】、【左】、【上】、【下】4 个单选钮,分别代表"从左往右"、"从右往左"、"从下往上"、"从上往下"4 种书写方向。

(4)【文字定位方式】:包括【与标注同向】和【水平方向】两个单选钮。选中【与标注同向】单选钮,则标注文本与尺寸线平行;选中【水平方向】单选钮,则标注文本与 X 轴平行(即水平放置)。

3.【尺寸标注】

该主题的设置页如图 2-153 所示,主要用于设置尺寸标注与被标注的几何图素之间的关联性。

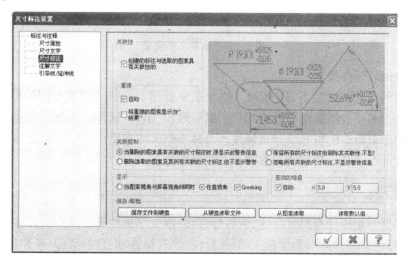

图 2-153 尺寸标注设置

(1)【重建】：包括【自动】和【将重建的图素显示为"结果"】两个复选框。选中【自动】复选框，则被标注图素发生改变时，其标注将随之自动更新；选中【将重建的图素显示为"结果"】复选框，则更新后的标注将以"结果"图素的外观显示（默认情况下标记为紫色）。用【清理颜色】命令可以恢复其属性颜色。

(2)【Greeking】复选框：选中该复选框，则当视图缩小到看不清尺寸文本时，将会以方框代替文本；当视图放大到足以看得清尺寸文本时，又会恢复文本显示。

(3)【基线的增量】：包括【自动】复选框、【X】和【Y】输入框。选中【自动】复选框，【X】和【Y】输入框才有效。其中 X 值是基线标注的水平间距，Y 值是基线标注的垂直间距。这时，基线标注将自动按照设定的 X 或 Y 值定位。要想手动确定基线标注的位置，应该清除【自动】复选框。

4.【注释文字】

该主题的设置页如图 2-154 所示，主要用于设置注解文本（标签）的属性。其内容与【标注文本设置】主题的内容大致相同。本主题主要加强了文本排版功能，用户可以通过实时预览来加深对各个排版功能选项或参数的理解。预览窗口的红十字标记表示水平和垂直两方向的组合对齐点。要正常显示汉字，可以单击 [△增加真实字型] 按钮去选用汉字字型。

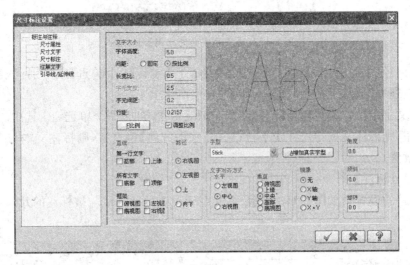

图 2-154　注解文字设置

5.【引导线/延伸线】

该主题的设置页如图 2-155 所示。该主题主要用于设置引导线（即尺寸线）、延伸线（即尺寸界线）和箭头的属性。其中"第一"引导线和"第一"延伸线均指与尺寸标志时先选择的那个测量点对应的引导线和延伸线。与另一个尺寸测量点对应的则是"第二"引导线和"第二"延伸线。其他项目或参数的含义参照图解。

2.4.2　标注

工程图样常用标注有尺寸标注、引线标注、注解文字标注等。常用的尺寸标注有水平标注、垂直标注、平行标注、角度标注、圆弧标注（半径标注和直线标注）、基准标注、串联标注等。下面参照图 2-147 和图 2-148 对各种常用标注加以简要介绍。

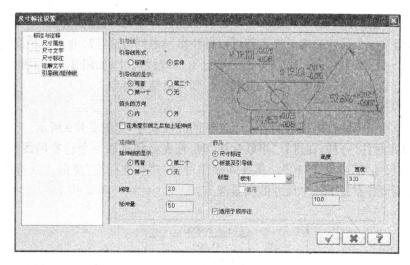

图 2-155　引导线/延伸线设置

1. 水平标注

该命令用于标注两点之间的水平距离。

选择 ⟷ H 水平标注 菜单命令或工具按钮,显示如图 2-156 所示的【尺寸标注】操作栏,同时系统提示:"建立尺寸,线性:指定第一个端点"。在用户选择一条直线或指定尺寸测量的起点和终点后,【尺寸标注】操作栏上与本标注有关的图标按钮立即被激活。这时用户可以单击有关按钮调整本标注的属性,然后在绘图区单击定位标注,如图 2-157 所示。完成一个标注置换后,本命令回到初始状态,准备进行下一个标注。单击"确定"按钮结束命令。

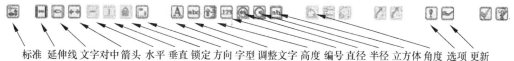

标准　延伸线　文字对中箭头　水平　垂直　锁定　方向　字型　调整文字　高度　编号　直径　半径　立方体　角度　选项　更新

图 2-156　【尺寸标注】操作栏

提示:

在当前标注的尺寸被定位之前,用户不但可以单击【制图】操作栏上与本标注有关的图标按钮调整本标注的有关属性,也可以单击该操作栏上的"选线"按钮,打开【Drafting 选项】对话框,通过该对话框对本标注的属性进行详细设置(参见 2.4.1 节)。此外,用各户还可以单击【制图】操作栏的"更新"按钮,从而用该操作栏上对当前标注所作的标注属性修改更新全局的标注设置。

2. 垂直标注

该命令用于标注两点之间的垂直距离,如图 2-157 所示。其标注方法参照"水平标注"。

3. 平行标注

该命令用于标注两点之间的直线距离,如图 2-157 所示。其标注方法参照"水平标注"。

4. 基准标注

该命令用于标注与选定的一个已有线性标注(如水平标注、垂直标注、平行标注)具有相同测量起点的若干个相互平行的线性尺寸,如图 2-158 所示。

选择 ⟷ B 基准标注 菜单命令或工具按钮,系统提示:"尺寸标注:建立尺寸,基线:选取一线性尺寸:"。这时用户必须先选取一个已有的线性标注,如选择图2-158中的尺寸"15",然后只需指定每个尺寸的测量终点就可以标注出一系列与选定尺寸具有相同测量起点的线性尺寸。按【Esc】键一次,可以另选一个已有的线性尺寸(如图2-158中的尺寸"10"),进行另一组基准标注。连续按【Esc】键两次,则可以结束命令。

5. 串联标注

该命令用于标注首尾相接的若干个连续的线性尺寸,如图2-159所示。

与"基准标注"一样,在进行"串联标注"时,首先必须选取一个已有的线性标注,如图2-159中的尺寸"8"或尺寸"10"。其具体操作过程与"基准标注"类似。其特点在于上一个尺寸的测量终点是下一个尺寸的测量起点。

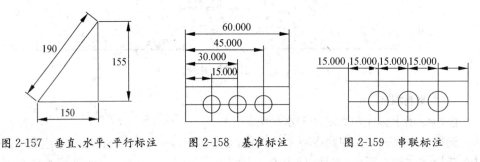

图2-157　垂直、水平、平行标注　　　图2-158　基准标注　　　图2-159　串联标注

6. 角度标注

该命令用于标注两条不平行直线的夹角、圆弧对应的圆心角、3个点(顶点,起点,终点)定义的角,如图2-160所示。

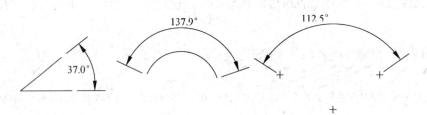

图2-160　角度标注

选择 A 角度标注菜单命令或工具按钮,显示如图2-156所示【尺寸标注】操作栏,同时系统提示:"建立尺寸,角度:选择一圆弧或直线:选取一非平行线"。这时用户可以选取两条不平行的直线标注它们的夹角,或者选取一条圆弧标注它的圆心角,也可以依次指定3个点标注由它们定义的角。3个点的含义是:第一点为角的顶点,第二点为角的起点(它与顶点的连线可以确定角的起始边),第三点为角的终点(它与顶点的连线可以确定角的终止边)。

7. 圆弧标注

该命令用于标注圆弧(包括圆)的直径或半径,如图2-161所示。

在圆弧标注过程中,可以利用【尺寸标注】操作栏的"直径标注"按钮和"半径标注"按钮在直径标注和半径标注之间进行切换。

8. 正交标注

该命令用于标注点到直线或两条平行线之间的距离,如图2-162所示。

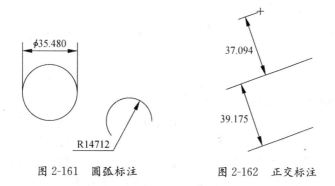

图 2-161　圆弧标注　　　　　　图 2-162　正交标注

执行该命令时,首先选取一条直线,然后选取与其平行的另一直线,或者指定一个点,系统将自动测量出两平行线之间或点与直线之间的距离。后续操作与其他线性标注的操作类似。

9. 切线标注

该命令用于标注一个圆(圆弧)的某条切线到一点、一条直线或另一个圆(圆弧)的某条切线的距离,如图 2-163 所示。

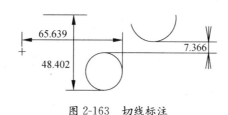

图 2-163　切线标注

执行该命令时,首先选取一个圆(圆弧),然后选取一个点、一条直线或另一个圆(圆弧),这时系统将根据鼠标当前所在位置给出一个符合条件的解。用户可以移动鼠标找出需要的解,有时需要利用【尺寸标注】操作栏中的"尺寸线方向设置"按钮找出与圆(圆弧)的某个角度的切线相符的解,必要时还可以利用【尺寸标注】操作栏的"四等分点"按钮在不同方位的解之间切换。

10. 点位标注

该命令用于标注指定点相对于坐标系原点的位置,用坐标形式显示,如图 2-164 所示。

使用该命令标注的点坐标有 4 种显示,参见图 2-164。

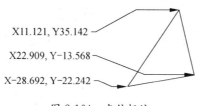

图 2-164　点位标注

11. 延伸线标注

该命令用于在两个指定点之间标注一条直线的不带箭头的引线。

12. 引导线标注

该命令用于在两个或多个指定点之间标注一条由一段或多段相连直线组成的在起始点带箭头的引线。

13. 注解文字

该命令用于在绘图区的指定位置标注注解文字、标签或引导线，如图 2-165 所示。

选择 N 注解文字 菜单命令或工具按钮，显示如图 2-166 所示的【注解文字】对话框。在该对话框中，用户应该首先在 8 个【产生方式】单选钮中选中自己需要的产生方式，然后再去进行相关设置。利用该对话框，用户可以在文本窗口直接输入文本，可以单击【载入档案…】按钮将外部存储的文本读入文本窗口，可以单击【增加符号…】按钮将需要的符号复制到文本窗口，还可以单击【属性…】按钮打开【注解文本设置】对话框进行文本属性(如字高、字型等)设置。在完成相关设置后，单击“确定”按钮即可关闭对话框进入绘图区。在绘图区提示有关点位后即可完成相应的标注。

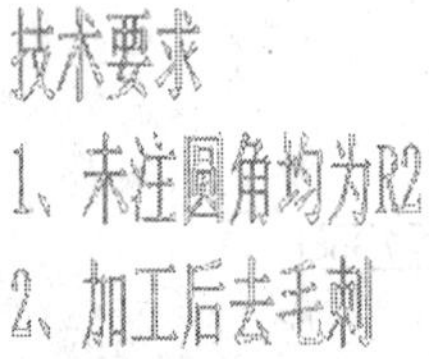

技术要求
1、未注圆角均为R2
2、加工后去毛刺

图 2-165 注解文字

注解文字
技术要求
1、未注圆角均为R2
2、加工后去毛刺
L载入文件...
A增加符号...
单一注解
连续注解
标签抬头-单一引线
标签抬头-分段引线
标签抬头-多重引线
单一引线
分段引线
多重引线
信息内容

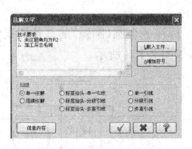

图 2-166 【注解文字】对话框

14. 快速标注

快速标注是智能化标注，它可以根据鼠标的单击位置自动采用合适的应对方式——标注尺寸或者编辑标注。

选择 S 快速标注 菜单命令或工具按钮，现实如图 2-156 所示的【尺寸标注】操作栏，同时绘图区显示如图 2-167(a)所示提示。若如图 2-151 所示【标注文本设置】主题页的【以自动模式显示】复选框已被选中，则此时显示的是如图 2-167(b)所示提示，其中增加了点标注功能。用户按照提示进行操作，并灵活利用【尺寸标注】操作栏的有关功能，可以完成如下两方面的工作。

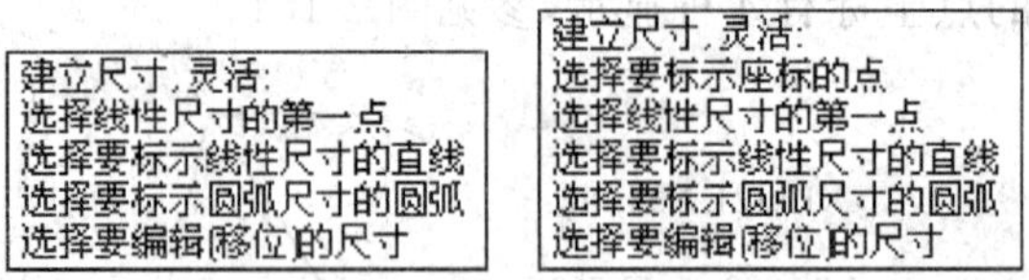

建立尺寸,灵活:
选择线性尺寸的第一点
选择要标示线性尺寸的直线
选择要标示圆弧尺寸的圆弧
选择要编辑/移位的尺寸
建立尺寸,灵活:
选择要标示座标的点
选择线性尺寸的第一点
选择要标示线性尺寸的直线
选择要标示圆弧尺寸的圆弧
选择要编辑/移位的尺寸

(a) (b)

图 2-167 快速标注提示

(1)标注工作：指定点，或者选择点、直线、圆弧等图素，可以进行相应的尺寸标注，如点位标注、水平标注、垂直标注、平行标注、角度标注、圆弧标注、正交标注、相切标注等。

(2)编辑标注：选择尺寸或注解文字，可以对其进行编辑，如移动它们的位置、修改它们的属性等。

2.4.3 标注编辑

除了可以用上述"快速标注"命令进行标注编辑外,还可以用"多重编辑"命令对标注进行编辑。

选择 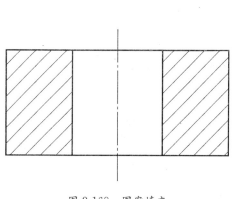多重编辑 菜单命令或工具按钮,系统提示:"选取图素"。在选取需要编辑的标注后,双击鼠标或者按【Enter】键,这时将打开与被选标注类型相对应的尺寸标注【选项】对话框主题页。用户可以修改其中的许多参数,修改结果只反映到被选标注中,其他标注并不受此影响,此后新建的标注也仍然采用原有参数设置。

2.4.4 图案填充

工程制图中常常利用图素填充去表示零件的剖切区域,并且使用不同的图案填充表示不同的零件或者不同的零件材料。作为一个 CAD/CAM 集成软件,MasterCAM X⁴ 同样考虑了工程制图的这个需要,提供了图案填充功能,如图 2-168 所示。

选择 剖面线 菜单命令或工具按钮,打开如图 2-169 所示的【剖面线】对话框。在其中选择需要的填充图样,设置相应的【间距】和【角度】,然后单击"确定"按钮,系统接着打开【串联选项】对话框,同时提示:"剖面线:选取串联 1"。用户在选取一个或多个封闭的曲线链(填充区域的边界)后,单击该对话框中的"确定"按钮即可完成图案填充。

图 2-168　图案填充

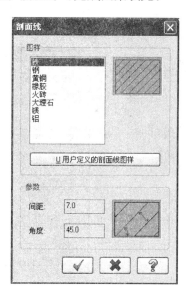

图 2-169　【剖面线】对话框

2.5　二维绘图项目

构建如图 2-170 所示腔体零件的二维图形并标注尺寸。

1. 建立图层

新建文件。在状态栏上单击【层别】按钮,打开【层别管理】对话框。建立如图 2-171 所示图层,并将编号为 1 的图层设置为当前层。单击"确定"按钮关闭【层别管理】对话框。

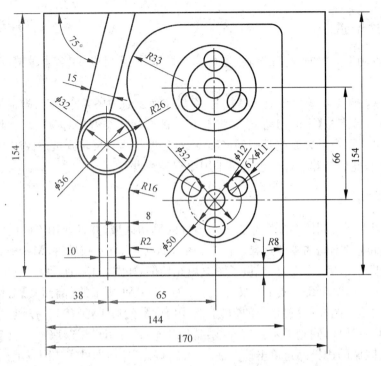

图 2-170　腔体零件

图 2-171　建立图层

2. 绘制中心线

(1)在状态栏上,设置当前构图属性:颜色——红色;线型——中心线;线宽——细。

(2)单击【绘图】工具栏上的"绘制任意直线"按钮,捕捉"原点"作为"第一个端点",在【直线】操作栏上中,输入长度值"38",将鼠标指向原点的左方,当直线自动锁定在水平位置时单击鼠标,绘制出如图 2-172 所示的中心线 1。继续操作,分别绘制出如图 2-172 所示的中心线 2、3、4。

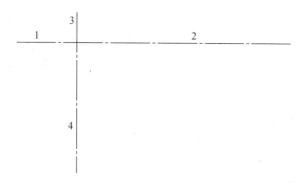

图 2-172 绘制中心线 1-4

(3)单击【转换】工具栏上的"单体补正"按钮,打开【补正】对话框,在该对话框中,输入补正距离"33",选择中心线 2,在中心线 2 的下方任意位置单击鼠标指定补正方向,单击对话框中的"应用"按钮,固定中心线 5。继续操作,生成中心线 6,如图 2-173 所示。

(4)单击【绘图】工具栏上的"圆心＋点"按钮,捕捉中心线 5、6 的交点作为圆心,在【编辑圆心点】操作栏中,输入直径值"32",按【Enter】键,绘制如图 2-173 所示的分布圆 7。按【Esc】键结束命令。

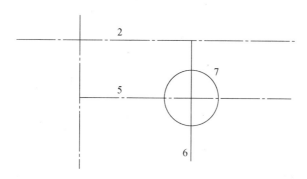

图 2-173 补正绘制中心线及圆

3. 绘制零件的可见轮廓线

(1)在状态栏上,设置当前构图属性:层别——2,颜色——绿色,线型——实线,线宽——中粗。

(2)再次单击【绘图】工具栏上的"圆心＋点"按钮,绘制如图 2-174 所示圆 8～12。

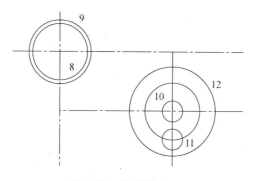

图 2-174 绘制圆 8～12

85

(3)单击【转换】工具栏上的"旋转"按钮,选取如图 2-175 所示的圆 11,按【Enter】键,打开【旋转】对话框。在该对话框中,选中【复制】单选钮,在【次数】输入框中输入"2",单击"定义旋转的中心或(点)"按钮,在绘图区捕捉圆 12 的圆心作为旋转的中心,返回对话框,在【旋转角度】输入框中输入"120",单击"确定"按钮,生成圆 13、14,如图 2-175 所示。

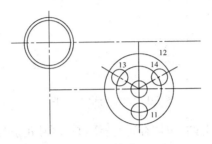

图 2-175　绘制圆 13、14

(4)再次单击【转换】工具栏上的"单体补正"按钮,生成如图 2-176 所示的直线 15~22。

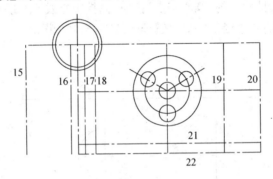

图 2-176　绘制直线 15~22

(5)在状态栏的"线型"下拉列表上单击鼠标右键,选择直线 15~22,按【Enter】键,打开【设置线格式】对话框,在该对话框中,选中"实线",将直线 15~22 的线型由中心线修改为实线。再在状态栏的"线宽"下拉列表上单击鼠标右键,选择直线 15~22,按【Enter】键,打开【设置线宽度】对话框,在该对话框中,选中"中粗",将直线 15~22 的线宽由"细"修改为"中粗",效果如图 2-177 所示。

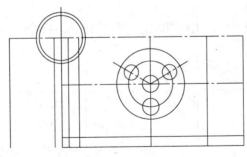

图 2-177　修改线格式及线宽

(6)单击【绘图】工具栏上的"倒圆角"按钮,在【倒圆角】操作栏中,输入圆角半径"8",选择圆角类型为"正向",锁定"修剪延伸"按钮,分别在绘图区的 P1、P2 点选取直线 19、

21,单击操作栏的"确定"按钮,绘制出圆角 23,如图 2-178 所示。

(7)单击【修剪/延伸/打断】工具栏上的"修剪/打断"按钮,在【修剪/延伸/打断】操作栏中,锁定"修剪二物体"按钮和修剪延伸按钮,分别在绘图区的 P3、P4 点选取直线 15、22,将直线 15、22 修剪至其交点处;锁定"修剪至点"按钮,依次分别将中心线 5 的右端、中心线 6 的下端修剪至点 P8、P10;锁定"指定长度"按钮,输入长度值"5",按【Enter】键,分别在绘图区的 P11、P12、P13、P14 点选取中心线 1、2、3、4,将它们在相应端延长 5 个单位,如图 2-178 所示。

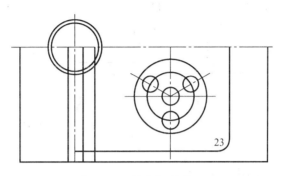

图 2-178　倒圆角、修剪 23

(8)单击【转换】工具栏上的"镜像"按钮,选取中心线 5、6、分布圆 7、圆 10、11、12、13、14、圆角 23、直线 15、18、19、20、21、22 作为源图素,按【Enter】键,打开【镜像】对话框。在该对话框中,选中【复制】单选钮,单击"选择线"按钮,在绘图区选取中心线 1 作为镜像轴,返回对话框,单击"确定"按钮,生成源图素的镜像图素,如图 2-179 所示。

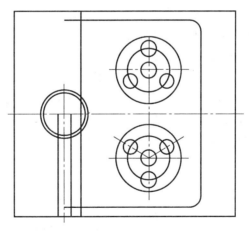

图 2-179　镜像

(9)单击【绘图】工具栏上的"极坐标圆弧"按钮,捕捉坐标原点作为圆心,在【极坐标圆弧】操作栏中,输入圆弧半径"26",起始角度"−90°",单击"确定"按钮,绘制出圆弧 24,如图 2-180 所示。

(10)再次单击【绘图】工具栏上的"倒圆角"按钮,在【倒圆角】操作栏中,输入圆角半径"33",在需要保留的一侧分别选取直线 25、26,单击操作栏上的"应用"按钮,绘制处圆角 27。继续操作,分别绘制出圆角 28、29、30,如图 2-180 所示。

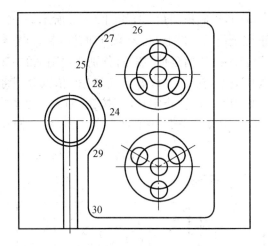

图 2-180　绘圆弧、圆角

(11)再次单击【绘图】工具栏上的"绘制任意直线"按钮,在【直线】操作栏中,锁定"切线"按钮,输入长度值"50",角度值"75",在绘图区 P15 点单击圆 9,选择需要保留的直线31,按【Esc】键结束命令,如图 2-181 所示。

(12)单击【绘图】工具栏上的"平行线"按钮,在【平行线】操作栏中,输入距离"15"。选取直线 31,在直线 31 右侧的 P16 点单击鼠标,绘制出直线 32,按【Esc】键结束命令,如图2-181 所示。

(13)单击【修剪/延伸/打断】工具栏上的"多物修整"按钮,选取被修整的直线 31、32,按【Enter】键,选取修整直线 33,在 P17 点单击鼠标,直线 31、32 即被分别延伸到它们与直线 33 的交点处,如图 2-182 所示。

(14)再次单击【修剪/延伸/打断】工具栏上的"修剪/打断"按钮,在【修剪/延伸/打断】操作栏中,锁定"修剪三物体"按钮和"修剪延伸"按钮,依次分别在绘图区的 P18、P19、P20 点选取直线 31、32、圆 9,将直线 32、圆 9 分别修剪至其交点处,如图 2-183 所示;锁定"分割物体"按钮,分别在绘图区的 P21、P22 点单击圆 9,将其分割成左右两个圆弧;锁定"修剪一物体"按钮,先在 P23 处选取直线 16,再在 P24 处选取圆 9,将直线 16 修剪至它与圆 9 的交点处;先在 P25 处选取直线 17,再在 P26 处选取圆 9,将直线 17 修剪至它与圆 9的交点处,如图 2-184 所示。

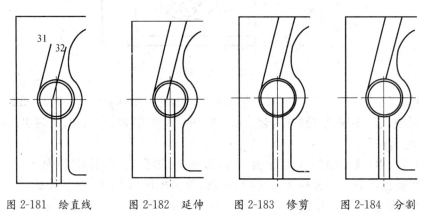

图 2-181　绘直线　　　图 2-182　延伸　　　图 2-183　修剪　　　图 2-184　分割

88

4. 标注尺寸

(1)在状态栏上,设置当前构图属性:层别——3;颜色——青色;线型——实线;线宽——细。

(2)单击【尺寸标注】工具栏上的"选项"按钮,打开尺寸标注【选项】对话框。在该对话框中,先选中【标注属性设置】主题,分别将【直线】和【角度】标注的【小数位】设置为"0";再选中【标注文本设置】主题,将【字高】设置为"5",【间距】设置为【按比例】,【长宽比】设置为"0.67",选中【调整比例】复选框,【文字定位方式】设置为【水平方向】;选中【尺寸标注设置】主题,将【基线的增量】的【自动】复选框清空;选中【注解文本设置】主题,将【字体高度】设置为"5",【间距】设置为【按比例】,【长宽比】设置为"0.67",选中【调整比例】复选框;选中【引导线/延伸线设置】主题,将【引导线形状】设置为【选取实体】,尺寸箭头的【线型】设置为"三角形",选中【填充】复选框。其他各项保持默认设置,最后单击"确定"按钮关闭对话框。

(3)单击【尺寸标注】工具栏上的"快速标注"按钮,选取相应的图素或点位,必要时利用【尺寸标注】操作栏的有关按钮调整个别标注的属性,完成尺寸标注。利用【尺寸标注】工具栏上的"注解文字"按钮标注"6X"字样,再将其旋转适当角度,然后利用"快速标注"的编辑功能将其定位到尺寸 $\phi11$ 的前面,如图 2-170 所示。

5. 保存文件

选择【文件】→【另存文件】菜单命令,将文件保存为 qiangti. mex。

本 章 小 结

本章主要讲述了绘制和编辑二维图形的一般思路与方法。在完成本章的学习之后,读者应该具备熟练地构建复杂二维图形的能力,为学习三维造型和零件加工打好基础。

在学习本章时,需要重点掌握以下几点。

(1)点、直线、圆弧、矩形、倒圆角等常用的二维图形绘制命令。

(2)图素的通用选择方法和串联选择方法。

(3)修剪、延伸、打断、分割、平移、镜像、旋转、补正、阵列等常用的图形编辑命令。

(4)绘制和编辑二维图形的一般思路与方法。

绘制、选择、编辑是构建图形的 3 种最基本、最常用的操作,三者相辅相成、交替进行。尤其在构建复杂图形时,应该首先进行形体分析,找出图形的结构特点,以简易、省时、省力为原则,分形体、分层次地进行构图,条例要清晰,避免复杂化。

思考与练习

按尺寸绘制下列二维图形。

①直线练习。

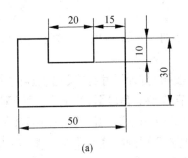

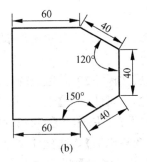

(a)   (b)

图 2-185

②圆弧练习。

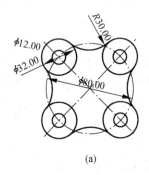

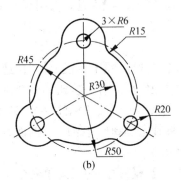

(a)   (b)

图 2-186

③修整练习。

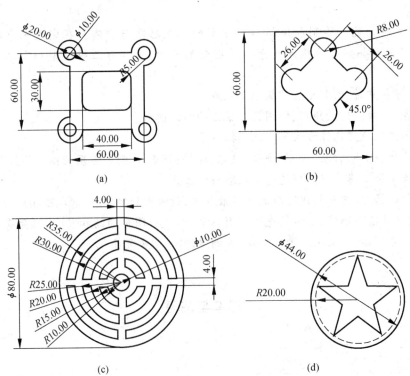

图 2-187

④补正练习。

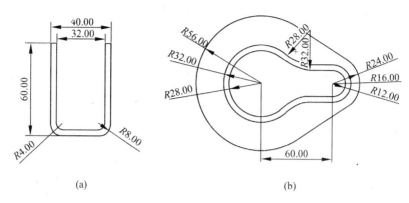

图 2-188

⑤平移练习。

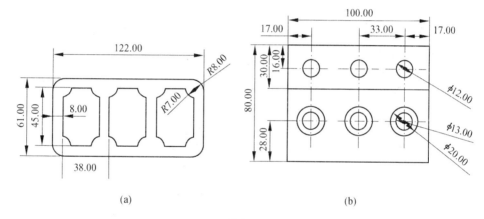

图 2-189

⑥旋转练习。

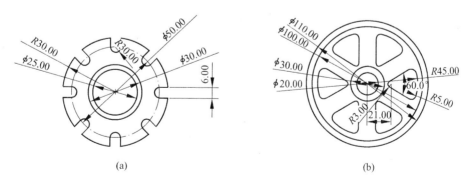

图 2-190

⑦镜像练习。

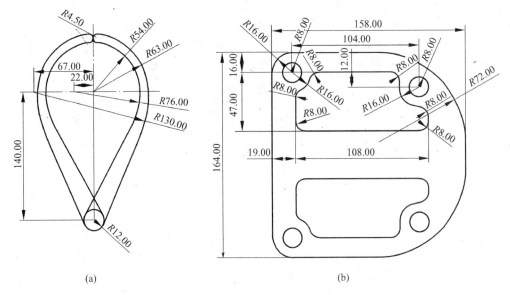

(a)   (b)

图 2-191

⑧矩形及椭圆练习。

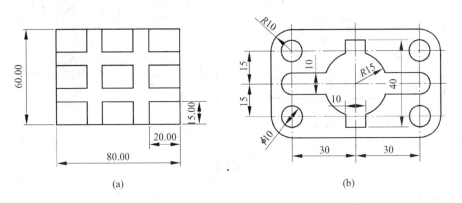

(a)   (b)

图 2-192

⑨多边形及文字练习。

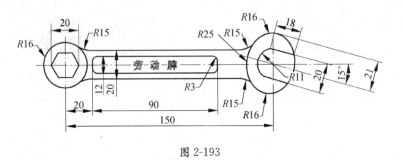

图 2-193

⑩标注练习。

92

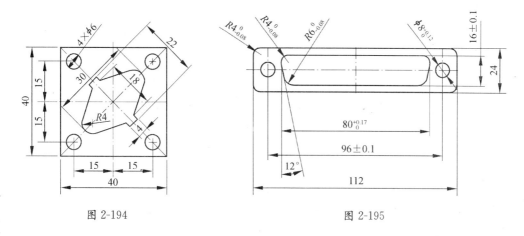

图 2-194

图 2-195

⑪剖面线练习。

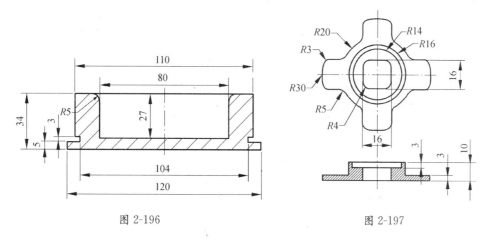

图 2-196

图 2-197

⑫综合练习。

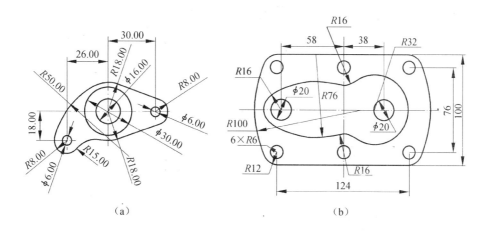

（a）

（b）

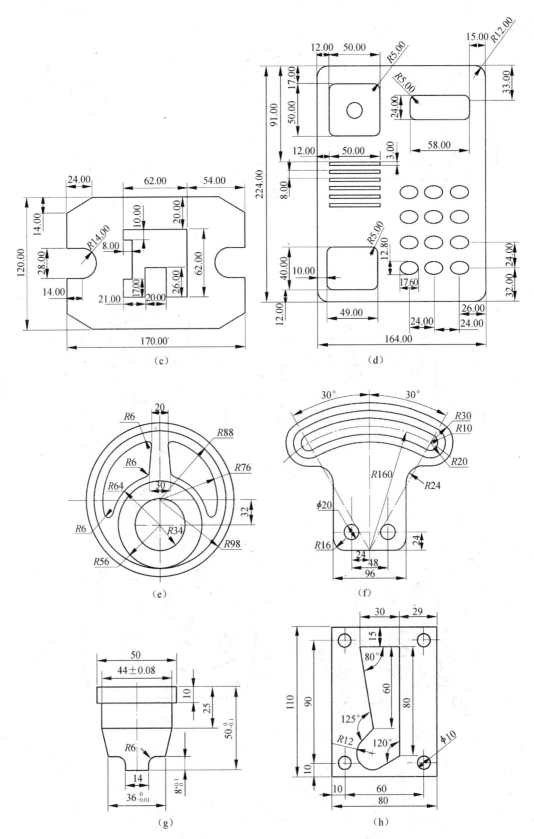

（c）

（d）

（e）

（f）

（g）

（h）

94

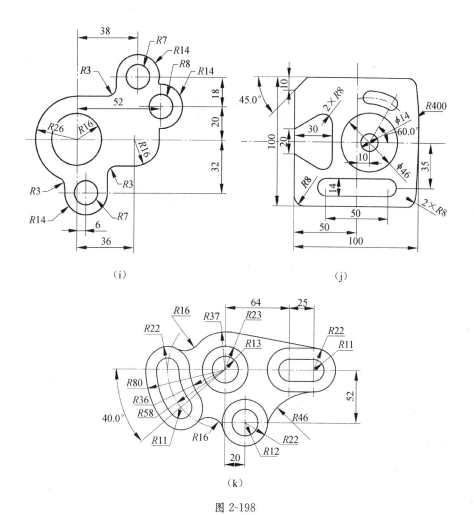

（i）

（j）

（k）

图 2-198

第3章 曲面造型

曲面造型是 MasterCAM X⁴ 的重要功能之一。它不但可以创建圆柱面、圆锥面、立方面、球面、圆环面等形状规则、结构简单的基本曲面,而且可以利用线架模型创建直纹曲面、举升曲面、旋转曲面、牵引曲面、扫描曲面、网状曲面等复杂曲面,还可以对已有曲面进行圆角、修整、延伸、熔接等编辑操作,从而构建更加复杂的三维曲面。本章将对曲面造型环境设置、线架模型、曲面创建、曲面编辑等内容进行详细介绍,另外还简要介绍曲面曲线的创建方法,最后通过一个综合实例来说明曲面造型的一般方法和步骤。

3.1 曲面造型环境设置

在 MasterCAM X⁴ 绘图区的左下角会显示如图 3-1 所示绘图环境信息,它提示用户当前所处的绘图环境。其中"视角:等视角"表示当前图形视角为等角视图,"WCS:俯视图"表示当前工作坐标系为俯视图,"绘图平面:俯视图"表示当前刀具平面和构图平面为俯视图。在用户重新设置图形视角、工作坐标系、刀具平面和构图平面后,这些信息立即发生相应改变。

视角:等视图 WCS:俯视图 绘图平面:俯视图

图 3-1 绘图环境信息

3.1.1 坐标系

1. 原始坐标系

原始坐标系是 MasterCAM X⁴ 预先定义的固定不变的三维直角坐标系。它有 X、Y、Z 3 个坐标轴,每个坐标轴有正、负两个方向,3 个坐标轴的交点是它的原点(0,0,0)。它符合笛卡尔右手定则：伸开右手让大拇指、食指、中指相互垂直，大拇指指向 X 轴正向，食指指向 Y 轴正向，则中指指向 Z 轴正向，如图 3-2 所示。

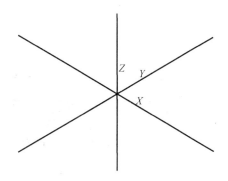

图 3-2　原始坐标系

2. 标准视图

相对于原始坐标系 MasterCAM X⁴ 预先定义了 7 个如图 3-3 所示标准视图，即俯视图（Top）、前视图（Front）、后视图（Back）、仰视图（bottom）、右视图（Right Side）、左视图（Left Side）、等角视图（ISO）。每一个标准视图都包含一个 XY 坐标平面和一个原点。默认情况下，标准视图的原点与原始坐标系的原点重叠。标准视图可以被选用，也可以被复制，其原点还可以被修改，但是不能被重命名，也不能被删除。与标准视图不同，用户可以根据需要去创建、命名和保存非标准视图，也可以修改或者删除它们。

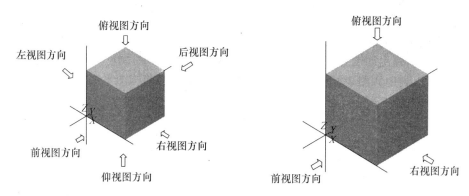

（a）6个标准视图在等角视图下的方位　　　　　（b）3个常用的标准视图在等角视图下的方位

图 3-3　标准视图

3. 工作坐标系

工作坐标系（简称 WCS）是 MasterCAM X⁴ 的一个可以由用户根据工作需要而定义的三维直角坐标系。其结构与原始坐标系相同，也符合笛卡尔右手定则。它与原始坐标系的主要区别在于它可以由用户定义，而原始坐标系是系统预定的、固定不变的。

默认情况下，WCS 的 XY 平面设置为标准视图中的俯视图（TOP）。如有必要，用户也可以在次级菜单中单击 WCS 按钮，弹出如图 3-4 所示的【WCS】快捷菜单，从中选择一项去定义新的 WCS。选择其中的【打开视角管理器】选项，将打开如图 3-5 所示的【视角管理器】对话框。利用该对话框，可以对 WCS、构图平面、刀具平面等项目进行详细设置。

图 3-4 【WCS】快捷菜单

图 3-5 【视角管理器】对话框

3.1.2 构图平面

构图平面是当前绘图所在的或者平行的一个二维平面。用户可以在次级菜单中"(刀具/构图)平面",弹出如图 3-6 所示的【构图面】快捷菜单,从中选择一项定义当前构图平面;用户也可以利用如图 3-7 所示的【构图面】工具栏定义当前构图平面。

图 3-6 【构图面】快捷菜单

图 3-7 【构图面】工具栏

98

在用户完成当前构图平面定义的同时,系统就自动建立一个与之相对应的构图坐标系。在当前构图面(或者与之平行的平面)上构图时,图形是参照构图坐标系来定位的。该坐标系符合笛卡尔右手定则,其原点和坐标轴可以与当前 WCS 的原点和坐标轴相同,也可以不同。例如,当前 WCS 的 XY 平面设置为标准视图中的俯视图(TOP),如果将当前构图平面设置为【设置平面等于 WCS】或者【设置平面为俯视角相对于你的 WCS】,则当前构图坐标系的原点和坐标轴与当前 WCS 的原点和坐标轴相同;如果将当前构图平面设置为【设置平面为右视角相对于你的 WCS】,则当前构图坐标系的原点与当前 WCS 的原点相同,而两者的坐标轴不同。这时,构图坐标系的 X 轴相当于 WCS 的 Y 轴,构图坐标系的 Y 轴相当于 WCS 的 Z 轴,构图坐标系的 Z 轴相当于 WCS 的 X 轴;如果用【构图面】快捷菜单或者工具栏中的【按图形设置平面】选项设置当前构图平面,则可以建立原点和坐标轴与 WCS 的原点和坐标轴都不同的构图坐标系。

下面举例说明【按图形设置平面】的操作方法。

如图 3-8 所示,要将当前构图平面设置在 ABCD 平面上,构图坐标系 X 轴在 AB 上,Y 轴在 AD 上,原点在 A 点,Z 轴垂直 ABCD 平面并且朝向线架模型的外侧,可以这样去达到目标:单击状态栏的按钮,在【构图面】快捷菜单中选择【按图形设置平面】,先选择直线 AB,再选择直线 AD,预览如图 3-8 所示的坐标系图标,同时弹出如图 3-9 所示的【选择视角】对话框,单击该对话框的"确定"按钮,弹出如图 3-10 所示的【新建视角】对话框,在该对话框中进行有关设置后单击"确定"按钮即可。

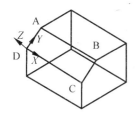

图 3-8　坐标系图标　　图 3-9　【选择视角】对话框　　图 3-10　【新建视角】对话框

在【新建视角】对话框中,单击 按钮,可以捕捉图形中的一个点作为新坐标系的原点;选中【设置当前 WCS】复选框,可以将 WCS 的原点自动与新建构图平面坐标系的原点对齐。

提示:

按下键盘上的【F9】键可以在显示或者不显示当前构图坐标系原点之间进行切换。按下键盘上的【Alt＋F9】组合键可以在显示或者不显示当前 WCS、构图平面、刀具平面的坐标系图标之间进行切换。

3.1.3　工作深度(Z)

工作深度是相对于当前构图平面的原点而言的,它是指当前产生图形的平面(平行于当前构图平面)在当前构图坐标系的 Z 轴正方向(正值)或者负方向(负值)上的深度。当工作深度为 0 时,图形将产生于当前构图面上。构图平面和工作深度是两个非常重要的概念。在进行三维构图时,首要的工作之一就是设置构图平面和工作深度,然后才开始绘图,并且图形必将产生于平行当前构图平面的指定工作深度上。

通常采用如下两种方法设置工作深度:①在状态栏的工作深度输入框中双击,输入相应的工作深度,然后按下键盘上的【Enter】键;②在状态栏的工作深度标签上单击,然后在绘图区指定一点,该点相对于当前构图坐标系的 Z 坐标即为当前工作深度。

提示:

在 MasterCAM X⁴ 中有 2D 和 3D 两种构图模式。单击状态栏上的按钮 2D 或者按钮 3D,可以在两者之间切换。在 2D 模式下,几何图素将产生于指定工作深度并且平行于当前构图平面的平面上;在 3D 模式下,用户可以自由地在任何工作深度上构图,不受当前构图平面和工作深度的限制。

3.1.4 屏幕视角

屏幕视角是指用户观察图形的角度。用户可以单击如图 3-11 所示【屏幕视角】快捷菜单的某个选项,或如图 3-12 所示的【屏幕视角】工具栏中的某个按钮设置当前的屏幕视角。改变屏幕视角只改变观察图形的角度和图形的现实效果,并不改变图形的实际尺寸和方位。

图 3-11 【屏幕视角】快捷菜单 图 3-12 【屏幕视角】工具栏 图 3-13 【视角选择】对话框

屏幕视角和构图平面是相互独立的,可以分别设置。尽管如此,在很多情况下,如果把屏幕视角设置得与构图平面一致,则会更便于画图。

提示:

在【WCS】、【构图面】、【屏幕视角】快捷菜单中都有【选择视角…】这个选项。单击该选项,将打开如图 3-13 所示的【视角选择】对话框,其中列出了当前图形文件中已保存的所有视图,包括 7 个标准视图和其他非标准视图。用户选择其中的标准视图,可以方便快速地从非标准视图回到标准视图。

3.2　创建线架模型

在构建曲面尤其是自由曲面时,往往需要先建立一个三维的线形框架,即所谓的线架模型。线架模型表现的是一个曲面的关键部分,是曲面的骨架,它可以用来定义一个曲面的边界或者截断面的特征。有了线架模型,就可以利用它去构建曲面,因此在学习构建曲面之前,用户有必要先学会构建线架模型。

构建三维线架模型的前提是正确设置 WCS、构图平面、工作深度和屏幕视角。下面通过一个综合实例来说明如何进行这些设置,同时说明构建三维线架模型的一般思路和方法。

【例 3-1】 按照图 3-14 所示的尺寸要求构建三维线架模型。

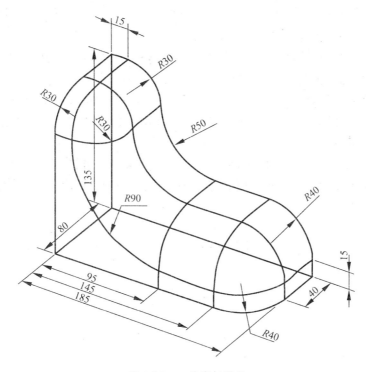

图 3-14 三维线架模型

1. 绘制底面的线架结构

(1)新建文件。

(2)环境设置。单击【屏幕视角】工具栏上的"等角视图"按钮,将屏幕视角设置为 ISO(相对于当前的 WCS),其他采用默认设置,即构图模式——2D;WCS——TOP;工作深度——0;颜色——绿;层别——1;线型——实线;线宽——细。

(3)按【Alt+F9】组合键,显示 WCS 和构图平面坐标系图标。

(4)单击【绘图】工具栏上的矩形命令按钮,在【自动抓点】操作栏中分别输入矩形的第一个角点坐标(0,0)和第二个角点坐标(185,80),在【矩形】操作栏中单击"确定"按钮,绘制出底面矩形,如图 3-15 所示。

(5)单击【绘图】工具栏上的倒圆角命令按钮,在【倒圆角】操作栏中输入圆角半径"40",选取矩形的两条边,在【倒圆角】操作栏中单击"确定"按钮,绘制出 R40 圆角,如图 3-16 所示。

(6)单击【转换】工具栏上的平移命令按钮,选取 R40 圆弧和与之相连的短直线段,按【Enter】键,在【平移选项】对话框中选中【连接】单选钮,在【Z】输入框中输入"15",单击"确定"按钮,得到如图 3-17 所示的效果。

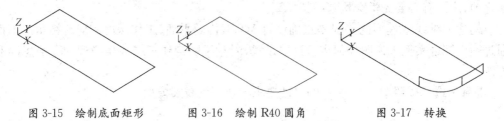

图 3-15 绘制底面矩形   图 3-16 绘制 R40 圆角   图 3-17 转换

2. 绘制左侧面的线架结构

(1)单击【(刀具/构图)平面】工具栏上的三角形按钮,在下拉列表中选择右视图按钮,将构图平面设置为右视图(相对于当前 WCS),其他环境选项不变。

(2)单击【绘图】工具栏上的矩形命令按钮,在【自动抓点】操作栏中分别输入矩形第一个角点坐标(0,0)和第二个角点坐标(80,135),在【矩形】操作栏中单击"确定"按钮,绘制出左侧面矩形,如图 3-18 所示。

(3)单击【绘图】工具栏上的倒圆角命令按钮,在【倒圆角】操作栏中输入圆角半径"30",选取左侧面矩形的两条边,在【倒圆角】操作栏中单击"确定"按钮,绘制出 R30 圆角,如图 3-19 所示。

(4)单击【转换】工具栏上的平移命令,选取 R30 圆弧和与之相连的短直线段,按【Enter】键,在【平移选项】对话框中选中【复制】单选钮,在【Z】输入框输入"15",单击【确定】按钮,得到如图 3-20 所示的效果。

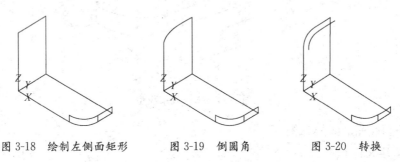

图 3-18 绘制左侧面矩形   图 3-19 倒圆角   图 3-20 转换

3. 绘制前后平面上的线架结构

(1)单击【(刀具/构图)平面】工具栏上的三角形按钮,在下拉列表中选择前视图按钮,将构图平面设置为前视图(相对于当前 WCS);在状态栏的工作深度输入框上双击,输入工作深度"−80",按【Enter】键;其他环境选项不变。

(2)单击【绘图】工具栏上圆与圆弧命令组右边的三角形按钮,在下拉列表中选择极坐标画弧命令按钮,在【两弧的端点】操作栏中锁定起始点按钮,捕捉如图 3-21 所示 A 点作为起始点,在【两弧的端点】操作栏中分别输入圆弧半径"40"、起始角度"0"、终止角度"90",单击"确定"按钮,绘制出圆弧 AB,如图 3-21 所示。

(3)单击【绘图】工具栏上的绘制任意线命令按钮,捕捉如图 3-22 所示的 B 点作为直线第一个端点,在【直线】操作栏中锁定水平按钮,输入直线长度"50",在 B 点左侧适当位置单击,按【Esc】键结束命令,绘制出直线 BC,如图 3-22 所示。

(4)单击【绘图】工作栏上的极坐标画弧命令按钮,在【两弧的端点】操作栏中锁定端点按钮,捕捉如图 3-23 所示的 C 点作为终止点,在【两弧的端点】操作栏中分别输入圆弧半径"50"、起始角度"180"、终止角度"270",单击"确定"按钮,绘制出圆弧"CD",如图 3-23所示。

(5)单击【绘图】工具栏上的极坐标画弧命令按钮,捕捉如图 3-24 所示 E 点作为终止点,在【两弧的端点】操作栏中分别输入圆弧半径"30"、起始角度"0"、终止角度"90",单击"确定"按钮,绘制出圆弧"DE",如图 3-24 所示。

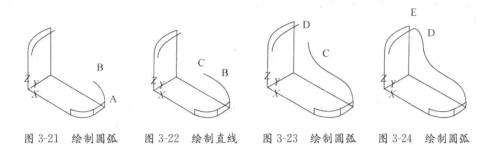

图 3-21 绘制圆弧　　图 3-22 绘制直线　　图 3-23 绘制圆弧　　图 3-24 绘制圆弧

(6)单击【绘图】工具栏上的绘制任意线命令按钮,分别捕捉如图 3-25 所示 E、F 两点,按【Esc】键结束命令,绘制出直线 EF,如图 3-25 所示。

(7)单击【转换】工具栏上的平移命令 按钮,选取曲线链 ABCDEF,按【Enter】键,在【平移选项】对话框中选中【复制】单选钮,在【Z】输入框输入"40",单击"确定"按钮,得到如图 3-26 所示的效果。

(8)在状态栏中的工作深度输入框中双击,输入工作深度"0",按【Enter】键,其他环境选项不变。

(9)单击【绘图】工具栏上的绘制任意线命令按钮,捕捉如图 3-27 所示的 H 点作为直线第一个端点,在【直线】操作栏中输入直线长度"50",在 H 点左侧适当位置单击,按【Esc】键结束命令,绘制出直线 HI,如图 3-27 所示。

(10)单击【绘图】工具栏上圆与圆弧命令组右边的三角形按钮,在下拉列表中选择两点画弧命令按钮,捕捉如图 3-28 所示的 I、J 两点,在【两点画弧】操作栏中输入半径"90",从 4 个解中选取 IJ 弧,如图 3-28 所示。

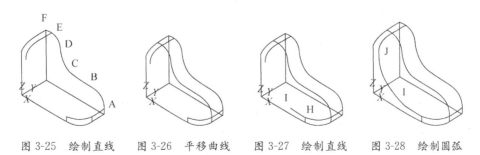

图 3-25 绘制直线　　图 3-26 平移曲线　　图 3-27 绘制直线　　图 3-28 绘制圆弧

4. 绘制侧面上的直线和圆弧

(1)单击【刀具/构图】平面工具栏上的三角形按钮,在下拉列表中选择右视图按钮,将构图平面设置为右视图(相当于当前 WCS);在状态栏的工作深度输入框中双击,输入工作深度"145",按【Enter】键。

(2)单击【绘图】工具栏上的两点画弧命令按钮,捕捉如图 3-29 所示的 H、K 两点,在【两点画弧】操作栏中输入半径"40",从 4 个解中选取 HK 弧,按【Esc】键结束命令,绘制出圆弧 HK,如图 3-29 所示。

(3)单击【绘图】工具栏上的绘制任意线命令按钮,分别捕捉如图 3-30 所示的 K、B 两点,按【Esc】键结束命令,绘制出直线 KB,如图 3-30 所示。

(4)单击【转换】工具栏上的平移命令按钮,选取曲线链 LHKB,按【Enter】键,在【平移选项】对话框中选中【复制】单选钮,在【Z】输入框输入"-50",单击"确定"按钮,得到如图 3-31 所示的效果。

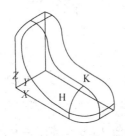
图 3-29　绘制圆弧

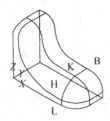
图 3-30　绘制直线

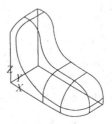
图 3-31　转换

5. 绘制水平面上的直线和圆弧

(1)单击【(刀具/构图)平面】工具栏上的三角形按钮,在下拉列表中选择俯视图按钮,将构图平面设置为俯视图(相对于当前 WCS);在状态栏的工作深度标签上单击,然后捕捉如图 3-32 所示的 M 点,从而获取当前工作深度,此时状态栏的工作深度输入框显示为,即工作深度已经自动设定为"105"。

(2)单击【绘图】工具栏上的圆与圆弧命令组右边的三角形按钮,在下拉列表中选择极坐标画弧命令按钮,在【两弧的端点】操作栏中分别输入圆弧半径"30"、起始角度"270"、终止角度"360",单击"确定"按钮,绘制出圆弧 JN,如图 3-33 所示。

(3)单击【绘图】工具栏上的绘制任意线命令按钮,在【直线】操作栏中单击水平按钮,使其处于解锁状态,依次分别捕捉如图 3-34 所示 M、J、N、D 四点,按【Esc】键结束命令,绘制出直线 MJ、ND,如图 3-34 所示。

(4)保存文档。

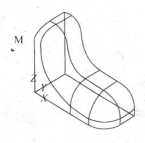
图 3-32　获取工作深度

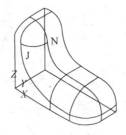
图 3-33　绘制圆弧

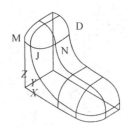
图 3-34　绘制直线

3.3　创 建 曲 面

本节介绍几个与曲面有关的基本概念,然后分别介绍一下几种创建曲面的方法。

（1）利用 MasterCAM X⁴ 预定义的规则集合形体来创建基本曲面——圆柱面、圆锥面、立方面、球面和圆环面。

（2）利用线架模型来生成直纹曲面、举升曲面、旋转曲面、牵引曲面、扫描曲面、网状曲面等。

（3）由实体抽取曲面。

3.3.1 曲面的基本概念

1. 曲面类型

曲面类型是指系统所采用的计算和存储曲面数学数据的方式。

MasterCAM X⁴ 允许用户创建 3 种类型的曲面，即参数式曲面、NURBS 曲面和曲线成形曲面。在大多数情况下，用户可以从这 3 种类型中任选一种生成曲面，但是在生成网状曲面、扫描曲面和熔接曲面时只能从参数式曲面和 NURBS 曲面两者之中任选一种。默认情况下，系统采用 NURBS 曲面类型。如有必要，用户可以通过选择【设置】→【系统规划】→【CAD 设置】→【曲线/曲面的构建形式】菜单命令修改设置。

3 种曲面类型的特点如下。

1）参数式曲面的特点

与 IGBS、VDA 数据格式转化兼容。预期参考曲线不关联。需要较大的数据存储空间。

2）NURBS 曲面的特点

与 IGBS 数据格式化兼容。可以输出 VDA 格式。与其参考曲线不关联。与参考式曲面相比，它需要的数据存储空间较少，但计算时间略长。

3）曲线成形曲面的特点

与参数式曲面或者 NURBS 曲面相比，它需要的数据存储空间较少。与其参考曲线关联。

2. 关联性

关联性是指一个图素与另一个或者一组图素之间的依赖关系，就像父与子之间存在的繁衍关系一样。对于曲面来说，下列图素之间会产生关联性。

（1）曲线成形曲面与其参考曲线。

（2）补正曲面与其原曲面。

（3）修剪曲面与其原曲面。

（4）曲面曲线与其寄生曲面。

当用户编辑"父"图素时将会对"子"图素产生影响。例如，当用户删除参考曲线（"父"图素）时，系统会提示："要删除关联的图素吗？"，如果选择"是"，则同时删除参考曲线和与之关联的曲线成形曲面（"子"图素）；如果选择"否"，则不执行删除操作。反之，当用户编辑"子"图素时则不会对"父"图素产生影响。

3.3.2 创建基本曲面

MasterCAM X⁴ 对圆柱形、圆锥形、立方形、球形、圆环形等基本形体进行了预定义，用户不必绘制线架模型，只需调整相应命令即可直接绘制它们。同一命令绘制的基本形体，如圆柱形，看上去各式各样，有完整的、部分的，有竖立的、斜立的，有大的、小的、长的、短的,但是其基本形状则是一样的,不同之处在是它们的定形、定位参数。

每一个基本形体绘制命令可以创建相应的曲面和实体两种模型。也就是说,在创建基本曲面与基本实体时,使用的是同一个基本形体创建命令,打开的是同一个对话框,创建方法也相同,区别在于,需要创建基本曲面时,用户应该在相应对话框中选中【曲面】单选钮,需要创建基本实体时,则应该选中【实体】单选钮。

用户可以选择如图 3-35 所示的【绘图】→【基本曲面】菜单命令,或者单击如图 3-36 所示【绘图】工具栏的绘制基本形体工具按钮绘制相应的基本形体。

图 3-35 【基本曲面】菜单命令   图 3-36 【绘图】工具栏

1. 绘制圆柱面或圆柱体

该命令用于绘制圆柱面或圆柱体。

选择 $\blacksquare$ C 画圆柱体 菜单命令或者工具按钮,打开如图 3-37 所示的【圆柱状】对话框,同时系统提示"选取圆柱体的基准点位置"。用户在该对话框中选中【曲面】单选钮,输入圆柱面的半径、高度、起始角度和终止角度,指定圆柱面轴线的方向(平行于 X 轴、Y 轴、Z 轴、指定直线或两个指定点定义的直线),然后在绘图区指定一点,为圆柱面的基准点定位,即可绘制出一个圆柱面,如图 3-38 所示。在用户单击【圆柱状】对话框中的"应用"按钮或者"确定"按钮,按【Esc】键,或者指定下一个圆柱面的基准点之前,用户可以随时修改圆柱面的各个参数。用户也可以在"选取圆柱体的基准点位置"提示下,动态地绘制圆柱面,即在绘图区单击一个点作为基准点,移动鼠标到另一点单击确定底面半径,再往轴线方向移动鼠标到下一点单击确定高度。

圆柱面的基准点是其底面的圆心点,它决定圆柱面的位置。基准点所在底面是圆柱面的基准面。从基准面出发,圆柱面的生长方向可以是其轴线的正向、反向或者双向。可以通过方向切换按钮进行调控。双向生长的圆柱面,其高度是输入值的两倍,其基准点是其轴线的中点。

当指定已有直线或者两点定义圆柱面的轴线方向时,系统将弹出一个消息框,询问用户是否以直线长度或者两点间距离作为圆柱面的高度值,用户根据实际需要选择【是】或【否】即可。

106

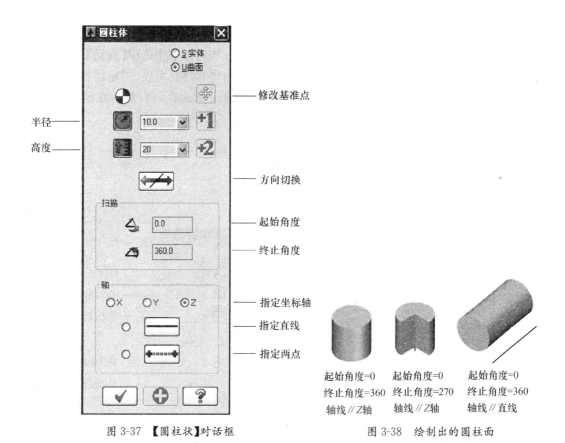

半径 ——		—— 修改基准点
高度 ——		
		—— 方向切换
		—— 起始角度
		—— 终止角度
		—— 指定坐标轴
		—— 指定直线
		—— 指定两点

图 3-37 【圆柱状】对话框

起始角度=0 起始角度=0 起始角度=0
终止角度=360 终止角度=270 终止角度=360
轴线∥Z轴 轴线∥Z轴 轴线∥直线

图 3-38 绘制出的圆柱面

对于曲面模型和实体模型,可以采用线架模式或者着色模式显示,如图 3-39 所示。在着色显示模式下,曲面和实体的显示效果几乎是一样的;在线架显示模式下,由于曲面的线条密度是通过菜单命令【设置】→【系统规划】→【CAD 设置】→【曲面的显示密度】进行控制的,而实体的线条密度则是通过菜单命令【设置】→【系统规划】→【实体】→【在圆弧面显示相切线的角度】进行控制的,所以两者的区别还是比较明显的。按【Alt＋S】组合键可以在两种显示模式之间进行切换。用户可以通过如图 3-40 所示【着色】工具栏中有关工具按钮选择显示模式。单击【着色】工具栏上的【图形着色设置…】按钮可以打开如图 3-41 所示的【着色设置】对话框,以便对显示模式进行更详细的设置。

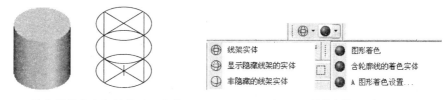

图 3-39 着色模式和线架模式显示比较   图 3-40 【着色】工具栏

提示:

  曲面表现的是物体的表层结构,它没有厚度,因此即使是封闭的曲面其内部也是空的,这是曲面与实体的主要区别之一。用户不妨删除一个圆柱面的顶面去验证一下。

  2. 绘制圆锥面或圆锥体

  该命令用于绘制圆锥面或圆锥体。

选择  画圆锥体 子菜单项或者工具按钮,打开如图 3-42 所示的【圆锥体】选项对话框,同时系统提示"选取圆锥体的基准点位置"。用户在该对话框中选中【曲面】单选钮,输入圆锥面基准面的半径、高度、顶面半径或锥面、起始角度和终止角度,指定圆锥面轴线的方向(平行于 X 轴、Y 轴、Z 轴,指定直线或两个指定点定义的直线),然后在绘图区指定一点,为圆锥面的基准点定位,即可绘制出一个圆锥面,如图 3-43 所示。

图 3-41 【着色设置】对话框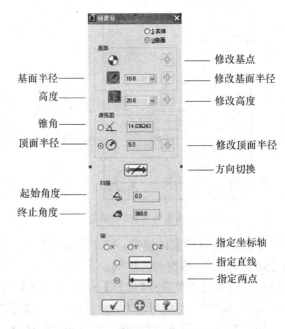

图 3-42 【圆锥体】选项对话框

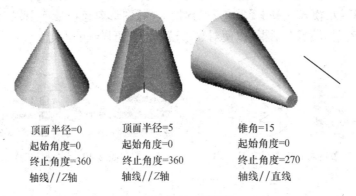

顶面半径=0	顶面半径=5	锥角=15
起始角度=0	起始角度=0	起始角度=0
终止角度=360	终止角度=360	终止角度=270
轴线//Z轴	轴线//Z轴	轴线//直线

图 3-43 绘制的圆锥面

圆锥面顶面(Top)的大小由顶面半径或锥角来确定。锥角可以是正值、零或负值。圆面的基准点是其基准面的中心点。其他内容可以参照圆柱面部分,在此不再赘述。

3. 绘制立方面或立方体

该命令用于绘制立方面或立方体。

选择 ✏ Ⓑ **画立方体**子菜单项或者工具按钮,打开如图 3-44 所示的【立方体】选项对话框,同时系统提示"选取立方体的基准点位置"。用户在该对话框中选中【曲面】单选钮,输入立方面的长度、宽度、高度和旋转角度,设置基准点在基准面上的位置,指定立方面轴线的方向(平行于 X 轴、Y 轴、Z 轴、指定直线或两个指定点定义的直线),然后在绘图区指定一点,为立方面的基准点定位,即可绘制出一个立方面,如图 3-45 所示。

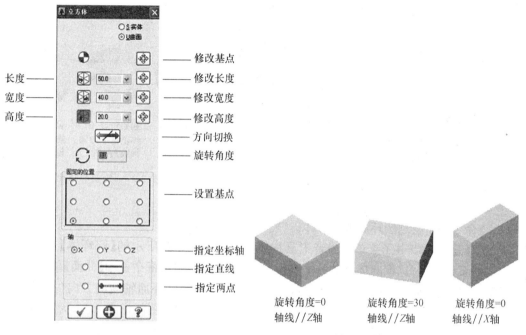

图 3-44 【立方体】选项对话框   图 3-45 绘制的立方面

立方面的基准面是其底面,用户可以选择立方面底面上的 9 个特殊点(四个角点、四条边的中点、底面中心点)之一作为立方面的基准点。立方面的轴线经过基准点且垂直于基准面,即与高度方向平行。

在默认情况下,立方面的长度、宽度、高度分别与坐标系的 X 轴、Y 轴、Z 轴对应,改变立方面的轴线方向,也就等于改变其高度方向,三者符合右手定则。例如,指定立方面的轴线方向平行于 X 轴,则其高度对应 X 轴,其长度、宽度分别对应 Y 轴、Z 轴。

立方面的旋转角度是其整体绕轴线旋转的角度,等于长度方向与其对应坐标轴的夹角,可正可负,符合右手螺旋定则。

4. 绘制球面或球体

该命令用于绘制球面或球体。

选择 ⚫ Ⓢ **画球体**子菜单项或者工具按钮,打开如图 3-46 所示的【球体】选项对话框,同时系统提示"选取球体的基准点位置"。用户在该对话框中选中【曲面】单选钮,输入球面的半径、起始角度和终止角度,指定球面轴线的方向(平行于 X 轴、Y 轴、Z 轴、指定直线或两个指定点定义的直线),然后在绘图区指定一点,为球面的基准点(球心)定位,即可绘制出一个球面,如图 3-47 所示。

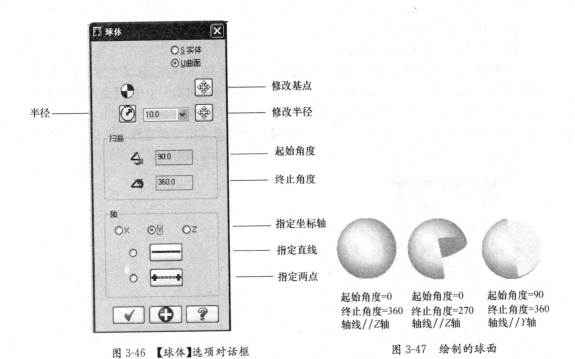

图 3-46 【球体】选项对话框

图 3-47 绘制的球面

起始角度=0　起始角度=0　起始角度=90
终止角度=360　终止角度=270　终止角度=360
轴线//Z轴　轴线//Z轴　轴线//Y轴

5. 绘制圆环面或圆环体

该命令用于绘制圆环面或圆环体。

选择 ⊙ I 画圆环体子菜单项或者工具按钮,打开如图 3-48 所示的【圆环体】选项对话框,同时系统提示"选取圆环体的基准点位置"。用户在该对话框中选中【曲面】单选钮,输入圆环面的主半径、截面半径、起始角度和终止角度,指定圆环面轴线的方向(平行于 X 轴、Y 轴、Z 轴、指定直线或两个指定点定义的直线),然后在绘图区指定一点,为圆环面的基准点(主圆的圆心)定位,即可绘制出一个圆环面,如图 3-49 所示。

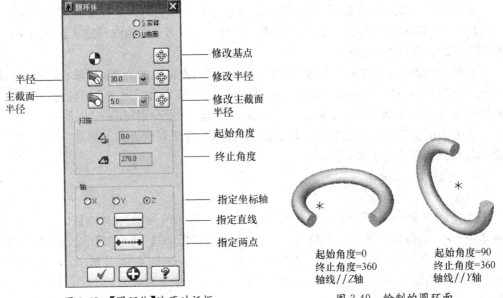

图 3-48 【圆环体】选项对话框

图 3-49 绘制的圆环面

起始角度=0　　起始角度=90
终止角度=360　终止角度=360
轴线//Z轴　　轴线//Y轴

110

提示：

在绘制立方面、球面、圆环面的同时，系统会自动在立方面的基准面中心、球心、圆环面的主圆的圆心绘制一个点。

3.3.3　由线架模型生成曲面

利用如图 3-35 所示的【绘图】→【基本曲面】菜单命令，以及如图 3-36 所示【绘图】工具栏的绘制基本形体工具按钮只能构建几种形状比较简单的基本曲面，大量的形状不规则的曲面则要靠 MasteCAM X^4 的其他曲面操作命令去构建，而且，大多数曲面，如直纹曲面、举升曲面、旋转曲面、扫描曲面、网状曲面、围篱曲面、牵引曲面、挤出曲面等，都需要利用已有的线架模型去生成。利用线架模型生成曲面的操作命令包含在如图 3-50 所示的【绘图】→【绘制曲面】菜单命令和如图 3-51 所示的【曲面】工具栏中。

在如图 3-50 和图 3-51 中也包含了曲面编辑命令，本章 3.4 节将对它们进行介绍。

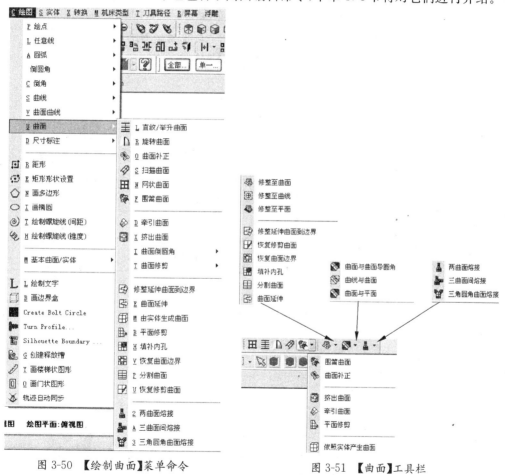

图 3-50　【绘制曲面】菜单命令　　　　　图 3-51　【曲面】工具栏

1. 直纹/举升曲面

该命令用于创建直纹曲面或者举升曲面。

所谓直纹曲面，就是将两个或者两个以上的曲线链（截断面外形）按照它们被选择的顺序，采用直线熔接的方式串接起来所得到的曲面。

所谓举升曲面，就是将两个或者两个以上的曲线链（截断面外形）按照它们被选择的

111

顺序,采用光滑熔接的方式串接起来所得到的曲面。

选择 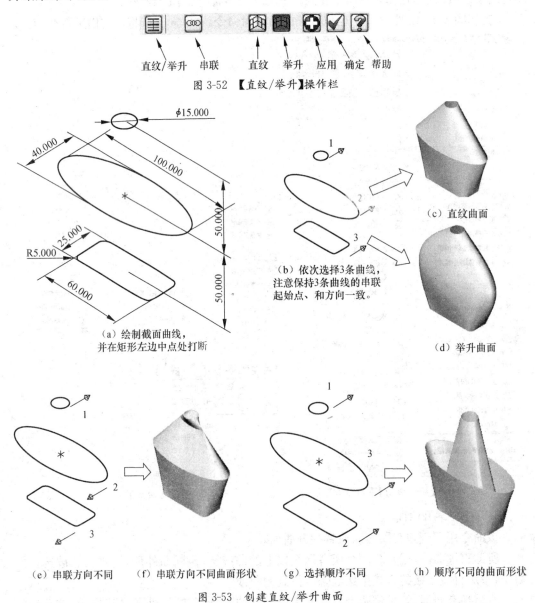 L 直纹/举升曲面 菜单命令或者工具按钮,打开【串联选项】对话框,同时在绘图区提示:"举升曲面:定义外形1"。在用户依次选取两个或者两个以上的曲线链之后,单击【串联选项】对话框中的"确定"按钮,显示如图 3-52 所示的【直纹/举升】操作栏,同时在绘图区预览按照默认设置绘制的曲面。这时,用户可以利用【直纹/举升】操作栏修改有关设置,并且可以实时预览修改效果。在该操作栏中,锁定"直纹"按钮,可以创建直纹曲面,如图 3-53(c)、(f)、(h)所示;锁定"举升"按钮,可以创建举升曲面,如图 3-53(d)所示;单击"串联"按钮,可以重新串联所有曲线链;单击"应用"按钮,可以固定当前创建的曲面,并回到命令的初始状态,以便继续创建其他曲面;单击"确定"按钮,可以固定当前创建的曲面,并结束命令,如图 3-53 所示。

直纹/举升 串联   直纹 举升 应用 确定 帮助

图 3-52 【直纹/举升】操作栏

（a）绘制截面曲线,
并在矩形左边中点处打断

（b）依次选择3条曲线,
注意保持3条曲线的串联
起始点、和方向一致。

（c）直纹曲面

（d）举升曲面

（e）串联方向不同　（f）串联方向不同曲面形状　（g）选择顺序不同　（h）顺序不同的曲面形状

图 3-53 创建直纹/举升曲面

112

在创建直纹曲面时,每一组顺序相邻的两条曲线链都将独立地生成相应的直纹曲面。在创建举升曲面时,所有被选曲线链共同生成一个举升曲面。

在创建直纹曲面和举升曲面时,为了使生成的曲面不发生扭曲,应该使各个曲线链的串联方向和串联起点保持一致,如图 3-53(b)、(c)、(d)所示;否则将生成扭曲的曲面,如图 3-53(e)、(f)所示。这就要求用户在选取各个曲线链时控制好鼠标单击的位置。在选取每一个曲线链时,系统会以一个箭头来标识其串联方向和串联起点,用户应注意观察,必要时应重新串联。另外,用户还应注意曲线链的选择顺序,不通的选择顺序将产生不同的曲面,如图 3-53(g)、(h)所示。

2. 旋转曲面

该命令用于创建旋转曲面。

所谓旋转曲面,就是将指定的曲线链(截断面外形)绕一条指定的轴线旋转指定的角度所生成的曲面。旋转所得曲面数目等于构成曲线链的成分曲线数目。

选择 旋转曲面菜单命令或者工具按钮,打开【串联选项】对话框,同时在绘图区提示:"选取轮廓曲线 1"。在用户选取若干个需要旋转的曲线链之后,单击【串联选项】对话框中的"确定"按钮,显示如图 3-54 所示的【旋转曲面】操作栏,同时系统提示:"选取旋转轴"。在用户选取旋转轴线之后,系统会在轴线上靠近鼠标单击点一端显示一个表示旋转方向的带箭头的双点划线圆,同时在绘图区预览按照默认设置绘制的曲面。这时,用户可以利用【旋转曲面】操作栏修改有关设置,并且可以实时预览修改效果。在达到满意效果之后,单击【旋转曲面】操作栏上的"应用"按钮,可以固定当前创建的曲面,并回到命令的初始状态,以便继续创建其他曲面;单击"确定"按钮,可以固定当前创建的曲面,并结束命令,如图 3-55 所示。

旋转曲面 轮廓曲线串联 旋转轴 反向 起始角度 终止角度 应用 确定 帮助

图 3-54 【旋转曲面】操作栏

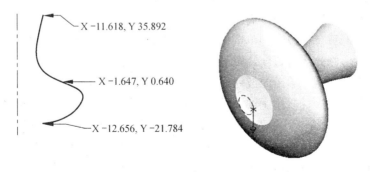

图 3-55 创建旋转曲面

3. 牵引曲面

该命令用于创建牵引曲面。

所谓牵引曲面,就是将制定的曲线链(截断面外形)按照给定的牵引长度、方向和角度进行牵引所生成的曲面。牵引所得曲面数目等于构成曲线链的成分曲线数目。

选择 ◇ 牵引曲面菜单命令或者工具按钮,打开【串联选项】对话框,同时在绘图区提示:"选取直线,圆弧,或曲线1"。在用户选取若干个需要牵引的曲线链之后,单击【串联选项】对话框中的"确定"按钮,显示如图3-56所示的【牵引曲面】对话框,同时在绘图区预览按照默认设置绘制的曲面。这时,用户可以利用【牵引曲面】对话框修改有关设置,并且可以实时预览修改效果。在达到满意效果之后,单击"应用"按钮,可以固定当前创建的曲面,并回到命令的初始状态,以便继续创建其他曲面;单击"确定"按钮,可以固定当前创建的曲面,并结束命令,如图3-57所示。

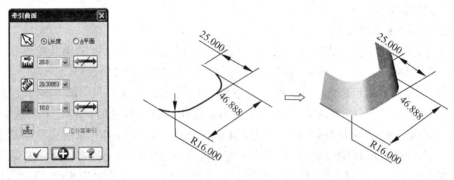

图 3-56 【牵引曲面】对话框　　　　　　图 3-57 牵引曲面

【牵引曲面】对话框的部分选项或参数说明如下。

(1)【长度】单选钮:选中此项,将以直线指定牵引长度的方式生成牵引曲面。

(2)【平面】单选钮:选中此项,将以指定终止平面的方式生成牵引曲面。

(3)"重新串联"按钮:单击此按钮,可以重新选取牵引所需曲线链。

(4)"牵引方向"按钮:单击此按钮,可以在正、负、双向3个牵引方向之间进行切换。正向是指当前构图平面的法向;负向是指当前构图平面的法向的反向;双向是指当前构图平面的法向及其反向。

(5)"牵引长度"输入框:用于输入牵引长度。牵引长度是指牵引曲面在牵引方向的测量长度。该输入框只有在【长度】单选钮被选中时才有效。

(6)"运行长度"输入框:用于输入运行长度。运行长度是指牵引曲面在倾斜方向的测量长度。该输入框只有在【长度】单选钮被选中时才有效。修改牵引长度,系统会自动更新运行长度;反之,修改运行长度,系统也会自动更新牵引长度。

(7)"倾斜方向"按钮:单击此按钮,可以切换牵引曲面的倾斜方向。

(8)"倾斜角度"输入框:用于输入牵引曲面的倾斜角度。倾斜角度是指牵引曲面与正牵引方向的夹角,其值介于180与−180之间。倾斜角度为0,表示牵引曲面未发生倾斜,这时运行长度等于牵引长度。改变倾斜角度,系统会自动更新运行长度。

(9)"平面选项"按钮:单击此按钮,将打开【平面选项】对话框。用户可以利用该对话框临时定义牵引曲面的终止平面。该按钮只有在【平面】单选钮被选中时才有效。

(10)【双向牵引】复选框:选中此项,将以指定曲线链定义的平面为中间平面,从中间平面出发,按照相同的参数设置,沿相反的两个方向分别创建牵引曲面。该选项只有在【长度】单选钮被选中,并且"牵引方向"按钮切换至"双向"状态时才有效。

114

4. 扫描曲面

该命令用于创建扫描曲面。

所谓扫描曲面,就是将指定的曲面链(截断面外形)沿着指定的轨迹(扫描路径)进行扫描而生成的曲面。

选择 ✐ ² 扫描曲面菜单命令或者工具按钮,打开【串联选项】对话框,同时系统提示:"扫描曲面:定义截面方向外形"。在用户选取若干个截断面外形之后,单击【串联选项】对话框中的"确定"按钮,这时【串联选项】对话框不会关闭,系统提示:"扫描曲面:定义引导方向外形",要求用户选取扫描轨迹。如果前面选取了两个或者两个以上的截面外形,则现在只能选取一条扫描轨迹,即所谓"二截一轨",并且在用户选取一条扫描轨迹之后,【串联选项】对话框会自动关闭,打开如图 3-58 所示的【扫描曲面】操作栏,同时显示当前创建的扫描曲面,如图 3-59 所示;如果前面只选取了一个截面外形,则现在可以选取一条或者两条扫描轨迹。若选取两条扫描轨迹,即所谓"一截两轨",则【串联选项】对话框自动关闭,打开【扫描曲面】操作栏,同时显示当前创建的扫描曲面,如图 3-60 所示;若选取一条扫描轨迹,即所谓"一截一轨",则需要用户单击其中的"确定"按钮,【串联选项】对话框才会关闭。"一截一轨"方式同样会打开【扫描曲面】操作栏,与前面两种方式打开的【扫描曲面】操作栏相比,不同之处在于该操作栏上的"平移"按钮和"旋转"按钮处于可选状态。若选中"旋转"按钮,则在扫描过程中截面外形会在扫描轨迹拐弯处绕弯中心点旋转,生成的扫描曲面如图 3-61(b)所示;若选中"平移"按钮,则在扫描过程中截面外形只进行平移,生成的扫描曲面如图 3-61(c)所示。在【扫描曲面】操作栏中,单击"重新串联"按钮,可以重新选取截断面外形和扫描轨迹;单击"应用"按钮,可以固定当前创建的曲面,并回到命令的初始状态,以便继续创建其他曲面;单击"确定"按钮,可以固定当前创建的曲面,并结束命令。

扫描曲面　串联　　1转换　2旋转　3正交到曲面 2轨迹　使用平面6 应用 确定 帮助

图 3-58 【扫描曲面】操作栏

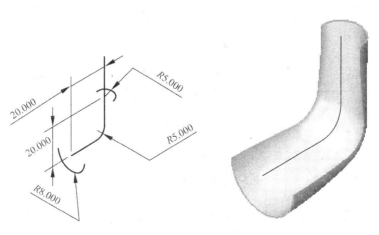

图 3-59 二截一轨扫描曲面

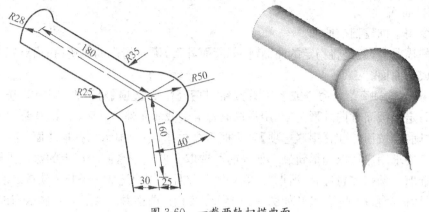

图 3-60 一截两轨扫描曲面

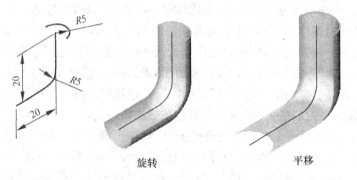

旋转　　　　　　　　平移

图 3-61 一截一轨扫描曲面

5. 网状曲面

该命令用于创建网状曲面。

所谓网状曲面,就是由一系列交织成网状的曲线链共同生成的曲面。

选择 ⊞ Ｎ 网状曲面菜单命令或者工具按钮,打开【串联选项】对话框,同时显示如图 3-62 所示的【网状曲面】操作栏,并且在绘图区提示:"选取串联 1"。这时,用户应根据每一个曲线链的结构特点,采用相应的串联方式(如单体串联、部分串联等)选取生成网状曲面所需的每一个曲线链,然后单击【串联选项】对话框中的"确定"按钮,生成所需的网状曲面,如图 3-63 所示。

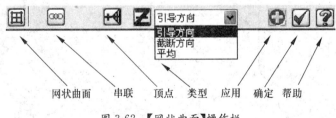

网状曲面　　串联　　顶点　　类型　　应用　确定　帮助

图 3-62 【网状曲面】操作栏

用于生成网状曲面的曲线链是由引导方向的曲线链和截断方向的曲线链组成的,它们成网状分布,如图 3-63(a)所示。引导方向和截断方向并不是一成不变的,它们是在选

116

取曲线链时临时指定的,即系统把第一个被选曲线链的走向当作引导方向,把另一个方向自动判为截断方向。通常情况下,至少需要选取 2 条引导方向的曲线链和 2 条截断方向的曲线链,以便由它们构成一个带有 4 条边界的封闭区域去生成网状曲面,多则不限。当某个方向的所有曲线链在一端或者同时在两端汇聚时,将构成所谓的"顶点",这时允许只有 3 条曲线链,但是至少需要 3 条,并且其中必须有 1 条是不同方向的曲线链,如图 3-64所示。少于 3 条曲线链将不能创建网状曲面。对于有"顶点"的情况,在开始选取曲线链之前,应该先锁定【创建曲面】操作栏的"顶点"按钮,在选取曲线链并且关闭【串联选项】对话框之后,还要指定一个顶点的位置,然后才能生成网状曲面。

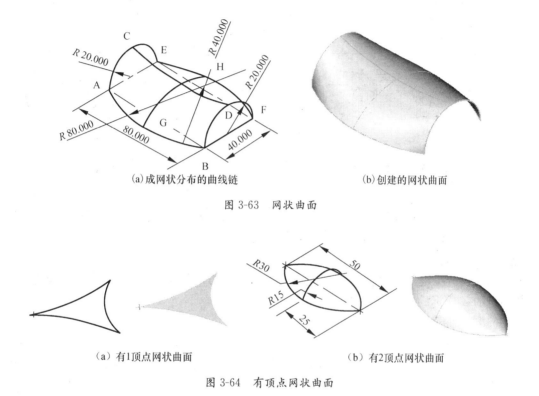

(a)成网状分布的曲线链　　　　　　　　　　(b)创建的网状曲面

图 3-63　网状曲面

(a)有 1 顶点网状曲面　　　　　　　　　　(b)有 2 顶点网状曲面

图 3-64　有顶点网状曲面

在选取创建网状曲面所需的多条曲线链时,选取次序不限,而且每一条曲线链的串联方向也不限。尽管如此,用户必须明确每一条曲线链的起始点和终止点,并采用合适的串联方式(如单体串联、部分串联等)进行串联,使得每一个曲线链的所有成分图素被一次串联串接起来。例如,在图 3-63 中,用户需要选取 AB、CD、EF、AE、GH、BF 6 条曲线链,先选哪一条,后选哪一条是不受限制的,并且每一条曲线链的串联方向也不受限制,但是用户必须确保这 6 条曲线链各自的完整性,如必须确保 AB 是通过一次串联而选取的一个曲线链,不能是通过两次串联而选取的 AG、GB 两个曲线链。

在创建某个方向闭合的网状曲面时,这个方向上的每一条曲线链也必定是闭合的。如图 3-65 所示,上、下两条曲线链必须是分别通过一次串联选取的闭合曲线链。

用于创建网状曲面的曲线链可以是已修改的,也可以是未修整的,系统自动在封闭的网络区域内创建网状曲面,如图 3-66 所示。

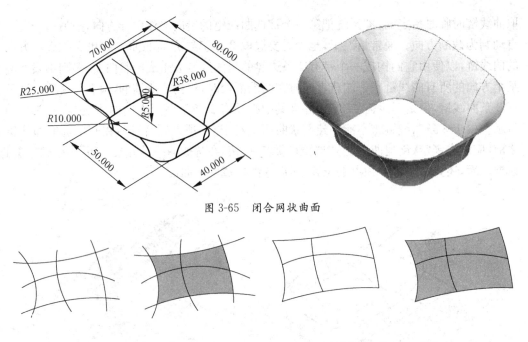

图 3-65　闭合网状曲面

（a）未修剪曲线创建的网状曲面　　　（b）修剪曲线创建的网状曲面

图 3-66　创建网状曲面

当引导方向的曲线链和截断方向的曲线链由于 Z 坐标不通而没有相交时，可以通过【创建曲面】操作栏的"深度类型"下拉列表设置网状曲面的 Z 坐标类型。其中，【引导方向】表示曲面的 Z 坐标由引导方向的曲线链决定；【截断方向】表示曲面的 Z 坐标由截断方向的曲线链决定；【平均】表示曲面的 Z 坐标是引导方向的曲线链的 Z 坐标与截断方向曲面链的 Z 坐标的平均值。

6. 围篱曲面

该命令用于创建围篱曲面。

所谓围篱曲面，就是利用其本身或其投影位于指定曲面上的一条曲线链所生成的直纹曲面。

选择 ✍ ᴵ 围篱曲面 菜单命令或者工具按钮，显示如图 3-67 所示的【创建围篱曲面】操作栏，同时系统实体："选取曲面"。在用户选取一个曲面之后，系统打开【串联选项】对话框，并且提示："选取串联 1"。在选取曲线链之后，单击【串联选项】对话框中的"确定"按钮，即可预览按照默认设置绘制的围篱曲面。这时，用户可以利用【创建围篱曲面】操作栏修改有关设置，并且可以实时预览修改效果，在达到满意效果之后，单击"应用"按钮，可以固定当前创建的曲面，并回到命令的初始状态，以便继续创建其他曲面；单击"确定"按钮，可以固定当前创建的曲面，并结束命令，如图 3-68 所示。

围篱曲面 串联 选择曲面 反向 熔接方式 起始高度 终止高度 起始角度 终止角度 应用 确定 帮助

图 3-67　【围篱曲面】操作栏

（a）熔接方式为相同圆角　　（b）熔接方式为线锥　　　（c）熔接方式为立体混合
　　起始高度为20　　　　　　　起始高度为0　　　　　　　起始高度为0
　　终止高度为20　　　　　　　终止高度为20　　　　　　　终止高度为20
　　起始角度为0　　　　　　　　起始角度为0　　　　　　　起始角度为0
　　终止角度为30　　　　　　　终止角度为30　　　　　　　终止角度为30

图 3-68　围篱曲面

　　"熔接方式"决定围篱曲面的高度和角度（相对于指定的参考曲面）沿着曲线链的串联方向变化的方式。选中【相同圆角】方式，则围篱曲面的高度和角度沿着曲线链保持不变，如图 3-68（a）所示，这时"起始高度"和"终止角度"两个输入框无效；选中【线锥】方式，则围篱曲面的高度和角度沿着曲线链呈线性变化，如图 3-68（b）所示；选中【立体混合】方式，则围篱曲面的高度和角度沿着曲线链呈"S"形 3 次混合函数变化，如图 3-68（c）所示。

　　7. 挤出曲面

　　该命令用于创建挤出曲面。

　　所谓挤出曲面，就是将用户指定的一个曲线链（截断面外形）沿着指定轴线挤出所生成的一组封闭曲面。

　　在创建挤出曲面时，系统同时生成基面和顶面，使挤出曲面自行封闭。

　　选择 🔲 X 挤出曲面 菜单命令或者工具按钮，打开【串联选项】对话框，同时在绘图区提示："选取串联的直线和圆弧或一个封闭的曲线 1"。在用户选取一个需要挤出的曲线链之后，【串联选项】对话框会自动关闭，接着打开如图 3-69 所示的【挤出曲面】对话框，并且在绘图区预览按照默认设置绘制的挤出曲面。这时，用户可以利用【挤出曲面】对话框修改有关设置，并且可以实时预览修改效果。在达到满意效果之后，单击"应用"按钮，可以固定当前创建的曲面，并回到命令的初始状态，以便继续创建曲面；单击"确定"按钮，可以固定当前创建的曲面，并结束命令，如图 3-70 所示。

　　对于挤出曲面的创建方法，用户可以结合基本曲面和牵引曲面的创建方法加深理解，在此不再赘述。

　　在创建挤出曲面时，如果用户选取了开放曲线链，则系统会弹出如图 3-71 所示的【创建基本曲面】对话框。单击该对话框的【是】按钮，系统会将其"视为"封闭曲线链创建挤出曲面，如图 3-72 所示；单击该对话框的【否】按钮，系统将放弃该曲线链，但是仍然会打开【挤出曲面】对话框。用户单击【挤出曲面】对话框中的"重新串联"按钮，可以选取其他合适的曲线链创建挤出曲面。单一直线、开放的样条曲线都不能生成挤出曲面。

　　8. 平面修整

　　该命令用于创建平面修整。

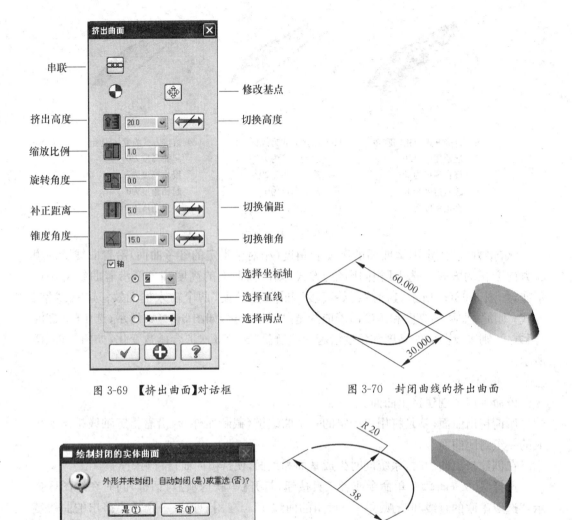

图 3-69 【挤出曲面】对话框

图 3-70 封闭曲线的挤出曲面

图 3-71 【创建基本曲面】对话框

图 3-72 开放曲线的挤出曲面

所谓平整曲面,就是由一个平面修整边界所创建的一个平的曲面,就好像这个曲面是沿着这个边界从一个平面上剪下来的一样。这个平面修整边界是系统根据用户指定曲线链自行定义的。

选择 平面修剪菜单命令或者工具按钮,打开【串联选项】对话框,同时在绘图区提示:"选取串联去定义平面修剪边界 1"。在用户选取若干个曲线链之后,单击【串联选项】对话框中的"确定"按钮,显示如图 3-73 所示的【平面修整】操作栏。单击该操作栏上的"应用"按钮,可以固定当前创建的平整曲面,并回到命令的初始状态,以便继续创建其他曲面;单击"确定"按钮,可以固定当前创建的曲面,并结束命令,如图 3-74 所示。

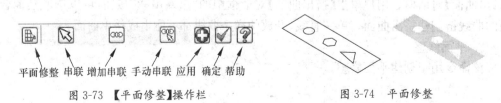

平面修整 串联 增加串联 手动串联 应用 确定 帮助

图 3-73 【平面修整】操作栏

图 3-74 平面修整

在创建平整曲面时,如果用户选取了开放曲线链,则系统会弹出如图 3-75 所示的【MasterCAM】对话框,单击【是】按钮,系统会将其视为封闭曲线链创建平整曲面,如图 3-76 所示;单击【否】按钮,系统将放弃该曲线链,但是仍然会显示【平面修整】操作栏。用户单击【平面修整】操作栏上的"重新串联"按钮,可以选取其他合适的曲线链创建平整平面。

图 3-75　创建基本曲面对话框

图 3-76　开放曲线链的平面修整

3.3.4　由实体抽取曲面

MasterCAM X⁴ 可以利用已有的曲面生成实体(参见本书 4.1.6 节),也可以利用已有的实体生成曲面。

选择 由实体生成曲面 菜单命令或者工具按钮,系统提示:"请选择要产生曲面的主体或面"。在选取实体的主体或者面之后,按【Enter】键,即可生成相应的曲面。按【Esc】键结束命令。若用户选取的是实体的主体,则系统会抽取该实体的所有面生成相应的曲面;若用户选取的是实体的面,则系统只会抽取实体上被选的面生成相应的曲面,如图 3-77 所示。

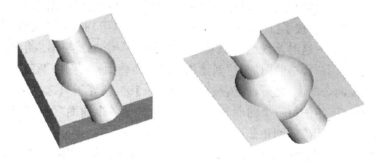

图 3-77　由实体抽取曲面

3.4　编　辑　曲　面

"编辑曲面"主要是指对已有的曲面进行修整,或者利用已有的曲面衍生新的曲面,或者兼而有之。在 MasterCAM X⁴ 中,主要的曲面编辑功能有倒圆角、修整、延伸、打断、补正、熔接等。

曲面编辑命令包含在如图 3-50 所示的【绘图】→【绘制曲面】菜单命令和如图 3-51 所示的【曲面】工具栏中,参见本章 3.3.3 节。

3.4.1　曲面倒圆角

"曲面倒圆角"就是在曲面和曲面、曲面和曲线或者曲面和平面之间产生光滑过渡的

121

圆角曲面。

　　1. 曲面与曲面之间倒圆角

　　该命令用于在曲面与曲面之间倒圆角，如图3-78所示。

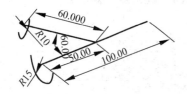

图3-78　曲面与曲面之间倒圆角

　　选择 ![icon] Σ 曲面与曲面导圆角菜单命令或工具按钮，系统提示："选取第一个曲面或按〈Esc〉键退出"。用户选取第一个(组)曲面，然后按【Enter】键。系统接着提示："选取第二个曲面或按〈Esc〉键退出"。用户接着选取第二个(组)曲面，按【Enter】键。系统显示如图3-79所示的【两曲面倒圆角】对话框，同时在绘图区预览按照默认设置绘制的圆角曲面。这时，用户可以利用【两曲面倒圆角】对话框修改有关设置，并且可以实时预览修改效果。在达到满意效果之后，单击"应用"按钮，可以固定当前创建的圆角曲面，并返回到命令的初始状态，以便继续创建其他圆角曲面；单击"确定"按钮，可以固定当前创建的圆角曲面，并结束命令。

　　在进行曲面与曲面之间倒圆角过程中，系统会提示用户选取两组曲面。如果用户在选取第一个(组)曲面后，按了【Enter】键，再去选取第二个(组)曲面，然后按【Enter】键，就等于选择了两组曲面。这时系统会尝试将第一组的每一个曲面与第二组的每一个曲面"配对"，从中找出所有"合格的曲面对"创建相应的圆角曲面；如果用户在选取所有需要倒圆角的曲面(至少两个曲面)之后，连续按两次【Enter】键，就等于只选择了一组曲面。这时系统会尝试将这一组的每一个曲面与同这一组的其他各个曲面"配对"，从中找出所有"合格的曲面对"创建相应的圆角曲面。

　　在进行曲面与曲面之间倒圆角时，要注意各个曲面的法向，只有法向正确才能获得正确的圆角。对于每一个需要倒圆角的"曲面对"来说，正确的法向应该是两个曲面的法向均指向圆角曲面的中心，如图3-78所示。在倒圆角过程中，如果圆角曲面没有出现在用户希望的位置上，或者系统提示："找不到圆角"，则往往是因为曲面法向设置不合理所至。这时，用户可以单击【两曲面倒圆角】对话框中的"切换正向"按钮，改变相应曲面的法向。

　　【两曲面倒圆角】对话框中的部分选项或参数说明如下。

　　(1)"选择第一曲面"按钮：用于重新选择第一个(组)曲面。

　　(2)"选择第二曲面"按钮：用于重新选择第二个(组)曲面。

　　(3)"选择双向"按钮：用于选取特定的"曲面对"，并指定相应的参考点，以便在它们之间创建符合条件的圆角曲面。

　　(4)"选项"按钮：用于打开如图3-80所示的【曲面倒圆角选项】对话框，以便对曲面倒圆角进行更详细的设置。

　　(5)"恒定半径"输入框：用于输入恒定半径的圆角曲面的半径值。所谓恒定半径的圆角曲面，是指半径值处处相等的圆角曲面。

（6）"切换正向"按钮：用于改变指定曲面的法向。单击此按钮，再单击需要改变法向的曲面，可以看到表示该曲面法向的箭头反指，说明该曲面的法向已经反向。如有必要，可以旋转视图区观察箭头的位置和指向。按【Enter】键返回对话框。

（7）【变化圆角】复选框：用于创建变半径圆角曲面。

（8）"动态半径"按钮：用于动态地在变半径圆角曲面的中心线上指定需要设定特定半径的标记点。

（9）"中点半径"按钮：用于在变半径圆角曲面的两个相邻标记点之间的中点处插入一个需要设置特定半径的标记点。

（10）"修改半径"按钮：用于选择变半径圆角曲面的已有标记点，以便修改该标记点的圆角半径。

（11）"移除半径"按钮：用于选择变半径圆角曲面的已有标记点，并将其移除。

（12）"循环"按钮：用于依次、逐个查看或者修改半径圆角曲面的已有标记点对应的半径值，直到遍历所有标记点为止。

（13）"变化半径"输入框：用于输入变半径圆角曲面的指定标记点的半径值。

（14）【修整】复选框：用于对当前倒圆角的曲面按照【修剪曲面选项】（图 3-80）所设置状态进行修整。

（15）【连接】复选框：用于将当前创建的、端部间距在预设【连接公差】（图 3-80）范围内的多个圆角曲面合并为一个曲面。

（16）【预览】复选框：用于实时预览命令操作效果。

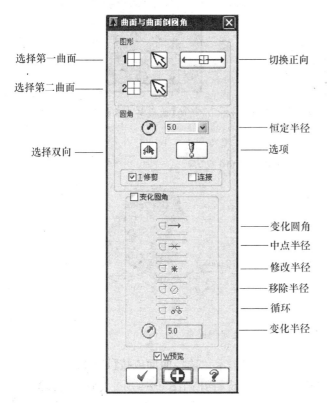

图 3-79 【两曲面倒圆角】对话框

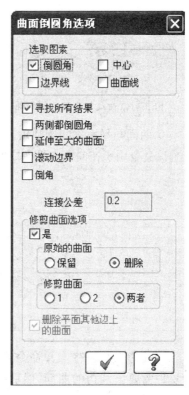

图 3-80 【曲面倒圆角选项】对话框

2. 曲线与曲面之间倒圆角

该命令用于曲线与曲面之间倒圆角,如图 3-81 所示。

选择 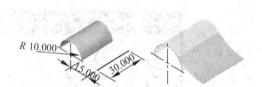 曲线与曲面菜单命令或者工具按钮,系统提示:"选择曲面或按〈Esc〉键离开"。用户选取需要倒圆角的曲面,然后按【Enter】键,系统打开【串联选项】对话框,并提示:"选取曲线 1"。用户接着选取需要倒圆角的曲线,然后按【Enter】键,或者单击【串联选项】对话框中的"确定"按钮。系统接着打开如图 3-82 所示的【曲线与曲面倒圆角】对话框,同时在绘图区预览按照默认设置绘制的圆角曲面。如果绘图区没有出现圆角曲面,而且系统警告:"找不到圆角",则往往说明圆角半径设置得太大或者太小,或者圆角曲面产生的方位(在曲线串联方向的左侧或者右侧)设置的不正确。这时,可以先单击【警告】信息框的【确定】按钮,然后在【曲线与曲面倒圆角】对话框中输入合适的圆角半径,或者单击"切换方向"按钮,以便创建所需的圆角曲面。然后,用户可以利用【曲线与曲面倒圆角】对话框修改有关设置,并且可以实时预览修改效果。在达到满意效果之后,单击"应用"按钮,可以固定当前创建的圆角曲面,并回到命令的初始状态,以便继续创建其他圆角曲面;单击"确定"按钮,可以固定当前创建的圆角曲面,并结束命令。

图 3-81　曲线与曲面之间倒圆角($R=25$)　　图 3-82　所示的【曲线与曲面倒圆角】对话框

3. 曲面与平面之间倒圆角

该命令用于在曲面与平面之间倒圆角,如图 3-83 所示。

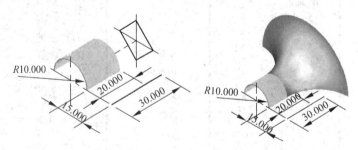

图 3-83　曲面与平面之间倒圆角

选择 曲面与平面菜单命令或工具按钮,系统提示:"选择曲面或按【Esc】键离开"。用户选取需要倒圆角的曲面,然后按【Enter】键,系统打开如图 3-84 所示【平面选择】对话框,并且提示:"选取平面"。用户利用该对话框提供的 8 种平面定义方式之一定义一个平

124

面,必要时单击该对话框的"反向"按钮切换当前定义的平面的法向,然后单击该对话框中的"确定"按钮,关闭该对话框,同时激活如图 3-85 所示的【平面与曲面倒圆角】对话框,并在绘图区预览按照默认设置绘制的圆角曲面。这时,用户可以利用【平面与曲面倒圆角】对话框修改有关设置,并且可以实时预览修改效果。在达到满意效果之后,单击"应用"按钮,可以固定当前创建的圆角曲面,并回到命令的初始状态,以便继续创建其他圆角曲面;单击"确定"按钮,可以固定当前创建的圆角曲面,并结束命令。

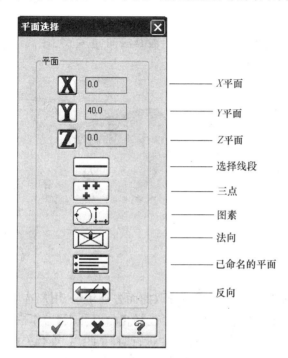

图 3-84 【平面选择】对话框　　　图 3-85 【平面与曲面倒圆角】对话框

在进行曲面与平面倒圆角时,同样要注意圆角半径、曲面法向和平面法向设置的合理性,否则不能成功创建用户所需的圆角曲面。对于每一个需要倒圆角的"曲面——平面对"来说,正确的法向应该是该曲面和该平面的法向均指向圆角曲面的中心,如图 3-83所示。

【平面选择】对话框提供的 8 种平面定义方式如下:

(1)"X 平面":输入 X 坐标定义一个与右视图平行的平面。

(2)"Y 平面":输入 Y 坐标定义一个与前视图平行的平面。

(3)"Z 平面":输入 Z 坐标定义一个与俯视图平行的平面。

(4)"选择线段":选取一条已有直线定义一个与该直线共面且垂直于当前构图平面的平面。要求所选直线不与当前构图平面垂直。

(5)"三点":选取不共线的 3 个点定义一个平面。

(6)"图素":选取已有的一个平面图素(如一个圆弧、一条二维样条曲线、实体上的一个平表面等)、不共线的 3 个点或者两条共面但不平行的直线去定义一个平面。

(7)"法向":选取一条直线去定义一个与之垂直的平面。平面位于直线上距离选取点最近的一端。

(8)"已命名的平面":打开【视角选择】对话框,从中选择一个已命名的视图,定义一个位于当前工作深度且与该已命名视图平行的平面。

在定义平面时,系统会显示一个带有箭头的平面图标,如图3-83所示,它向用户显示当前定义的平面的位置和法向,必要时用户可以单击【平面选择】对话框中的"反向"按钮切换当前定义的平面的法向。

3.4.2 曲面补正

所谓曲面补正,就是以用户指定的已有曲面作为参照,沿着其法向偏移一定距离产生(复制或者移动)新的曲面,如图3-86所示。

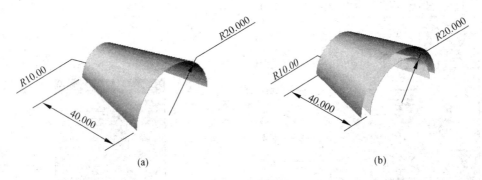

(a)   (b)

图 3-86　曲面补正

选择 ✦ ᠒ 曲面补正菜单命令或者工具按钮,系统提示:"选取曲面去补正"。用户选取补正所需的参照曲面,然后按【Enter】键。系统显示如图3-87所示的【曲面补正】操作栏,同时在绘图区预览按照默认设置产生的新曲面。在该操作栏中进行"补正距离"等有关设置之后,单击"应用"按钮,可以固定当前创建的曲面,并回到命令的初始状态,以便继续创建其他曲面;单击"确定"按钮,可以固定当前创建的曲面,并结束命令。

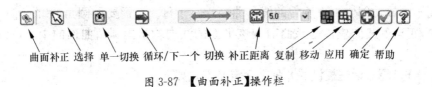

曲面补正　选择　单一切换　循环/下一个　切换　补正距离　复制　移动　应用　确定　帮助

图 3-87　【曲面补正】操作栏

【曲面补正】操作栏的部分选项或参数说明如下。

(1)"选择"按钮:单击此按钮,可以重新选择参考曲面。

(2)"正向切换"按钮:用于修改制定曲面的补正方向。单击此按钮,系统会在当前产生的所有新曲面上分别显示一个代表补正方向的箭头(相对于各自的参考曲面),同时提示:"选取曲面去反向"。这时,用户单击需要反向的曲面即可。

(3)"切换"按钮:用于切换指定曲面的补正方向。该按钮只有在"循环/下一个"模式下才有效。

(4)"循环/下一个"按钮:单击此按钮,可以激活该操作栏的"切换"按钮,同时可以看到在一个新产生的曲面上有一个代表补正方向的箭头,它说明这个新曲面目前处于被选中状态,用户可以单击按钮去切换其补正方向。逐次单击按钮,可以逐一选中当前产生的新曲面,箭头也会随之自动转移。在遍历当前创建的所有新曲面之后,还可以从头开始循环。每当需要修改补正方向的新曲面被选中时,单击按钮即可将其反向。按钮与按钮配合使用的效果,与单独使用按钮的效果是相同的,用户选用其中一种方式即可。

(5)"补正距离"输入框:用于输入补正距离(相对于参考曲面)。输入正数,将沿着法向进行补正;输入负数,将沿着法向的反向进行补正。

(6)"复制"按钮:锁定此按钮,可以在产生新曲面的同时保留参考曲面。

(7)"移动"按钮:锁定此按钮,可以在产生新曲面的同时自动删除参考曲面。

3.4.3 曲面修整

曲面修整就是利用用户指定的边界将已有的曲面划分为不同的部分,以其中的一部分作为模板去产生新的曲面,就好像新曲面是从原有曲面上裁剪下来的一样。原曲面可以保留,也可以删除。

根据边界类型,将曲面修整分为 3 种方式,即修整至曲线、修整至曲面、修整至平面。

1. 曲面修整到曲线

该命令用于将曲面修整到直线、圆弧、样条曲线、曲面曲线等定义的边界上,如图 3-88 所示。

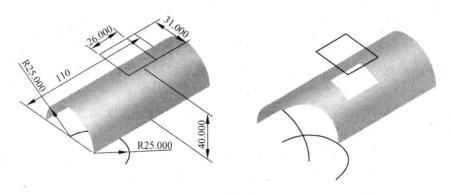

图 3-88 曲面修整到曲线

选择 ⊞ ⊂ 修整至曲线 菜单命令或者工具按钮,系统提示:"选择曲面或按【Esc】键离开"。用户选取需要修整的曲面,然后按【Enter】键,打开【串联选项】对话框,系统提示:"选取曲线 1"。用户接着选取用于定义修整边界的曲线链,然后按【Enter】键,或者单击【串联选项】对话框中的"确定"按钮,显示如图 3-89 所示的【曲面修整到曲线】操作栏,系统提示:"指出保留区域——选取曲面去修剪"。用户在需要修整的曲面上单击,可以看到一个箭头。将箭头移动到需要产生新曲面区域,然后单击,即可在绘图区预览按照默认设置产生的新曲面。如果有多个需要修整的曲面,则要逐个指定其新曲面的产生区域。这时,用户可以利用【曲面至曲线】操作栏修改有关设置,并且可以实时预览修改效果。在达到满意效果之后,单击"应用"按钮,可以固定当前创建的曲面,并回到命令的初始状态,以便继续创建其他曲面;单击"确定"按钮,可以固定当前创建的曲面,并结束命令。

127

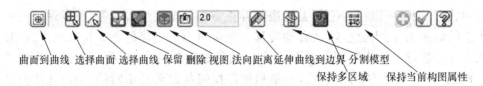

曲面到曲线　选择曲面　选择曲线　保留　删除　视图　法向距离延伸曲线到边界　分割模型

　　　　　　　　　　　　　　　　　　保持多区域　　　保持当前构图属性

图 3-89　【曲面修整到曲线】操作栏

【曲面至曲线】操作栏的部分选项或参数说明如下。

（1）"选择曲面"按钮：用于重新选择需要修整的曲面。在重选曲面之后需要重新制定新曲面的产生区域。

（2）"选择曲线"按钮：用于重新选择修整边界。

（3）"保留"按钮：锁定此按钮，则在创建新曲面的同时保留原曲面。

（4）"删除"按钮：锁定此按钮，则在创建新曲面的同时删除原曲面。

（5）"视图"按钮：用于定义修整边界的曲线链不一定要位于被修整曲面上，但要求该曲线链在该曲面上有投影。锁定该按钮，则系统自动将曲线链沿着与当前构图平面垂直的方向投影到曲面上去定义修整边界。

（6）"法线面"按钮：锁定该按钮，则系统自动将曲线链沿着曲面的法向方向投影到曲面上去定义修整边界。这时，在曲面上是否产生曲线链的投影，与"最大投影距离"有关。

（7）"最大投影距离"输入框：用于输入最大投影距离。该输入框只在"法线面"按钮被锁定时有效。

（8）"延伸曲线到边界"按钮：在修整曲面时，要求每个修整边界能够把曲面划分为两个独立部分，否则该边界无效。锁定此按钮，则可以将修整边界自动延伸到曲面的边界上去，达到将曲面划分为两个独立部分的目的。这是虚拟的延伸，曲线链本身不会发生变化。

（9）"打断曲面"按钮：锁定此按钮，则在修整边界的两侧同时产生新曲面，就像从修整边界将原曲面打断成独立的不同部分一样。

（10）"使用当前构图属性"按钮：锁定此按钮，则按照当前的构图属性（层别、颜色、线型、线宽）创建新曲面；否则，将按照原曲面的属性创建相应的新曲面。

2. 曲面修整到曲面

该命令用于将一组曲面修整到其余另一组曲面的交线处，或者将两组曲面同时修整到它们的交线处，如图 3-90 所示。两组中必须有一组只包含一个曲面。

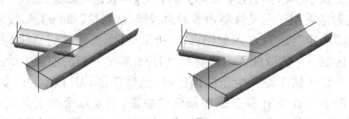

图 3-90　曲面修整到曲面

选择 ⬡ Σ 修整至曲面菜单命令或者工具按钮，系统提示："选取第一个曲面或按【Esc】键退出"。用户选取需要修整的第一个（组）曲面，然后按【Enter】键。系统接着提示："选取

128

第二个曲面或按【Esc】键退出"。用户选取需要修整的第二个(组)曲面,然后按【Enter】键,显示如图3-91所示的【曲面修整到曲面】操作栏,提示系统:"指出保留区域——选取曲面去修剪"。首先指定第一个(组)曲面上需要产生新曲面区域,然后指定第二个(组)曲面上需要产生新曲面区域,即可在绘图区预览按照默认设置产生的新曲面。这时,用户可以利用【曲面至曲面】操作栏修改有关设置,并且可以实时预览修改效果。在达到满意效果之后,单击"应用"按钮,可以固定当前创建的曲面,并回到命令的初始状态,以便继续创建其他曲面;单击"确定"按钮,可以固定当前创建的曲面,并结束命令。

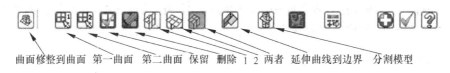

曲面修整到曲面　第一曲面　第二曲面　保留　删除 1 2 两者　延伸曲线到边界　分割模型

图 3-91　【曲面至曲面】操作栏

【曲面至曲面】操作栏的部分选项功能如下:
(1)"原始曲面"按钮:用于重选第一个(组)曲面。
(2)"另一曲面"按钮:用于重选第二个(组)曲面。
(3)"1"按钮:锁定此按钮,则只修整第一个(组)曲面。
(4)"2"按钮:锁定此按钮,则只修整第二个(组)曲面。
(5)"两者"按钮:锁定此按钮,则同时修整两个(组)曲面。

3. 曲面修整到平面

该命令用于将曲面修整到其与指定平面的交线处,如图3-92所示。

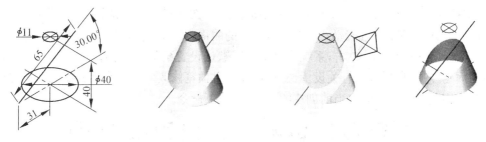

图 3-92　曲面修整到平面

选择 修整至平面 子菜单项或者工具按钮,系统提示:"选择曲面或按【Esc】键离开"。用户选取需要修整的曲面,然后按【Enter】键,打开【平面选项】对话框,系统提示:"选取平面"。用户从该对话框中选择一种合适的方式定义一个工具平面,该平面与曲面的交线是曲面的修整边界,该平面的法向指示新曲面产生的方向(必要时可以单击该对话框的"反向"按钮切换平面的法向),然后该对话框中的"确定"按钮,关闭该对话框,显示如图3-93所示的【曲面修整到平面】操作栏,并且在绘图区预览按照默认设置产生的新曲面。这时,用户可以利用【曲面修整到平面】操作栏修改有关设置,并且可以实时预览修改效果。在达到满意效果之后,单击"应用"按钮,可以固定当前创建的曲面,并回到命令的初始状态,以便继续创建其他曲面;单击"确定"按钮,可以固定当前创建的曲面,并结束命令。

曲面修整到平面　曲面　平面　保留　删除　删除平面另一边的曲面　　分割模型

图 3-93　【曲面修整到平面】操作栏

【曲面修整到平面】操作栏的部分选项说明如下：

(1)"曲面"按钮：用于重选需要修整的曲面。

(2)"平面"按钮：用于重定义工具平面，包括重定义其法向。

(3)"删除另一侧"按钮：锁定此按钮，则在修整那些已经被选中，并且与工具平面相交的曲面的同时，删除那些已经被选中，并且位于工具平面反法向一侧的曲面。

3.4.4　曲面延伸

所谓曲面延伸，就是从已有曲面的某个边界出发，按照线性或者非线性方式，将该曲面延伸指定的长度，或者延伸到指定的平面生成新的曲面，如图 3-94 所示。原曲面可以被保留，也可以被删除。

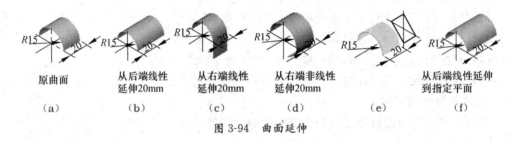

|（a）|（b）|（c）|（d）|（e）|（f）|

原曲面　　从后端线性　　从右端线性　　从右端非线性　　　　　从后端线性延伸
　　　　　延伸20mm　　延伸20mm　　延伸20mm　　　　　　到指定平面

图 3-94　曲面延伸

选择 🔲 曲面延伸 菜单命令或者工具按钮，显示如图 3-95 所示的【曲面延伸】操作栏，系统提示："选取要延伸的曲面"。单击需要延伸的曲面，曲面上会显示一个临时的箭头，将箭头移动到延伸边界上，单击，系统将显示按照默认设置延伸的曲面。这时，用户可以利用【曲面延伸】操作栏修改有关设置，并且可以实时预览修改效果。在达到满意效果之后，单击"应用"按钮，可以固定当前创建的曲面，并结束命令。

曲面延伸　线性　非线性　指定平面　指定长度　保留　删除

图 3-95　【曲面延伸】操作栏

3.4.5　边界延伸

该命令通过延伸已修剪（或者未修剪）曲面的边界来生成新曲面，原曲面保持不变。

选择 🔲 修整延伸曲面到边界 菜单命令或者工具按钮，显示如图 3-96 所示【修整延伸边界】操作栏，系统提示："选取要延伸的曲面"。单击需要延伸的曲面，曲面上会显示一个临时的箭头，将箭头移动到延伸边界的适当点位（第一点），单击，继续移动箭头，在延伸边界的另一个点位（第二点）单击，系统将显示按照默认设置延伸的、在两个单击点之间的新曲面。这时，用户可以利用【修整延伸边界】操作栏修改有关设置，并且可以实时预览修改效果。

在达到满意效果之后，单击"应用"按钮，可以固定当前创建的曲面，并回到命令的初始状态，以便继续创建其他曲面；单击"确定"按钮，可以固定当前创建的曲面，并结束命令，如图 3-97(b)所示。如果在第一点单击之后按【Enter】键，则将在整个边界上产生新曲面，如图 3-97(c)所示。

在【修整延伸边界】操作栏中，"外角斜接"和"外角圆接"按钮用于选择新曲面的外拐角类型，分别如图 3-97(d)、(e)所示。

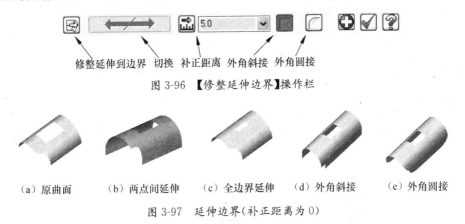

修整延伸到边界　切换　补正距离　外角斜接　外角圆接

图 3-96　【修整延伸边界】操作栏

（a）原曲面　　（b）两点间延伸　　（c）全边界延伸　　（d）外角斜接　　（e）外角圆接

图 3-97　延伸边界(补正距离为 0)

3.4.6　分割曲面

所谓分割曲面，就是沿着曲面上经过指定点位的一个流线方向产生两个新曲面，就像将原曲面一分为二，如图 3-98 所示，原曲面将被自动隐藏。

选择 ▦ P 分割曲面菜单命令或者工具按钮，显示如图 3-99 所示【分割曲面】操作栏，系统提示："选取曲面"。单击需要打断的曲面，曲面上会显示一个临时的箭头，将箭头移动到曲面的某个点位，单击，系统立即沿着曲面上经过该点位的一个流线方向产生两个新曲面。单击【分割曲面】操作栏上的"切换"按钮，可以切换到曲面上经过同一点位的另一个流线方向进行曲面打断。

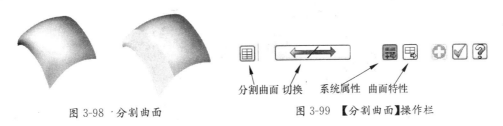

分割曲面　切换　　系统属性　曲面特性

图 3-98　分割曲面　　　　　图 3-99　【分割曲面】操作栏

3.4.7　恢复修整

该命令用于将已经修整的曲面恢复成修整之前的曲面，如图 3-100 所示。已经修整的曲面可以被保留，也可以被删除。

选择 ▦ U 恢复修剪曲面菜单命令或者工具按钮，显示如图 3-101 所示的【恢复修整】操作栏，系统提示："选取曲面"。在用户选取一个已经修整的曲面之后，系统会立即恢复该曲面修整之前的曲面。

131

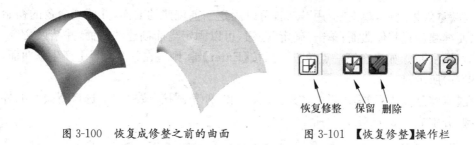

图 3-100　恢复成修整之前的曲面　　　　图 3-101　【恢复修整】操作栏

3.4.8　填补内孔

该命令用于创建新曲面去填补原曲面中指定的内孔,如图 3-102 所示。

选择 ⊞ ⵏ 填补内孔 菜单命令或者工具按钮,显示如图 3-103 所示的【填补内孔】操作栏,系统提示:"选取曲面或实体面"。单击需要填补孔洞的曲面,曲面上会显示一个临时的箭头,将箭头移动到需要填补的孔洞的边界,单击 ✓ 按钮,该孔洞立即被新创建的曲面填补。

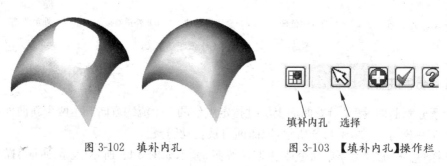

图 3-102　填补内孔　　　　图 3-103　【填补内孔】操作栏

3.4.9　恢复边界

该命令用于移除已修整曲面上指定的修整边界,使曲面在该边界处恢复到修整之前的样子,如图 3-104 所示。

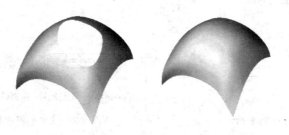

图 3-104　恢复边界

选择 ⊞ ⵖ 恢复曲面边界 菜单命令或者工具按钮,系统提示:"选取一曲面"。单击需要恢复边界的曲面,曲面上会显示一个临时的箭头,将箭头移动到需要恢复的边界上,单击,该边界立即被移除,曲面在该边界处被恢复到修整之前的样子。双击或者按【Esc】键退出命令。

3.4.10　曲面熔接

所谓曲面熔接,就是按照用户指定的熔接点和熔接方向,创建一个或者多个新曲面,将原有的两个或者三个曲面连接起来。我们把新创建的、起连接作用的曲面称作熔接曲面。MasterCAM X⁴ 有三个曲面熔接命令，即"两曲面熔接"、"三曲面熔接"、"三圆角曲面熔接"。

1. 两曲面熔接

该命令用于创建一个新的曲面，将两个原有的曲面进行熔接，如图 3-105 所示。

图 3-105　两曲面熔接（熔接位置、值、方向不同的效果）

选择 ⛏ 2 两曲面熔接 子菜单项或者工具按钮，系统打开如图 3-106 所示的【两曲面熔接】对话框，并且提示："选取曲面去熔接"。单击第一个需要熔接的曲面，在该曲面上会显示一个临时的箭头，将箭头移动到需要熔接的位置，单击，可以看到曲面上显示了一条经过该位置的流线，可以看到曲面上显示了一条经过该位置的流线，该流线成为熔接线，它是一条起参考作用的样条曲线，表示熔接方向。系统继续提示："选取曲面去熔接"。单击第二个需要熔接的曲面，在该曲面上同样会显示一个临时的箭头，将箭头移动到需要熔接的位置，单击，可以看到该曲面上也显示了一条经过该位置的流线，同时系统按照默认设置产生一个熔接曲面。这时，用户可以利用【两曲面熔接】对话框，修改有关设置，并且可以实时预览修改效果。在达到满意效果之后，单击"应用"按钮，可以固定当前创建的曲面，并回到命令的初始状态，以便继续创建其他曲面；单击"确定"按钮，可以固定当前创建的曲面，并结束命令。

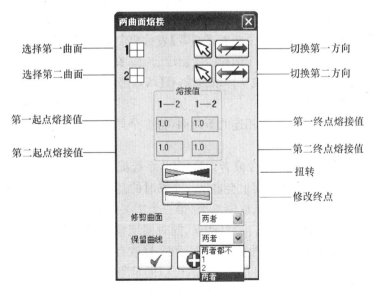

图 3-106　【两曲面熔接】对话框

【两曲面熔接】对话框的部分选项功能如下。

（1）"选择第一曲面"按钮：用于重新选择第一个曲面，并且重新定位第一个曲面的熔

133

接线。

（2）"切换第一方向"按钮：用于切换第一个曲面的熔接方向。

（3）"选择第二曲面"按钮：用于重新选择第二个曲面，并且重新定位第二个曲面的熔接线。

（4）"切换第二方向"按钮：用于切换第二个曲面的熔接方向。如图 3-105（b）、（c）、（d）所示，第一个曲面的熔接方向均沿着该曲面的横截面外形方向，第二个曲面的熔接方向则有变化。在图 3-105（b）、（c）中，第二个曲面的熔接方向均沿着该曲面的横截面外形方向，而在图 3-105（d）中，第二个曲面的熔接方向则沿着曲面的轴线方向。

（5）"第一起点熔接值"输入框：用于输入第一个曲面的参考样条曲线的起点的熔接值。熔接值是指参考样条曲线在熔接曲面上的熔接深度，它影响熔接曲面与原曲面连接的光滑程度，也影响熔接曲面自身的弯曲程度。系统默认的熔接值是 1.0；增大该值，就是增大参考样条曲线的熔接深度；减小该值，就是减小参考样条曲线的熔接深度；该值为 0，参考样条曲线的熔接深度为 0，熔接曲面相当于直纹曲面；该值为负，则改变曲面切线方向。图 3-105（b）、（d）所示为各熔接值均为 1.0 的熔接效果，如图 3-105（c）所示为各熔接值均为 2.0 的熔接效果。

（6）"第一终点熔接值"输入框：用于输入第二个曲面的参考样条曲线的终点的熔接值。

（7）"第二起点熔接值"输入框：用于输入第二个曲面的参考样条曲线的起点的熔接值。

（8）"第二终点熔接值"输入框：用于输入第二个曲面的参考样条曲线的终点的熔接值。

（9）"扭转"按钮：用于将指定的参考样条曲线的起点和终点进行切换。

（10）"修改终点"按钮：用于动态地对指定的参考样条曲线的终点进行修改，从而改变熔接曲面在参考样条曲线上的宽度。

（11）"修剪曲面"下拉列表：用于选择曲面修整选项。修整边界为熔接曲面与原曲面的交线。其中，【两者都不】表示既不修整第一个曲面，也不修整第二个曲面；【1】表示只修整第一个曲面；【2】表示只修整第二个曲面；【两者】表示两个曲面都修整。

（12）"保留曲线"下拉列表：用于选择曲线创建选项。在创建熔接曲面时，用户可以选择是否在参考样条曲线的位置创建真实样条曲线，有【两者都不】、【1】、【2】和【两者】4 个选项。

2. 三曲面熔接

该命令用于创建若干个彼此相连的新曲面，将 3 个原有的曲面进行连接，如图 3-107 所示。

选择 ⬛ ⬛ 三曲面间熔接 菜单命令或者工具按钮，系统提示："选取第一熔接曲面"。单击第一个需要熔接的曲面，在该曲面上会显示一个临时的箭头，将箭头移动到需要熔接的位置，单击。按照同样的方法分别选取第二个、第三个需要熔接的曲面，然后按【Enter】键，打开如图 3-108 所示的【三曲面熔接】对话框，同时系统按照默认设置产生若干个彼此连接的熔接曲面。这是，所示的【三曲面熔接】对话框，修改有关设置，并且可以实时预览修改效果。在达到满意效果之后，单击"应用"按钮，可以固定当前创建的曲面，并回到命令的初始状态，以便继续创建其他曲面；单击"确定"按钮，可以固定当前创建的曲面，并结束命令。

3. 三圆角曲面熔接

该命令用于创建一个或者多个彼此相连的新曲面，将原有的 3 个相交的圆角曲面进行光滑连接，如图 3-109 所示。

134

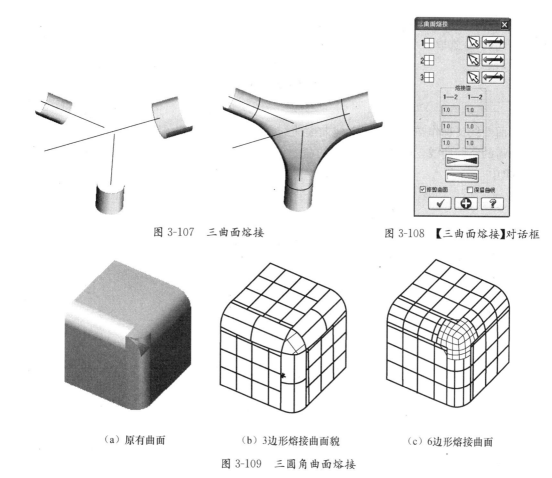

图 3-107　三曲面熔接　　　　　　　　　图 3-108　【三曲面熔接】对话框

（a）原有曲面　　　　　　　（b）3 边形熔接曲面貌　　　　　　　（c）6 边形熔接曲面

图 3-109　三圆角曲面熔接

　　选择 🔱 3 三角圆角曲面熔接 菜单命令或者工具按钮，系统提示："选择第一个圆角曲面"。
单击第一个需要熔接的圆角曲面。系统接着提示："选择第二个圆角曲面"。按照提示，分
别单击第二个、第三个圆角曲面。在用户选取 3 个相交的圆角曲面之后，系统立即打开如
图 3-110 所示的【三个圆角曲面熔接】对话框，同时按照默认设置产生一个 3 边形的熔接
曲面，如图 3-109（b）所示。这时，用户可以利用【三个圆角曲面熔接】对话框修改有关设
置，并且可以实时预览修改效果。如果选中该对话框的"6 边形"单选钮，则会产生如图
3-109（c）所示的 6 边形熔接曲面。

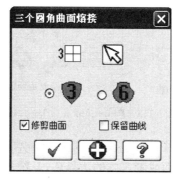

图 3-110　【三个圆角曲面熔接】对话框

在进行3个圆角曲面熔接时,系统会遵循相切原则自动计算熔接线的位置,无需用户指定。此外,在选取3个相交的圆角曲面时,选取顺序和选取点都可随意。

3.5 创建曲面曲线

曲面曲线又称作空间曲线。创建曲面曲线,就是从已有的曲面或者实体表面上提取用户所需的空间曲线。创建曲面曲线的命令包含在如图3-111所示的【绘图】→【曲面曲线】菜单中。

图3-111 【曲面曲线】菜单

1. 单一边界曲线

该命令用于在已有曲面或者实体的指定边界产生曲线,如图3-112所示。

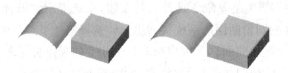

图3-112 曲面或实体的指定边界产生曲线

选择 Q 单一边界 菜单命令,显示如图3-113所示的【单一边界曲线】操作栏,系统提示:"选取曲面"。单击需要指定边界的曲面,在该曲面上会显示一个临时的箭头,将箭头移动到需要创建曲线的边界上,单击,该边界上立即产生一条新的曲线。

单一边界曲线　　　角度　　　适应圆弧和直线

图3-113 【单一边界曲线】操作栏

在【单一边界曲线】操作栏中,"终止角度"是指系统判断指定边界的终止点的角度。在用户指定需要创建曲线的曲面或者实体的边界后,系统沿着该边界的切线方向搜索和计算拐角大于或者等于终止角度的点,并且把该点作为该边界的终止点。

136

2. 所有边界曲线

该命令用于在指定曲面、实体面或者实体主体的所有边界产生曲线,如图 3-114 所示。

图 3-114 所有边界产生的曲线

选择 🐌 A 所有曲线边界 菜单命令,系统提示:"选取曲面,实体或实体面"。选取需要创建边界曲线的曲面、实体面或者实体主体,在完成选择之后,按【Enter】键,显示如图 3-115 所示的【所有边界曲线】操作栏,同时在指定图素的所有边界产生相应的曲线。

图 3-115 【所有边界曲线】操作栏

3. 缀面边线

该命令用于在已有曲面的指定位置沿着一个或者两个方向创建常数参数曲线,如图 3-116 所示。

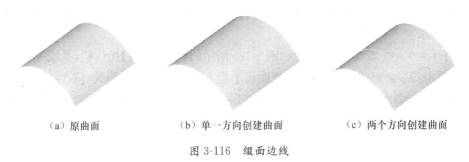

(a) 原曲面   (b) 单一方向创建曲面   (c) 两个方向创建曲面

图 3-116 缀面边线

选择 🐌 C 缀面边线 菜单命令,显示如图 3-117 所示的【缀面边线】操作栏,系统提示:"选取曲面"。单击需要创建曲线的曲面,在该曲面上会显示一个临时的箭头,将箭头移动到需要创建曲线的位置,单击,曲面上立即产生一条经过该位置的新的曲线。单击该操作栏的"切换"按钮,可以切换曲线走向,包括当前方向、另一方向和两个方向 3 个选项。

图 3-117 【缀面边线】操作栏

4. 曲面流线

该命令用于在已有曲面的指定流线方向创建曲线,如图 3-118 所示。

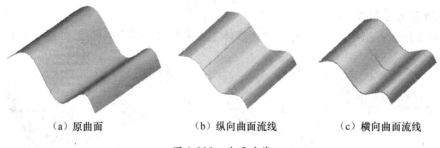

(a) 原曲面　　　　(b) 纵向曲面流线　　　　(c) 横向曲面流线

图 3-118　曲面流线

选择 ⬛ F 曲面流线 菜单命令,显示如图 3-119 所示的【曲面流线】操作栏,系统提示:"选取曲面"。单击需要创建流线曲线的曲面,系统立即按照默认设置产生若干条流线曲线。在【曲面流线】操作栏中,单击"切换"按钮,可以切换流线曲线的创建方向(横向或者纵向);选择一种"曲线数量"控制方式(【弦高】、【距离】或者【编号】),并且在右边的输入框输入相应的值,可以控制流线曲线的创建数量。其中,【编号】表示直接指定曲线的条数。

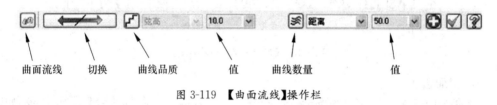

曲面流线　　切换　　曲线品质　　值　　曲线数量　　值

图 3-119　【曲面流线】操作栏

5. 动态绘线

该命令用于在已有曲面上动态地指定若干个点,创建一次经过这些点的曲面曲线,如图 3-120 所示。

选择 ⬛ D 动态绘线曲线 菜单命令,显示如图 3-121 所示的【动态曲线】操作栏,系统提示:"选取曲线"。单击需要创建曲线的曲面,在该曲面上会显示一个临时的箭头,依次将箭头移动到曲线需要经过的各个点位,单击,按【Enter】键结束,曲面上立即产生依次经过这些点的曲线。

动态绘线　弦高　误差值

图 3-120　动态绘线

图 3-121　【动态曲线】操作栏

6. 剖切线

该命令用于在临时定义的剖切平面与指定的曲面、实体表面或者曲线的相交处创建曲线或者点,如图 3-122 所示。

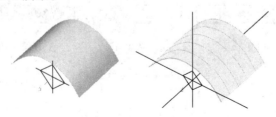

图 3-122　剖切线

选择 📎 ≥ 曲面剖切曲线 菜单命令,显示如图 3-123 所示的【分割曲线】操作栏,系统提示:"选取曲面或曲线,按【应用】键完成"。选取已有的曲面、实体主体、实体面或者曲线,按【Enter】键结束。系统按照默认设置产生相应的剖切线或者点。这时,用户可以利用【分割曲线】操作栏修改有关设置,并且可以实时预览修改效果。在达到满意效果之后,单击"应用"按钮,可以固定当前创建的曲线或者点,并回到命令的初始状态,以便继续创建其他曲线或者点;单击"确定"按钮,可以固定当前创建的曲线或者点,并结束命令。

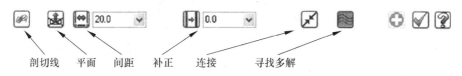

剖切线　平面　间距　补正　连接　　寻找多解

图 3-123　【分割曲线】操作栏

7. 曲面曲线

该命令用于将指定曲线(直线、圆弧、样条曲线等)转换成曲面曲线。

选择 🐾 Ⅴ 曲面曲线 菜单命令,系统提示:"选取曲线去转换为曲面曲线"。单击需要转换为曲面曲线的曲线,系统立即将其转换成曲面曲线,并且结束命令。

8. 分模曲线

该命令用于在当前构图平面与指定曲面或者实体表面的最大外轮廓相交处产生分模曲线,如图 3-124 所示。

图 3-124　分模曲线

选择 😀 P 创建分模线 菜单命令,显示如图 3-125 所示的【分模曲线】操作栏,系统提示:"设置构图平面,按'应用'键完成"。将当前构图平面设置为所需的视角平面,选取需要创建分模曲线的图素,按【Enter】键结束,相应的分模曲线即被创建出来。

分模曲线　曲线品质　值　分模角度

图 3-125　【分模曲线】操作栏

9. 曲面交线

此命令用于在两个(组)曲面或者实体表面的相交处产生曲线,如图 3-126 所示。

选择 🖌 Ⅰ 曲面交线 菜单命令,系统提示:"选取设置的第一曲面"。选取第一个(组)曲面、实体主体或者实体表面,按【Enter】键结束。系统接着提示:"选取设置的第二曲面"。选取第二个(组)曲面、实体主体或者实体表面,按【Enter】键结束。系统按照默认设置产生相应的交线,并且激活如图 3-127 所示的【曲线相交】操作栏。这时,用户可以利用【曲线相交】操作栏修改有关设置,并且可以实时预览修改效果。在达到满意效果之后,单击"应用"按钮,可以固定当前创建的曲线,并回到命令的初始状态,以便继续创建其他曲线;单击"确定"按钮,可以固定当前创建的曲线,并结束命令。

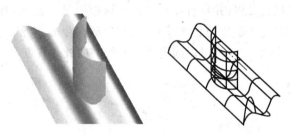

图 3-126 曲面交线

图 3-127 【曲线相交】操作栏

3.6 曲面造型项目

创建如图 3-128 所示线架模型,并利用它完成茶壶盖零件的曲面造型。

1. 建立图层

新建文件。在状态栏上单击【层别】按钮,打开【层别管理】对话框。建立如图 3-129 所示图层,并将编号为 1 的图层设置为当前层。单击"确定"按钮关闭对话框。

图 3-128 茶壶盖零件

图 3-129 【层别管理】对话框

2. 绘制旋转曲面的截面外形和扫描曲面的轨迹线

(1)在状态栏上,设置:屏幕视角——前视图;构图面——前视图。

(2)单击【绘图】工具栏上的按钮,显示【直线】操作栏。锁定该菜单栏的"连续线"按钮(其他按钮处于解锁状态)。在【自动抓点】操作栏中依次输入直线各个端点坐标(0,32,

0)、(0,0,0)、(60,0,0)、(60,10,0)、(65,10,0)、(65,15,0),然后按两次【Esc】键结束命令,如图 3-130 所示。

(3)单击【绘图】工具栏上的按钮,显示【两点画弧】操作栏。分别捕捉如图 3-131 所示的 A、B 两点,然后在该操作栏中输入圆弧半径 130,选取需要的解,按【Esc】键结束命令,结果如图 3-131 所示。

(4)单击【绘图】工具栏上的按钮,依次输入端点坐标(8,17,0)、(38,17,0),按两次【Esc】键结束,如图 3-132 所示。

(5)单击【绘图】工具栏上的按钮,显示【切弧】操作栏。锁定该操作栏的"动态切弧"按钮,单击上一步骤绘制的直线,将箭头移动到该直线的右端点,单击,然后输入圆弧另一端点的坐标(65,26,0),按【Esc】键结束,如图 3-133 所示。

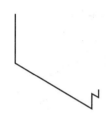
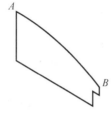
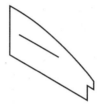
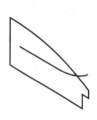

图 3-130 绘制直线　　图 3-131 绘制圆弧　　图 3-132 绘制直线　　图 3-133 绘制圆弧

3. 绘制扫描曲面的截面外形

(1)在状态栏上,设置:屏幕视角——等角视图;构图面——右视图;工作深度——8。

(2)单击【绘图】工具栏上的按钮,打开【矩形形状选项】对话框。在该对话框中,选中【基准点】单选钮,输入矩形宽度"20",高度"20",设置矩形下边重点为基准点,然后捕捉图中的 C 点,绘制出一个矩形,按【Esc】键结束,如图 3-134 所示。

(3)单击【绘图】工具栏上的按钮,显示【切弧】操作栏。锁定该操作栏的"三物体"按钮,依次单击矩形的 1、2、3 边,创建出跟它们公切的圆弧,按【Esc】键结束,如图 3-135 所示。

(4)单击【修剪/打断】工具栏上的"修剪/打断"按钮,显示【修剪/延伸/打断】操作栏。锁定该操作栏的"分割物体"按钮,依次在矩形的 1、3 边上需要各处的部分单击,按【Esc】结束,结果如图 3-136 所示。

(5)单击矩形的 2 边,按【Del】键将其删除,结果如图 3-137 所示。

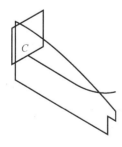

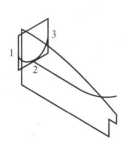
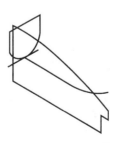
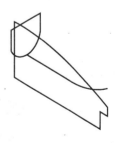

图 3-134 绘制矩形　　图 3-135 绘制切弧　　图 3-136 修剪/打断　　图 3-137 删除多余线

4. 创建平整曲面

(1)在状态栏上,设置:层别——2。

141

（2）单击【曲面】工具栏上的按钮，打开【串联选项】对话框。选取封闭曲线链 D→C→E→D，按【Enter】键，再按【Esc】键，结果如图 3-138 所示。

5. 创建扫描曲面

（1）单击【曲面】工具栏上的"扫描曲面"按钮，打开【串联选项】对话框。在该对话框中，单击"部分串联"按钮。选取开放曲线链 D→C→E（扫描截面外形），如图 3-139 所示，然后单击该对话框中的"确定"按钮。

（2）选取开放曲线链 C→F→G（扫描轨迹线），如图 3-140 所示，然后单击【串联选项】对话框中的"确定"按钮。

（3）在【扫描曲面】操作栏中，锁定"旋转"按钮，然后单击"确定"按钮，完成扫描曲面的创建，如图 3-141 所示。

 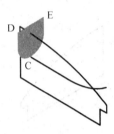 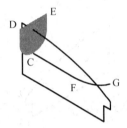 

图 3-138　平整曲面　图 3-139　扫描截面外形　图 3-140　扫描轨迹线　图 3-141　扫描曲面

6. 倒圆角（在平整曲面与扫描曲面之间）

单击【曲面】工具栏上的按钮，选取平整曲面作为第一组曲面，按【Enter】键结束；选取曲面作为第二组曲面，按【Enter】键结束，同时打开【两曲面倒圆角】对话框。在该对话框中，输入圆角半径"2"，选中【修整】复选框，必要时可以单击"切换正向"按钮，去更改曲面法向，在获得所需圆角曲面之后，单击"确定"按钮，结果如图 3-142 所示。

7. 镜像曲面

（1）在状态栏上，设置：构图面——前视图。

（2）单击【转换】工具栏上的"镜像"按钮，选取平整曲面、扫描曲面和圆角曲面作为源图素，按【Enter】键结束，打开【镜像】对话框。在该对话框中，设置镜像方式为【复制】，镜像轴为 Y 轴，单击"确定"按钮，结果如图 3-143 所示。

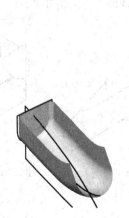 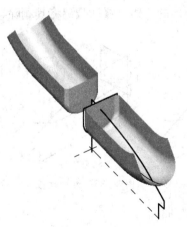

图 3-142　倒圆角　　　　　图 3-143　镜像曲面

142

（3）单击【屏幕】工具栏上行的"清除颜色"按钮。

8. 创建旋转曲面

（1）单击【曲面】工具栏上的"旋转曲面"按钮，打开【串联选项】对话框。在该对话框中，单击"部分串联"按钮。选取开放曲线链 J→K→L→M→B→A（旋转截面外形），如图 3-144 所示，然后单击该对话框中的"确定"按钮。

（2）选取直线 JA 为旋转轴，如图 3-145 所示。

（3）在【旋转曲面】操作栏中，输入起始角度"0"，终止角度"360"，单击"确定"，按钮，结果如图 3-146 所示。

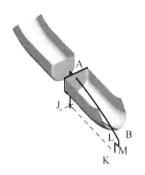  

图 3-144　选择旋转截面外形　　图 3-145　选择旋转轴　　　图 3-146　旋转曲面

9. 倒圆角（在旋转曲面与镜像曲面之间）

（1）单击【曲面】工具栏上的按钮，选取 AB 弧旋转所得曲面作为第一组曲面，按【Enter】键结束；选取镜像曲面（源曲面和结果曲面，共 6 个曲面）作为第二组曲面，按【Enter】键结束，同时打开【两曲面倒圆角】对话框。在该对话框中，输入圆角半径"1"，选中【修整】复选框，必要时可以单击"切换正向"按钮更改曲面法向，在获得所需圆角曲面之后，单击"确定"按钮，结果如图 3-147 所示。

（2）单击状态栏的【层别】按钮，打开【层别管理】对话框，清除图层 1 的【突显】选项，单击"确定"按钮，隐藏图层 1 上的线架模型，结果如图 3-148 所示。

图 3-147　倒圆角　　　　　　　　图 3-148　隐藏线架模型

本 章 小 结

本章主要讲述了线架模型和曲面模型的一般造型方法和步骤。在完成本章的学习之后,读者应该具备熟练构建三位线架模型和顺利完成中等复杂程度曲面造型的能力。

在学习本章时,需要重点掌握以下几点。

(1)构图平面、工作深度和屏幕视角的正确设置方法。

(2)直纹、举升、旋转、扫描、昆氏、牵引、挤出、平整等曲面创建命令。

(3)倒圆角、修整等曲面编辑命令。

(4)线架模型和曲面模型的一般造型方法和步骤。

创建线架模型、创建曲面和编辑曲面不是彼此孤立的,而是相互联系的。对于同一个曲面采用不同的构造方法,其线架模型可以是不同的;对于同一个线架模型,有时可以采用不同的方法去创建相同的或者不同的曲面;创建曲面与编辑曲面有时需要交替进行。

思考与练习

①绘制三维线框模型。

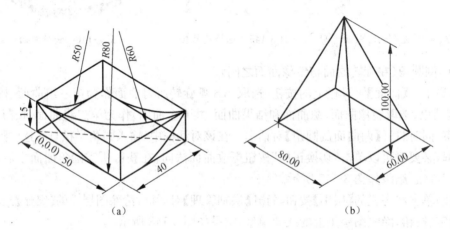

（a）　　　　　　　　　　　　　　　　（b）

图 3-149

②绘制直纹线架和直纹曲面。

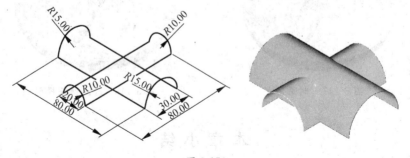

图 3-150

144

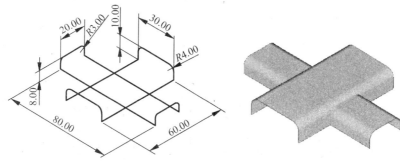

图 3-151

③绘制举升线架和举升曲面。

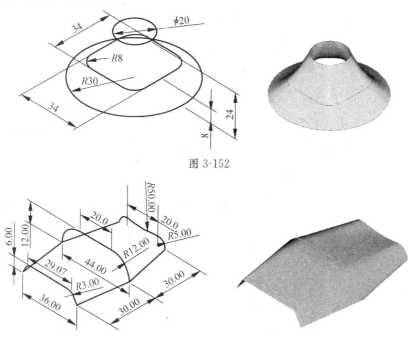

图 3-152

图 3-153

④绘制旋转线架和旋转曲面。

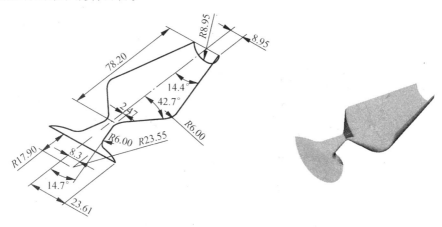

图 3-154

⑤绘制网状曲面线架和网状曲面。

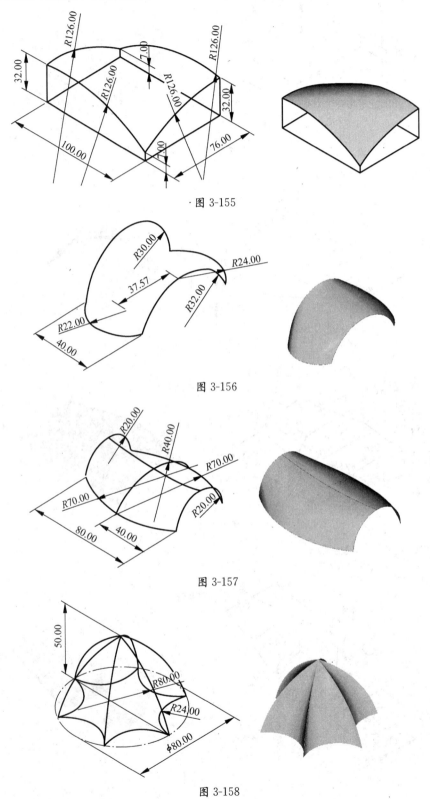

图 3-155

图 3-156

图 3-157

图 3-158

146

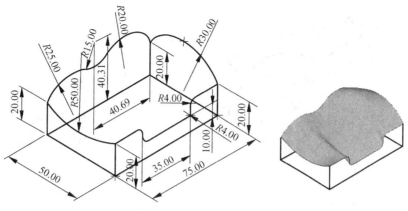

图 3-159

⑥绘制扫描线架和扫描曲面。

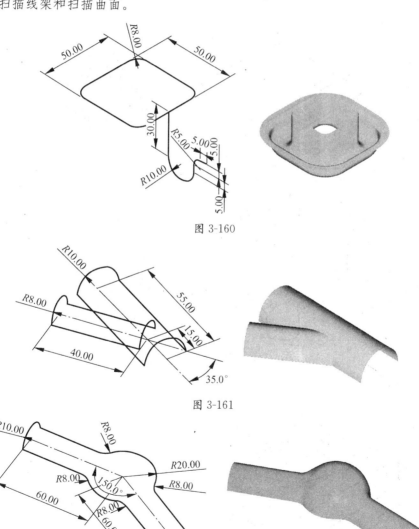

图 3-160

图 3-161

图 3-162

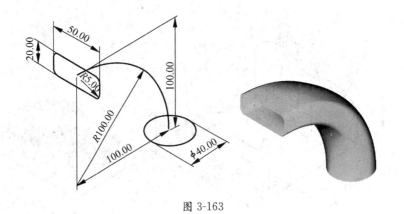

图 3-163

⑦绘制牵引曲面。

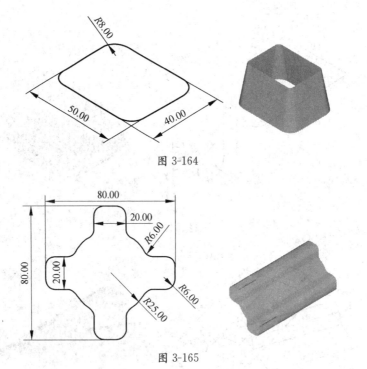

图 3-164

图 3-165

⑧平面修整面建模。

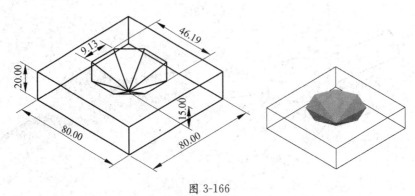

图 3-166

148

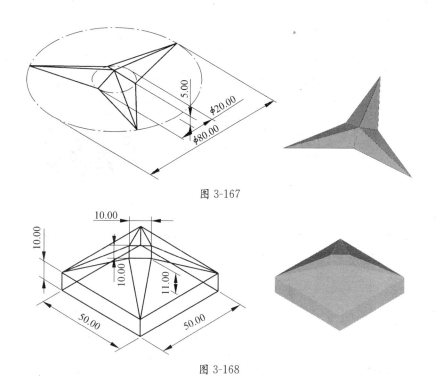

图 3-167

图 3-168

⑨曲面综合建模。

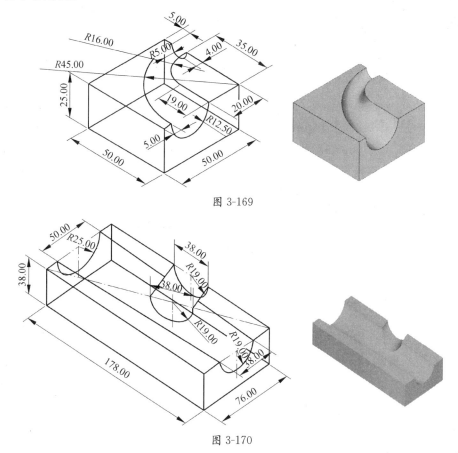

图 3-169

图 3-170

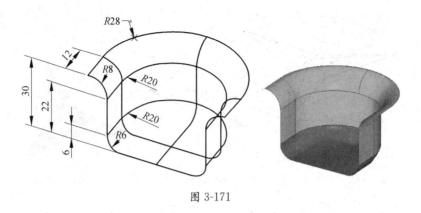

图 3-171

⑩构建图 3-172 所示的电话机听筒曲面模型,用于生成曲面的线框模型如图 3-173、图 3-174 和图 3-175 所示。

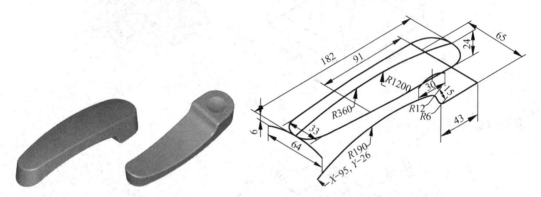

图 3-172 电话机听筒曲面模型　　　图 3-173 电话机听筒线框模型(等角视图)

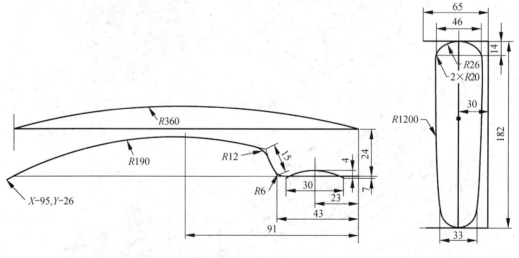

图 3-174 电话机听筒线框模型(侧视图)　　　图 3-175 电话机听筒线框模型(俯视图)

150

第4章 实体造型

实体模型是对真实产品最直观的写照。它不仅反映了产品的三维几何形状,而且具有体积、质量、重心、惯性矩等物理特性。用户可以对它进行消隐、着色、渲染、剖切、装配、分析、计算、加工等处理。

MasterCAM X⁴ 提供了强大的实体造型功能,并且可以利用实体模型生成工程图。本章将介绍实体的创建方法,如挤出、旋转、扫描、举升等;介绍实体的编辑方法,如布尔运算、倒圆角、倒角、抽壳、修剪、加厚、移除面、牵引面等;介绍实体的组织管理,如更改实体的几何参数,更改实体的造型顺序,插入或删除某项造型操作等;介绍生成工程图的方法;最后通过一个典型事例来说明实体造型的一般思路和方法。

创建实体、编辑实体和生成工程图的操作命令主要包含在如图 4-1 所示的【绘图】工具栏,图 4-2【实体】工具栏和图 4-3 所示的【实体】菜单中。

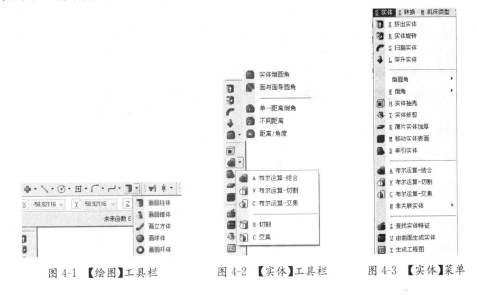

图 4-1 【绘图】工具栏   图 4-2 【实体】工具栏   图 4-3 【实体】菜单

4.1 创 建 实 体

MasterCAM X⁴ 主要通过以下 4 种方法来创建实体。

(1)利用 MasterCAM X⁴ 预定义的规则集合形体来创建基本实体——圆柱体、圆锥体、立方体、球体和圆环体。

(2)利用线架模型,通过挤出、旋转、扫描、举升等方法来创建实体。

(3)利用曲面模型生成实体。

(4)导入其他应用程序(如 Parasolid、Solidwords、Pro/Engineer 等)创建的实体。这里只介绍前 3 种方法。

4.1.1 创建基本实体

这里介绍的基本实体是指圆柱体、圆锥体、立方体、球体和圆环体。在前面讲述创建基本曲面中我们已经知道，同一类型的基本实体与基本曲面使用同一个创建命令，打开同一对话框，创建方法也相同。用户只需在相应对话框中选中【实体】单选钮即可绘制实体。例如，打开用于绘制圆柱体和圆柱面的【圆柱状】对话框，选中其中【实体】单选框即可绘制圆柱体，否则将绘制圆柱面。由于这些命令及其对话框在前面介绍基本曲面时已有详述，因此，这里不再赘述，读者完全可以参照前面有关内容去进行学习。

4.1.2 挤出实体

挤出实体是指将用户选定的一个或多个曲线链，按照指定的方向和距离进行挤出，生成一个或多个实心实体或薄壁实体的实体创建方法。

选择 挤出实体 菜单命令或工具按钮，显示【串联选项】对话框，系统提示："选取挤出的串联图素 1"。用户在绘图区选取一个或多个曲线链之后，单击【串联选项】对话框中的"确定"按钮，打开如图 4-4 所示的【实体挤出的设置】对话框（包括【挤出】和【薄壁设置】两个选项卡）。在该对话框中，输入本次挤出操作的命令，选择挤出（挤出）操作的方式，按需设置挤出（挤出）距离和方向（在曲线链上显示的箭头表示挤出方向，如果该方向不符合要求，用户可以选中【更改方向】复选框进行反向挤出，也可以单击【重新选取】按钮指定其他方向进行挤出）、拔模角度、壁厚等参数，最后单击"确定"按钮，即可创建出一个或多个实心实体或薄壁实体，如图 4-5 所示。

（a）【挤出】选项卡

（b）【薄壁设置】选项卡

图 4-4　所示的【实体挤出的设置】对话框（包括两个选项卡）

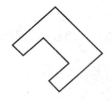
（a）封闭曲线轮廓

（b）不拔模实心实体

（c）朝外拔模10°实心实体　　（d）不拔模薄壁（朝外20）实体

图 4-5　挤出实体

【实体挤出的设置】对话框中部分选项或参数说明如下。

(1)【建立实体】单选钮:选中此项,则本次操作将创建一个或者多个新的各自独立的实体。本次操作便是这个或这些实体各自的第一操作(也称作基础操作)。当选取的曲线链只有一个时,只能创建一个实体;当选取的曲线链多于一个时,可以创建一个实体,也可以创建多个实体,这主要取决于曲线链之间的相对位置,如图4-6所示。此外,在一个图形文件里,可以分批次创建若干个各自独立的实体,若本次操作时本图形文件的首次实体创建操作,则【创建实体】选项是默认必选项。

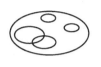　　　　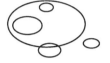

　　　(a)5个曲线链生成一个实体　　　　　　　(b)5个曲线链生成三个实体

图4-6　建立实体

(2)【切除实体】单选钮:选中此项,则将在一个已有实体上切除本次操作生成的一个或多个实体,机器内部将进行"减运算"。这个已有实体成为本次操作的"实体目标",这次操作生成的实体成为本次操作的"工具实体"。本次操作就是在目标实体上减去工具实体,从而得到一个被切割后的"结果实体",如图4-7所示。

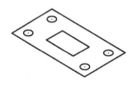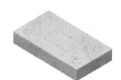

图4-7　切除实体

(3)【增加突缘】单选钮:选中此项,则将在一个目标实体上增减本次操作生成的一个或者多个工具实体,机器内部将进行"加运算",从而得到一个带有突缘的"结果实体",如图4-8所示。注意:这种操作方式要求目标实体与工具实体之间在位置上有相交或相切关系,否则操作不成功。

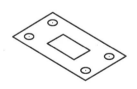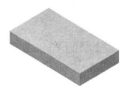

图4-8　增加突缘

提示:

【切除实体】和【增加突缘】两种操作方式只有在图形中至少已有一个可见实体的前提下才有效。如果图形中只有一个可见的已有实体,则该实体为默认的目标实体;如果图形中有多个可见的已有实体,则系统将提示用户选取其中的一个作为目标实体,只有在用户选取一个目标实体后,这两种操作才能完成。

对于一个实体来说,【建立实体】这一步操作是该实体的第一操作,也称为基础操作。基础操作所得到的是这个实体的"基体"。以"基体"为挤出所做的后续操作,例如【切除实体】、【增加突缘】以及后面将要介绍的布尔运算和编辑操作等,都是这个实体的附加操作。一个复杂的实体,一般需要经过一个基础操作和一个或多个附加操作才能建成。获得"基体"的途径除了挤出、旋转、扫描、举升等命令里的【建立实体】操作外,还有创建基本实体、利用曲面模型生成实体等操作。

(4)【合并操作】复选框:该选项只有在【切除实体】或【增加突缘】操作方式被选中时才有效。选中该项,则无论本次操作包含多少个曲线链,都只被当作一个附加操作;否则,包含多少个曲线链,本次操作就被当作多少个附加操作。这可以从实体的树状结构图看出来(参见本章 4.3 节)。

(5)【拔模角】复选框及【角度】输入框:选中【拔模角】复选框则可以在【角度】输入框输入拔模角度,从而使挤出来的实体在挤出方向上具有拔模斜度,如图 4-5(c)所示。

(6)【朝外】复选框:选中该复选框,则拔模斜度朝外,即挤出来的实体的截面外形沿挤出方向增大,当前曲线链是该实体的最小外形,如图 4-5(c)所示。清除该复选框,则拔模斜度朝内。该复选框在【拔模角】复选框被选中时才有效。

(7)【按指定的距离延伸】单选钮及【距离】输入框:用于直接指定挤出距离。

(8)【全部贯穿】单选钮:用于直接设定挤出距离,即沿挤出方向完全穿过目标实体并剪切材料,如图 4-9(c)所示。它只在【切除实体】选项被选中时有效。

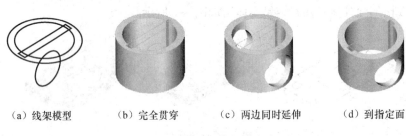

| (a) 线架模型 | (b) 完全贯穿 | (c) 两边同时延伸 | (d) 到指定面 |

图 4-9　不同深度切割主体

(9)【延伸到指定点】单选钮:用于简单设定挤出距离,即实体挤出至指定的点。

(10)【按指定的向量】单选钮及其输入钮:用于以矢量坐标的形式来定义挤出的方向和距离。

(11)【重新选取】按钮:单击该按钮,显示如图 4-10 所示的【实体串联方向】操作栏。利用该操作栏可以重新指定挤出方向。

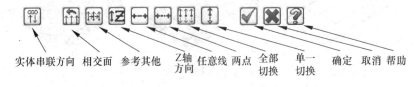

实体串联方向　相交面　参考其他　Z轴方向　任意线　两点　全部切换　单一切换　确定　取消　帮助

图 4-10　【实体串联方向】操作栏

(12)【修剪到指定的曲面】复选框:用于将【切除实体】或【增加突缘】操作所生成的工具实体修剪至目标实体上的选定面,如图 4-9(d)所示。该选项只有在【切除实体】或【增加突缘】选项被选中时才有效,并且指定的挤出距离要足够大才有可能操作成功。

（13）【更改方向】复选框：用于切换挤出方向。

（14）【两边同时延伸】复选框：用于在指定挤出方向的正反两个方向同时进行挤出，总挤出距离等于指定距离的两倍，如图 4-9（b）所示。

（15）【双向拔模】复选框：用于以曲线链所在平面为对称面，按照指定的拔模角度，沿着指定的挤出方向的正反两个方向同时进行拔模。该选项只有在【两边同时延伸】和【拔模角】两个选项均被选中时才有效。

（16）【薄壁实体】复选框：选中此项，可以激活本对话框中有关薄壁实体的设置选项，从而生成用户所需要的薄壁实体。当选定的曲线链为封闭的串联时，选中此项，生成薄壁实体，否则生成实心实体（见图 4-5）；当选定的曲线链为开放的串联时，只能生成薄壁实体，必须选中此项，否则操作不能成功。

（17）【厚度朝内】单选钮及【朝内的厚度】输入框：用于设定薄壁实体的壁厚，即以本次操作的曲线链为界向内增加或切除材料的厚度。

（18）【厚度朝外】单选钮及【朝外的厚度】输入框：用于设定薄壁实体的壁厚，即以本次操作的曲线链为界向外增加或切除材料的厚度。当曲线链为封闭的串联时，系统能自动判断内外方向；当曲线链为开放的串联时，需要用户指定内向或外向。

（19）【内外同时产生薄壁】单选钮：用于设定薄壁实体的壁厚，即为"朝内的厚度"与"朝外的厚度"之和。

（20）【开放轮廓的两端同时产生拔模角】复选框：用于将开放的曲线链的两个端点在挤出薄壁实体时生成的表面同时进行拔模，如图 4-11（c）所示。该选项只有在曲线链是开放的串联，且【拔模角】和【薄壁实体】两个复选框同时被选中时才有效。

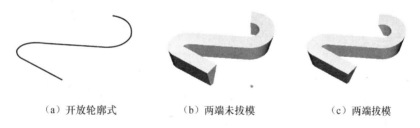

（a）开放轮廓式　　　　　（b）两端未拔模　　　　　（c）两端拔模

图 4-11　开放的曲线链挤出薄壁实体

4.1.3　旋转实体

旋转实体是将用户选定的一个或者多个共面的曲线链，按照指定的旋转方向、起始角度和终止角度，绕指定的轴线旋转，生成一个或多个实心实体或薄壁实体的实体创建方法。

选择 ⬢ R 实体旋转 菜单命令或工具按钮，显示【串联选项】对话框，系统提示："选取旋转的串联图素 1"。用户在绘图区选取一个或多个曲线链之后，单击【串联选项】对话框中的"确定"按钮关闭该对话框。系统接着提示："请选一直线作为参考轴…"。在用户选取一条已有直线作为旋转轴线后，显示如图 4-12 所示的【方向】对话框，同时在被选直线上靠近选择点一端出现一个代表旋转方向的圆和箭头。利用该对话框可以重选轴线或者切换旋转方向。单击其中的"确定"按钮，接着打开如图 4-13 所示的【旋转实体的设置】对话框

（包括【旋转】和【薄壁设置】两个选项卡）。在该对话框中，输入本次旋转操作的名称，选择旋转操作的方式，按需设置起始角度、终止角度、壁厚等参数，必要时还可选中该对话框中的【换向】复选框进行反向旋转，或者单击该对话框中的【重新选取】按钮重定轴线和旋转方向，最后单击"确定"按钮，即可创建出一个或多个实心实体或薄壁实体，如图 4-14所示。

图 4-12　【方向】对话框　　　图 4-13　【旋转实体的设置】对话框　　　图 4-14　薄壁设置对话框

对于【旋转实体的设置】对话框中【旋转操作】各选项、【薄壁设置】各选项及其参数，用户可以参照【实体挤出的设置】对话框的相应选项和参数进行设置。

与挤出实体类似，封闭的曲线链可以生成实心旋转体，也可以生成薄壁旋转体；开放的曲线链只能生成薄壁旋转体。

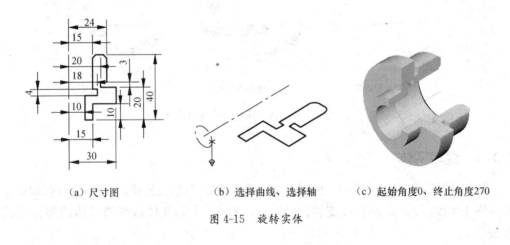

（a）尺寸图　　　　　　　（b）选择曲线、选择轴　　　　　（c）起始角度0、终止角度270

图 4-15　旋转实体

4.1.4　扫描实体

扫描实体是指将用户指定的一个或者多个共面且封闭的曲线链（扫描截面）沿着用户选定的另一个封闭或者开放的曲线链（扫描路径）进行平移或旋转，生成一个或者多个实心实体的实体创建方法。

选择 📦 ⓢ 扫描实体 菜单项或工具按钮，显示【串联选项】对话框，系统提示："请选取要

156

扫描的串联图素 1"。用户在绘图区选取一个或者多个共面且封闭的曲线链（扫描截面）之后，单击【串联选项】对话框中的"确定"按钮，完成扫描截面的选择。接着，系统再次打开【串联选项】对话框，并且提示："请选择扫描路径的串联图素 1"。在用户选取另外一个封闭或者开放的曲线链（扫描路径）后，打开如图 4-16 所示的【扫描实体的设置】对话框。在该对话框中，输入本次扫描操作的名称，选择扫描操作的方式，然后单击"确定"按钮，即可创建出一个或者多个实心实体，如图 4-17 所示。

图 4-16　【扫描实体的设置】对话框

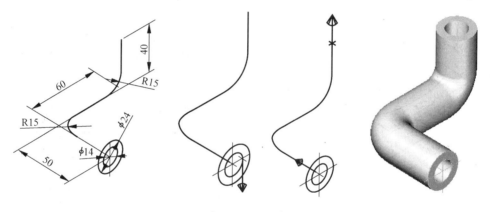

图 4-17　扫描实体

对于【扫描实体的设置】对话框中【扫描操作】各选项，用户可以参照【实体挤出的设置】对话框的相应选项进行设置。

在同一次扫描操作中，可以选取一个或者多个截面曲线链，但它们必须是各自封闭的，并且必须位于同一平面，否则操作不能成功；而选择扫描路径时则只能选取一个曲线链，该曲线链可以是封闭的，也可以是开放的，还可以是三维的。

4.1.5　举升实体

举升实体是将用户选定的两个或者两个以上封闭曲线链，按照它们被选择的次序，采用光滑的或直线的方式进行熔接，生成一个实心实体的实体创建方法。

选择 ↓ L 举升实体 菜单命令或工具按钮，显示【串联选项】对话框，系统："举升曲面：定义外形 1"。用户在绘图区依次选取两个或者两个以上封闭的曲线链之后，单击【串联选项】对话框中的"确定"按钮，打开如图 4-18 所示的【举升实体的设置】对话框。在该对话框

157

中,输入本次举升操作的名称,选择放样(举升)操作的方式,指定曲线链之间的熔接方式,然后单击"确定"按钮,即可创建出一个实心实体,如图4-19所示。当该对话框中【以直纹方式产生实体】复选框被选中时,曲线链之间按照被选择的次序采用直线方式进行熔接,生成如图4-19(c)所示的直纹实体,否则曲线链之间按照被选择的次序采用光滑过渡方式进行熔接,生成如图4-19(d)所示的光滑实体。

图 4-18 【举升实体的设置】对话框

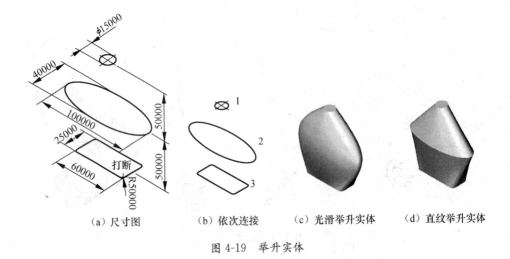

（a）尺寸图　　　（b）依次连接　　　（c）光滑举升实体　　　（d）直纹举升实体

图 4-19 举升实体

在选取举升实体所需曲线链时,必须满足下列条件。

(1)尽管各个曲线链之间不必共面,但是每一个曲线链本身的成分曲线必须共面。

(2)每一个曲线链必须是封闭的。

(3)每一个曲线链不能自相交。

(4)所有曲线链必须保持相同的串联方向。

(5)在同一次举升操作中,每一个曲线链只能选取一次,不能重复选取。

另外,在选取举升实体所需的曲线链时,应注意使各个曲线链的串联起点对齐,否则将生成扭曲的实体。如果某个曲线链在对应的位置不是线段端点,应该事先将该线段在该位置打断,使该位置成为线段端点,从而使该位置能成为串联起点。如图4-19(a)所示,将矩形右边直线在其中点处打断,就是为了使其串联起点能够与另外两个曲线链(椭圆和圆)的串联起点对齐。

4.1.6　由曲面生成实体

由曲面生成实体是指利用已有的一个或者多个曲面生成一个或者多个实心实体或薄片实体的实体创建方法。

从外观上看，为加厚的薄片实体跟曲面一样，没有厚度。但是，用户可以用后面将要介绍的【加厚】命令给薄片实体增加厚度，使其变成薄壁实体，而曲面则不能直接加厚。

一般来说，开放的曲面生成薄片实体，封闭的曲面生成实心实体。如果指定了多个开放的曲面，并且其边界之间的间隙在指定的误差范围之内，则它们可以缝合成一个实心实体。

选择  菜单命令或工具按钮，显示如图 4-20 所示的【曲面转为实体】对话框。该对话框中，各选项的说明如下。

图 4-20　【曲面转为实体】对话框

（1）【使用所有可以看见的曲面】复选框：用于系统自动获取图形中所有可以看见的曲面去生成实体，若该复选框被清空，则要求用户手动选取生成实体所需要的曲面。

（2）【边界误差】输入框：用于输入需要缝合的曲面之间的最大允许边界间隙。

（3）【保留】、【隐藏】、【删除】单选钮：用于指定原始曲面的处理方式。

（4）【使用当前图层】复选框：用于使用当前构图图层去放置实体，若该复选框被清空，则可以在【图层编号】输入框中输入用于放置实体的图层的编号，或者单击【选择】按钮，在【层别】对话框中选取一个用于放置实体的图层。

在完成有关设置之后单击"确定"按钮。这时，若【使用所有可以看见的曲面】复选框是选中的，并且这些曲面可以生成实心实体，则马上生成实心实体并结束命令；若【使用所有可以看见的曲面】复选框是清空的，则要求用户手动选取有关曲面。若用户选取的曲面可以生成实心实体，则在用户完成曲面选取并按下【Enter】键之后生成实心实体并结束命令。

在上述两种操作中，若不能完成实心实体，只能生成薄壁实体，则需要用户在如图 4-21 所示的确认框中进行确认之后才会结束命令。其中，单击【是】按钮，将会在生成薄片实体的同时按照用户指定的颜色在该薄片实体的开放边界绘制边界曲线，如图 4-22 所示；单击【否】按钮，则只生成薄片实体而不绘制边界曲线。

图 4-21　确认框

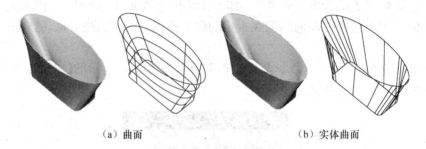

（a）曲面　　　　　　　　　　　　（b）实体曲面

图 4-22　曲面转为实体

4.2　编 辑 实 体

编辑实体主要包括两个方面的内容,一个是对已有实体的参数、几何、属性、操作次序等方面的修改,这部分内容将在 4.3 节中进行介绍;另一个是对已有实体追加附加操作,如布尔运算、倒圆角、倒角、抽壳、修剪、加厚、移除面、牵引面(拔模)等,从而得到更复杂更完善的实体,满足加工、装配等工艺要求。本节介绍的是后者。

4.2.1　布尔运算

在同一 MasterCAM X⁴ 图形文件中,可以存在多个彼此独立的实体。利用布尔运算可以将这些实体全部(或者部分)组合起来,构成更复杂的实体。

实体布尔运算包括关联尔运算和非关联布尔运算。关联布尔运算包括结合(相加)、切割(相减)、交集三种运算。非关联布尔运算只包括切割(相减)、交集两种运算。不管哪一种运算,都要求用户首先选取一个已有实体作为目标实体,然后选取另一个或者多个已有实体作为工具实体。其不同之处在于,关联布尔运算的结果是在目标实体上追加相应的布尔运算操作,使原本彼此独立的若干个工具实体组合到原来也是独立的目标实体上,形成相互关联的一个整体,原有的目标实体被“继承”下来,但其“内涵”已经得到扩充,而原有的工具实体则被自动删除,其操作记录保留在目标实体的操作记录中;非关联布尔运算的结果则是利用目标实体和工具实体去创建一个没有操作记录的新实体,原有的目标实体和工具实体可以保留也可以删除。

提示:

在执行布尔运算时,第一个被选取的实体就是目标实体,它只有一个,后续选取的都是工具实体,它可以是一个或者多个。

不管原有的目标实体和原有的工具实体属性(颜色、图层)是否相同,进行关联布尔运算后的“结果”实体都保持原有的目标实体的属性,而进行非关联布尔运算后的“结果”实体则具有当前的构图属性。

1. 布尔运算-结合

该命令用于将工具实体"兼并"到目标实体上,使目标实体"增加材料"。

选择 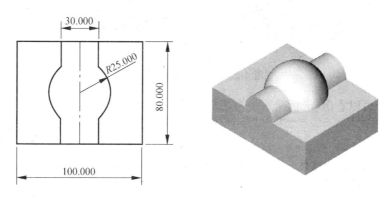 布尔运算-结合 菜单命令或工具按钮,系统提示:"请选取要布尔运算的目标实体"。选取一个实体。系统接着提示:"请选取要布尔运算的工件实体"。选取另一个或者多个实体,然后按【Enter】键,完成结合运算,如图 4-23 所示。

图 4-23 布尔运算-结合

从图 4-23 可以看出,进行结合运算之前,3 个实体(长方体、球体、圆柱体)是彼此独立的,虽然它们在位置上相交,但是并没有形成相贯线。进行结合运算之后,3 个实体组合成了 1 个实体,形成了相贯线。

提示:

参与"结合"运算的目标实体与工具实体必须在位置上相交或相切,否则操作不能成功。

2. 布尔运算-切割

该命令用于从目标实体上"切除"工具实体所占有的部分,使目标实体"减少材料"。

选择 布尔运算-切割 菜单项或工具按钮,系统提示:"请选取要布尔运算的目标实体"。选取一个实体。系统接着提示:"请选取要布尔运算的工件实体"。选取另一或者多个实体,然后按【Enter】键,完成切割运算,如图 4-24 所示。

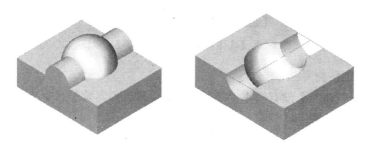

图 4-24 布尔运算-切割

从图 4-23 可以看出,进行切割运算之后,3 个实体组合成了 1 个实体,形成了截交线。

3. 布尔运算-交集

该命令用于将目标实体上与工具实体重叠的部分"独立"出来,舍弃目标实体上的其余部分,使目标实体"减少材料"。

选择 布尔运算-交集 菜单项或工具按钮,系统提示:"请选取要布尔运算的目标实体"。

选择一个实体。系统接着提示："请选取要布尔运算的工件实体"。选取另一或者多个实体，然后按下键盘上的【Enter】键，完成交集运算，如图4-25所示。

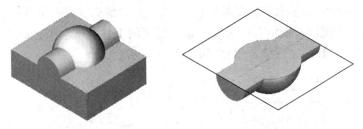

图4-25　布尔运算-交集

从图4-25可以看出，进行交集运算之后，3个实体组合成了1个实体，形成了截交线或相贯线。

提示：
参与"交集"运算的目标实体与工具实体必须在位置上相交，否则操作不能成功。

4. 非关联实体-切割

该命令用于创建一个没有操作记录的新实体，该新实体等于将目标实体减去它与工具实体相交的部分后剩余的部分。

选择 N 非关联实体 菜单项或工具按钮，系统提示："请选取要布尔运算的目标实体"。选取一个实体。系统接着提示："请选取要布尔运算的工件实体"。选取另一个或者多个实体，然后按【Enter】键，系统打开如图4-26所示的【实体非关联的布尔运算】对话框。用户在该对话框中根据需要进行选择后单击"确定"按钮，即可完成非关联实体切割运算。

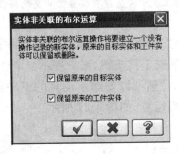

图4-26　【实体非关联的布尔运算】对话框

5. 非关联实体-交集

该命令用于创建一个没有操作记录的新实体，该新实体等于目标实体与工具实体的重叠部分。

4.2.2　倒圆角

MasterCAM X⁴提供了两种实体倒圆角的方式，一种是实体边界倒圆角方式，简称倒圆角；另一种是实体表面-表面倒圆角方式。

1. 倒圆角

该命令用于在实体的指定边上产生固定半径或者变化半径的过渡圆角。

选择 g 实体倒圆角 菜单命令或工具按钮，系统提示："请选取要倒圆角的图素"。用户

162

根据需要选取若干条实体边、若干个实体表面或者若干个实体,然后按【Enter】键,系统打开如图 4-27 所示的【实体倒圆角参数】对话框。用户在该对话框中进行有关设置后单击"确定"按钮,即可生成所需的过渡圆角,如图 4-28 所示。

图 4-27 【实体倒圆角参数】对话框

　(a) 原实体　　　(b) 体倒圆角 R=2　　　(c) 面倒圆角 R=2　　　(d) 边倒圆角 R=2　　(e) 变半径倒圆角 R=2 和 5

图 4-28　实体倒圆角

在选取需要倒圆角的图素时,如果选取的是实体主体,则将在该实体的所有边上产生固定半径的过渡圆角,如图 4-28(b)所示;如果选取的是实体表面,则将在该表面的所有边上产生固定半径的过渡圆角,如图 4-28(c)所示;如果选取的是实体边,则将在该边上产生固定半径或者变化半径的过渡圆角,如图 4-28(d)、(e)所示;如果要产生变化半径的过渡圆角,则在被选图素中只能包含实体边,不能包含实体主体或者实体表面。

提示:

在编辑实体时,选择不同类型的图素可能导致不同的剪辑结果。因此用户要注意辨别当前所捕捉图素的类型。当鼠标移动到实体的不同位置时,在鼠标指针旁边显示代表不同图素类型的图案。表示当前捕捉的图素是实体的主体,表示当前捕捉的图素是实体的表面,表示当前捕捉的图素是实体的边。必要时可以通过锁定或释放【普通选项】工具栏的有关按钮(选择边界、选择实体面、选择主体)来达到专选或不选某类图素的目的。

【实体倒圆角参数】对话框的部分选项或参数说明如下:

(1)【固定半径】单选钮:选中此项,系统以固定半径的方式生成过渡圆角。

(2)【变化半径】单选钮:选中此项,系统以变化半径的方式生成过渡圆角。

(3)【线性】单选钮:选中此项,圆角半径呈线性变化。该选项只有在【变化半径】单选钮被选中时才有效。

(4)【平滑】单选钮:选中此项,圆角半径呈平滑变化。该选项只有在【变化半径】单选钮被选中时才有效。

(5)【半径】输入框:用于输入圆角半径值。

(6)"边界列表"框：该列表框只有在【变化半径】单选钮被选中时才有效，列表中列出了本次操作需要倒圆角的所有边界。单击其中某个边界（如"边界1"）左侧的"＋"号，可以显示该边界上所有的圆角半径参考点，包括顶点（边的端点）和内部点（在边两端点之间插入的其他点）。单击其中某个半径参考点，【半径】输入框将显示该点对应的圆角半径，同时在绘图区亮显该点位置。此时，用户可以在【半径】输入框输入新的半径值修改该点的圆角半径。

(7)【编辑】按钮：该按钮只有在【变化半径】单选钮被选中时才有效。单击该按钮，显示如图4-29所示的变化半径圆角"编辑"菜单。其中，【动态插入】用于在所选边上动态地插入圆角半径参考点，并输入该点的圆角半径；【中点插入】用于在所选边上已有的两个半径参考点之间的中点位置插入一个新的半径参考点，并输入该点的圆角半径；【修改位置】用于将某个已有的内部点动态地移动到新的位置上；【修改半径】用于修改选定参考点的圆角半径；【移除】用于将选定的内部点移除；【循环】用于依次修改或确认系统自动激活并亮显的各个半径参考点的圆角半径。

动态插入
中点插入
修改位置
修改半径
移动
————
循环

图 4-29　变化半径圆角"编辑"菜单

(8)【超出的处理】下拉列表：该列表有3个选项，用于设置当过渡圆角超出它所连接的实体表面的边界时的处理方式。选用其中的"保持熔接"选项，系统将尽可能保持圆角表面及其原有的相切条件，而溢出表面可能因此发生修剪或延伸，如图4-30(b)所示；选用其中的"保持边界"选项，系统将尽可能保持溢出表面的边，而圆角曲面在溢出区域可能因此不与溢出表面相切，如图4-30(c)所示；选用其中的"默认"选项，系统将根据圆角的实际情况，自动从上述两种处理方式中选择一种，以获得最佳效果，如图4-30(d)所示。一般采用"默认"选项，以便获得最理想的处理结果。

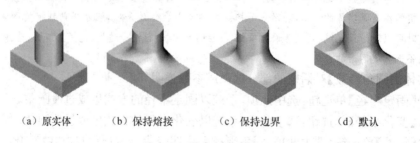

(a) 原实体　　　(b) 保持熔接　　　(c) 保持边界　　　(d) 默认

图 4-30　圆角超出的处理

(9)【角落斜接】复选框：选中此项，将在3条或3条以上的圆角边的交汇点产生斜接的棱角，如图4-31(b)所示；否则，将在该交汇点产生光滑的过渡表面，如图4-31(c)所示。该选项只有在【固定半径】单选钮被选中时才有效。

（a）原实体　　　　　　（b）角落斜接　　　　　　（c）角落不斜接

图 4-31　角落斜接和角落不斜接对比

（10）【沿切线边界延伸】复选框：选中此项，则在倒圆角时将从所选边开始沿着串联的一系列相切边延伸圆角，直到到达不相切边为止，如图 4-32(b)所示；否则，只在所选边上进行倒圆角，如图 4-32(c)所示。

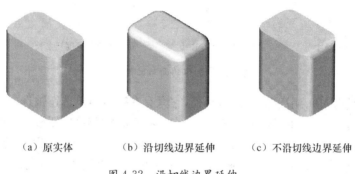

（a）原实体　　　　　　（b）沿切线边界延伸　　　　　　（c）不沿切线边界延伸

图 4-32　沿切线边界延伸

2. 实体表面-表面倒圆角

该命令用于在选定的两个或两组实体表面之间采用固定半径、固定弦长或者控制线方式产生过渡圆角。

选择  A 面与面导圆角 菜单命令或工具按钮，系统提示："选择执行面与面倒圆角的第一个面/第一组面"。选取第一个或者第一组实体表面，然后按【Enter】键。系统接着提示："选择执行面与面倒圆角的第二个面/第二组面"。选取第二个或者第二组实体表面，然后按【Enter】键，系统打开如图 4-33 所示的【实体的面与面倒圆角参数】对话框。利用该对话框进行有关设置，然后单击"确定"按钮，即可在实体的面与面之间产生过渡圆角。

图 4-33　【实体的面与面倒圆角参数】对话框

【实体的面与面倒圆角参数】对话框中部分选项的功能如下。

(1)【半径】单选钮:选中此项,系统以固定半径(弦长可能变化)方式生成"面——面"过渡圆角,如图 4-34(b)所示。

(2)【宽度】单选钮:选中此项,系统以固定弦长(半径可能变化)方式生成"面——面"过渡圆角,如图 4-34(c)所示。

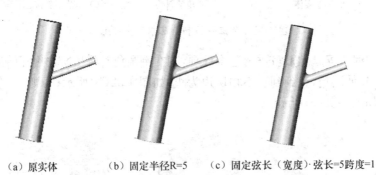

(a)原实体   (b)固定半径R=5   (c)固定弦长(宽度)·弦长=5跨度=1

图 4-34　实体的面与面倒圆角

(3)【半径】输入框:用于输入圆角半径,它只有在【半径】单选钮被选中时才有效。

(4)【宽度】输入框:用于输入圆角弦长,它只有在【宽度】单选钮被选中时才有效。

(5)【两方向的跨度】输入框:用于输入弦长分配比例,它只有在【宽度】单选钮被选中时才有效。系统将指定的弦长分别分配给圆角所连接的两个(组)表面,分配给第二个(组)表面的弦长与分配给第一个(组)表面的弦长之比就是弦长分配比例,简称配比。不同的配比对应不同的"面—面"圆角效果,如图 4-35 所示。

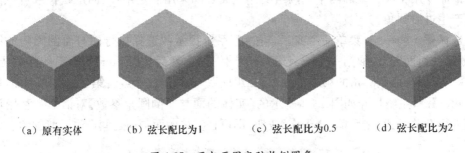

(a)原有实体   (b)弦长配比为1   (c)弦长配比为0.5   (d)弦长配比为2

图 4-35　面与面固定弦长倒圆角

(6)【控制线】单选钮:选中此项,系统以控制线方式生成"面——面"过渡圆角,即以用户选定的单向或者双向控制线(必须是实体边)作为过渡圆角的边,根据控制线的变化自动控制圆角半径或者弦长的变化,生成规则或者不规则的"面——面"过渡圆角,如图 4-36 所示。

(7)【选取控制线】按钮:单击此按钮,可以进入绘图区选取控制线。

(8)【单向】单选钮:选中此项,将要求用户选取圆角连接的两个(组)表面中的一个(组)表面的边作为控制线生成过渡圆角,如图 4-36(b)所示。

(9)【双向】单选钮:选中此项,将要求用户选取圆角连接的两个(组)表面的边共同作为控制线生成过渡圆角,如图 4-36(c)所示。

166

（a）原实体 （b）单向（下边界）控制 （c）双向（上下边界）控制

图 4-36 面与面控制线倒圆角

（10）【辅助点】按钮：单击该按钮，可以进入绘图区去指定一个辅助点。当"面——面"倒圆角存在多个符合条件的解时，通过指定一个辅助点可以让系统产生最靠近该点的那个解，如图 4-37 所示。

（a）三基本实体 （b）布尔运算结果 （c）辅助点1结果 （d）辅助点2结果 （e）辅助点3结果

图 4-37 面与面辅助点倒圆角

4.2.3 倒角

实体倒角就是在实体的指定位置用新的斜面取代原有的边，从而把原来用边连接的实体表面改成用斜面连接，同时在该位置对实体切除材料或增加材料。MasterCAM X[4]提供了 3 种倒角的方法，即"单一距离"倒角、"不同距离"倒角和"距离/角度"倒角。

1. 单一距离

该命令用于对实体上的指定位置按照设定的一个距离进行倒角，如图 4-38 所示。

选择   Q 单一距离倒角 菜单命令或工具按钮，系统提示："选取要倒角的图素。"选取实体主体、表面或者边，然后按【Enter】键，系统打开如图 4-39 所示的【实体倒角参数】对话框。在该对话框中进行有关设置之后，单击"确定"按钮，即可产生实体倒角。

图 4-38 单一距离倒角

图 4-39 【实体倒角参数】对话框

167

在进行"单一距离"倒角时,如果选取的图素是实体主体,则将在该实体的所有边上产生同一距离的倒角;如果选取的图素是实体表面,则将在该表面的所有边上产生同一距离的倒角;如果选取的图素是实体的边,则只在该边上产生同一距离的倒角。

2. 不同距离

该命令用于对实体上的指定位置按照设定的两个距离进行倒角,如图 4-40 所示。

选择 ⓶ I 不同距离 菜单命令或工具按钮,系统提示:"选取要倒角的图素"。这时,用户可以选取实体上需要倒角的边或表面,不能选取实体主体。如果用户选取的是边,则每选一条边,系统都会自动捕捉并且高亮显示相交于该边的两个表面中的一个表面作为参考面,同时弹出如图 4-41 所示【选取参考面】对话框。所谓参考面,就是在它上面的倒角距离等于如图 4-42 所示【实体倒角参数】对话框中设置的【距离 1】的那个面。用户可以直接单击【选取参考面】对话框中的"确定"按钮接受系统自动捕捉的面作为参考面,也可以单击【其他的面】按钮之后再单击该"确定"按钮,指定另一个与该边关联的表面作为参考面。在完成需要倒角的边的选择及其参考面的指定之后,按【Enter】键,系统打开如图 4-42 所示的【实体倒角参数】对话框。在该对话框中,输入参考面上的倒角距离(距离 1)和关联面上的倒角距离(距离 2),并进行其他有关设置之后,单击"确定"按钮,即可产生"不同距离"的实体倒角。

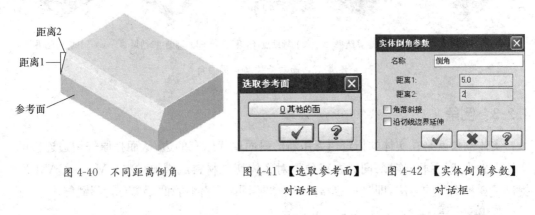

图 4-40　不同距离倒角　　图 4-41　【选取参考面】　图 4-42　【实体倒角参数】
　　　　　　　　　　　　　　　对话框　　　　　　　对话框

在进行"不同距离"倒角时,如果用户选取的需要倒角的图素是面,则系统不会弹出【选取参考面】对话框。系统默认被选面本身即为参考面,并且按照相同设置将该面上所有的边进行"不同距离"倒角。如果用户选择了两个相交表面,则先选的那个面是它们相交的那条边的倒角参考面,而这两个相交表面本身则还是各自上面的其他边的倒角参考面。

3. 距离/角度

该命令用于对实体上的指定位置按照设定的距离和角度进行倒角,如图 4-43 所示。

选择 ⓶ D 距离/角度 菜单命令或工具按钮,系统提示:"选取要倒角的图素"。接下来,用户参照"不同距离"倒角的操作思路和方法进行操作即可产生所需倒角。采用"距离/角度"方式倒角打开的【实体倒角参数】对话框如图 4-44 所示,其中的【距离】是指参考面上的倒角距离,【角度】是指新的斜面与参考面的夹角。

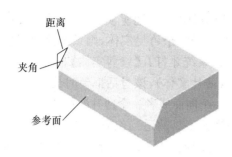

图 4-43　距离/角度倒角

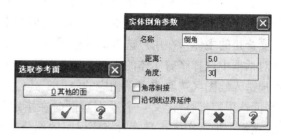

图 4-44　【实体倒角参数】对话框

提示：

上述 3 个【实体倒角参数】对话框都有【角落斜接】和【沿切线边界延伸】两个复选框，这两个复选框与如图 4-27 所示【实体倒圆角参数】对话框的相应选项功能相似，这里不再赘述。

4.2.4　抽壳

实体抽壳就是移除实体内部材料，使原实体变成壁厚的、带有若干个开口或者不带开口的壳体，如图 4-45 所示。

选择 菜单命令或工具按钮，系统提示："请选择要保留开启的主体或面"。这时，用户可以选取实体主体或者实体表面。如果用户选取的是实体主体，则结果将是不带开口的等壁厚的壳体；如果用户选取的是若干个彼此分离的实体表面，则这些被选表面将分别被开启（移除），结果将是带有若干个开口的等壁厚的壳体；如果用户选取的是若干个相交的实体表面，则这被选表面一起被开启（移除），结果将是带有一个大开口的等壁厚的壳体。在完成图素选择之后，按【Enter】键，系统打开如图 4-46 所示【实体抽壳的设置】对话框。在该对话框中，选择抽壳的方向（即以实体原有的表面作为基准测量壳体壁厚的方向），输入抽壳的厚度（壳体的壁厚），然后单击"确定"按钮，即可产生用户所需要的壳体。

图 4-45　实体抽壳

图 4-46　【实体抽壳的设置】对话框

4.2.5　修剪

修剪实体就是利用一个平面、一个曲面或者一个薄片实体作为修剪工具，将指定实体一分为二，保留其中的一部分，删除其中的另一部分（或者将另一部分作为没有历史记录的新实体保留下来），如图 4-47 所示。

选择 🔧 **I 实体修剪** 菜单命令或工具按钮,如果图形中只有一个可见实体,则系统直接打开如图 4-48 所示的【修剪实体】对话框;如果图中有多于一个可见实体,则系统提示:"选取要修正的主体",在用户选取需要修剪的实体之后,系统才打开【修剪实体】对话框。在该对话框中选择修剪实体的工具类型(平面、曲面或薄片实体),该对话框暂时最小化,让用户进入绘图区选取或定义相应的修剪工具(选取一个曲面或者一个薄片实体,或者利用【平面选项】对话框定义一个平面),同时在指定的修剪工具的适当位置自动显示一个箭头,该箭头指示实体被修剪后将要保留的部分。在指定修剪工具之后,自动返回【修剪实体】对话框。这时,单击【修剪另一侧】按钮,可以将箭头反向。如果选中该对话框的【全部保留】复选框,则实体上被剪除的部分将作为一个没有历史记录的新实体被保留下来。最后单击"确定"按钮即可完成操作并且结束命令。

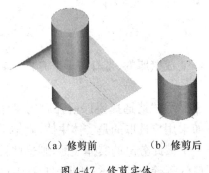

（a）修剪前　　　（b）修剪后

图 4-47　修剪实体

图 4-48　【修剪实体】对话框

4.2.6　加厚

该命令用于给没有厚度的薄片实体按照用户设定的厚度和方向增加厚度,使其变成薄壁实体,如图 4-49 所示。

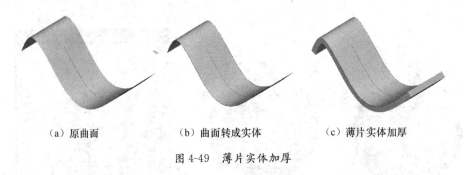

（a）原曲面　　　　　　（b）曲面转成实体　　　　　　（c）薄片实体加厚

图 4-49　薄片实体加厚

选择 🗜 **K 薄片实体加厚** 菜单命令或工具按钮,如果图形中只有一个可见的薄片实体,则系统直接打开如图 4-50 所示【增加薄片实体的厚度】对话框;如果图形中有多于一个可见的薄片实体,则系统提示:"请选取要增加厚度的薄片实体",在用户选取一个薄片实体之后,系统才打开【增加薄片实体的厚度】对话框。该对话框用于输入本次操作的【名称】、输入薄片实体需要增加的等。如果加厚方向选为【双侧】,则单击"确定"按钮即可完成操作,结果薄片实体的厚度为【厚度】输入值的两倍;如果加厚方向选为【单侧】,则在单击"确定"按钮之后系统先打开如图 4-51 所示的【厚度方向】对话框,同时在薄片实体上显示一

170

个代表加厚方向的箭头,待用户确认或切换方向后才能完成操作。

图 4-50 【增加薄片实体的厚度】对话框

图 4-51 【厚度方向】对话框

4.2.7 移除面

该命令通过移除用户指定的一个实体(实心、薄壁或者薄片实体)的若干个表面的方式生成一个新的薄片实体,同时可以选择保留、隐藏或者删除原有实体。如图 4-52 所示。

选择 ▣ 移动实体表面 菜单命令或工具按钮,如果图形中只有一个可见实体,则系统直接提示:"请选择要移除的实体面";如果图形中有多于一个可见实体,则系统先提示:"选取要移除面的实体"。在用户选取一个实体之后,系统才提示:"请选择要移除的实体面"。在选取需要移除的实体表面之后,按【Enter】键,系统打开如图 4-53 所示的【移除实体的表面】对话框。从中选择原有实体的处理方式(保留、隐藏或者删除),指定放置新的薄片实体的图层,然后单击"确定"按钮,弹出"绘制边界曲线"确认框(图 4-21)。用户根据需要从中作出相应选择,即可完成操作并且结束命令。

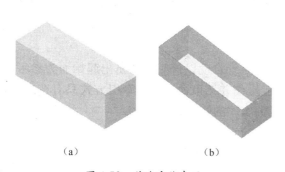

（a）　　　　　　（b）

图 4-52 移除实体表面

图 4-53 【移除实体的表面】对话框

4.2.8 牵引面

该命令用于将用户选取的若干个实体表面绕指定铰链轴旋转指定角度,并且自动修剪或延伸其相邻表面以适应新的几何形状,从而达到改变实体几何形状的目的,如图 4-54 所示。如果相邻表面不能适应新的几何形状,则该操作不能成功。

选择 ▣ 牵引实体 菜单命令或工具按钮,系统提示:"请选择要牵引的实体面"。在选取需要牵引的若干个实体表面之后,按【Enter】键,系统打开如图 4-55 所示的【实体牵引面的参数】对话框。在其中设置牵引方式(牵引到实体面、牵引到指定平面、牵引到指定边界或者牵引挤出)和牵引角度等项目之后,单击"确定"按钮。接下来的操作则与设定的牵引方式有关,分别叙述如下。

(1)当设定的牵引方式为【牵引到实体面】时,系统提示:"选择平的实体面来指定牵引平面"。这时要求用户在实体上选取一个平的参考面,以便用它来确定需要牵引的表面的铰链轴和牵引方向。其中,参考面必须与需要牵引的表面相交,不能平行,否则操作将会失败;参考面在牵引前后保持不变;铰链轴位于需要牵引的表面与参考面的相交处;牵引方向是牵引角度的测量基准,它垂直于参考面。在用户选取参考面之后,系统弹出如图 4-56 所示的【拔模方向】对话框,同时在参考面上显示一个中间带箭头的圆台,它是牵引方向图标。单击该对话框中的【换向】按钮,可以切换牵引方向。单击该对话框的"确定"按钮,即可完成操作并结束命令,如图 4-54 所示。

(2)当设定的牵引方式为【牵引到指定平面】时,系统提示:"选取平面",同时打开【平面选项】对话框。这时要求用户定义一个平面作为参考面,以便用它来确定需要牵引的表面铰链轴和牵引方向。其操作原理和方法与【牵引到实体面】类似,其区别在于【牵引到实体面】所要求的参考面必须从实体上已有的表面中选取,而【牵引到指定平面】所要求的参考面则可以通过【平面选项】对话框进行临时定义。这个临时定义的参考平面可以在实体上,也可以在实体外,但它也必须与需要牵引的表面相交,否则操作将会失败。

(3)当设定的牵引方式为【牵引到指定边界】时,系统提示:"选择突显之实体面得参考边界"。这时要求用户为当前亮显的需要牵引的表面选择若干条参考边,以便用它来确定需要牵引的表面的铰链轴。该参考面必须在当前亮显的表面上。在选完当前亮显的表面的参考边之后,按【Enter】键,系统亮显下一个需要牵引的表面,以便为它指定参考边。系统按照此方式要求用户逐个为需要牵引的表面指定参考边,直到所有本次操作需要牵引的表面都指定了参考边为止。系统接着提示:"选择边界或实体面来指定牵引的方向"。在用户选取一条直边或一个平的表面之后,系统弹出如图 4-56 所示的【拔模方向】对话框。后续操作与【牵引到实体面】相同。

(4)当设定的牵引方式为【牵引挤出】时,系统自动以该实体的挤出起始面为参考面,以该实体的挤出方向为牵引方向,立即完成操作并结束命令。该牵引方式只有在用户选取的需要牵引的表面是通过挤出命令生成的实体的侧面时才有效。

原实体　　　　　　　　选择四周面为牵引(拔模)面,顶面为参考面,拔模10°

图 4-54　牵引的实体面

172

图 4-55 【实体牵引面的参数】对话框

图 4-56 【拔模方向】对话框

4.3　实体管理器

　　MasterCAM X⁴ 提供了一个操作管理器,该管理器是刀具路径管理器、实体管理器和浮雕管理器的工作窗口,位于绘图区的左边。单击并拖曳该工作窗口的右边可以改变其宽度。选择【视图】→【切换操作管理器】菜单命令可以使该窗口隐藏或者显示。在该窗口中单击【实体】选项卡,即可激活实体管理器,如图 4-57 所示。

　　实体管理器采用模型树形式按顺序列出了当前文件的每一个实体及其操作。打开某个实体的模型树,可以浏览其操作记录,可以对该实体的操作进行重新排序,也可以在适当位置处插入新的操作,还可以对某个操作的参数和图形进行修改。在某个操作图标上右击鼠标,可以弹出如图 4-57 所示的快捷菜单。不同的操作类型其快捷菜单略有不同。利用该快捷菜单,可用对相应的操作进行更多的处理。单击实体管理器的【选择】按钮,然后在绘图区选取某个实体,则该实体的模型树自动打开,并且实体上被鼠标击中的那个部分的操作记录自动突显出来。单击实体管理器的【重新计算】按钮可以使所有实体的修改得以生效,从而更新被修改的实体。

图 4-57　实体操作管理器及右键快捷菜单

　　1. 展开或折叠操作夹

　　当某个操作栏处于折叠状态时,单击其左边的图标或者双击其名称可以将其展开。单击上述快捷菜单的【全部展开】命令则可以将该实体的所有操作夹展开。

　　当某个操作栏处于展开状态时,单击其左边的图标或者双击其名称可以将其折叠。单击上述快捷菜单的【全部折叠】命令则可以将该实体的所有操作夹折叠。

　　2. 删除实体或操作

　　在模型树中选中某个实体或操作(第一操作除外),单击上述快捷菜单的【删除】命令或者按【Delete】键可以将其删除。

　　3. 抑制操作

　　在某个实体的模型树中选中某个操作(第一操作除外),单击上述快捷菜单的【抑制】命令,可以将实体中与该操作对应的操作结果隐藏,同时在模型树中以灰色显示该操作。

173

再次单击【抑制】命令则结束对该操作的抑制,恢复正常显示。

4. 改变操作次序

在一个实体的模型树中,其操作记录是按照各个操作在该实体造型过程中的先后次序来排列的。将某个操作(第一操作除外)记录从当前位置拖曳到其他位置,即可改变操作次序。

5. 编辑操作参数

在展开的操作记录中显示图标,表示其中包含有可编辑参数。单击该图标即可返回相应对话框去查阅或编辑有关参数。另外,单击上述快捷菜单中的【编辑参数】命令也可以执行同样的功能。

图 4-58 【实体串连管理器】
对话框

6. 编辑图素

在展开的操作记录中显示图标,表示其中包含有可编辑图素。单击该图标即可返回相应操作点去查阅或编辑有关图素。例如,对于挤出、旋转、扫描、举升等利用线架模型去构建实体的操作,单击有关图标可以打开如图 4-58 所示的【实体串连管理器】对话框。利用该对话框可以增加、剔除或者重新串连图素。另外,单击上述快捷菜单的【编辑图素】命令也可以执行同样的功能。

7. 重新生成实体

实体管理器的删除操作、改变操作次序、编辑操作参数、编辑图素等功能都将导致相应实体发生改变,但是这些改变不会立即反映到图形上,而只在有关操作记录和实体的图标上显示红色"X"标记。此时,可以单击实体管理器的【重新计算】按钮或上述快捷菜单中的【重新计算】命令重新生成实体,使这些改变在图形上得到反映。

4.4 生成工程图

该命令用于生成实体的多个视图,并且在一张图纸上将这些视图进行合理布局,获得用户所需要的二维工程图,如图 4-59 所示。

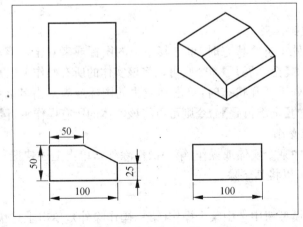

图 4-59 生成实体的二维工程图

选择 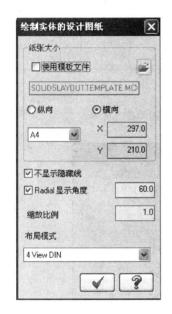 生成工程图 菜单项或工具按钮,系统打开如图 4-60 所示的【绘制实体的设计图纸】(创建)对话框。在该对话框中,进行纸张大小、方向、绘图比例、视图布局等设置之后,单击"确定"按钮。系统接着打开【层别】对话框,以便用户指定放置工程图的专用图层。单击【层别】对话框中的"确定"按钮,系统便会在绘图区生成实体的二维工程图,同时打开如图 4-61 所示的【绘制实体的设计图纸】(编辑)对话框。利用该对话框可以对工程图进行适当编辑,完成后单击"确定"按钮即可。

图 4-60 【绘制实体的设计图纸】
(创建)对话框

图 4-61 【绘制实体的设计图纸】
(编辑)对话框

4.5 实体造型项目

根据活塞零件的简化二维工程图 4-62 所示构建其实体模型。

1. 建立图层

(1)新建文件。在状态栏上单击【层别】按钮,打开【层别管理】对话框。

(2)建立如图 4-63 所示图层,并将编号为 2 的图层设置为当前层。

(3)单击"确定"按钮,关闭【层别管理】对话框。

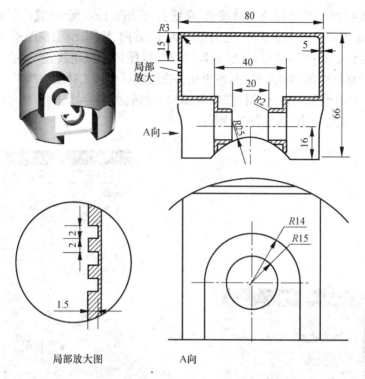

图 4-62　活塞零件的简化二维工程图构建其实体模型

图 4-63　【层别管理】对话框

2. 创建基体——圆柱体

(1)在状态栏上,设置:屏幕视角——等角视图。

(2)单击【绘图】工具栏上的按钮,打开【圆柱状】对话框。在【自动抓点】工具栏中选择"原点",将圆柱体的基准点定位于 WCS 坐标原点。在【圆柱状】对话框中,选中【实体】单选钮,输入半径=40、高度=66,其他采用默认值,最后单击"确定"按钮,结果如图 4-64 所示。

3. 创建 Φ15 销孔

(1)在状态栏上,设置:构图面——前面;层别——1。

(2)选择菜单【圆】工具按钮,输入:圆心坐标(0,16),直径=15,单击【编辑圆心点】操作栏上的"确定"按钮,绘制出一个 Φ15 圆,结果如图 4-65 所示。

(3)选择菜单【挤出】命令或工具按钮,选取 Φ15 的圆作为挤出曲线链,单击【串联选项】对话框中的"确定"按钮。在【实体挤出的设置】对话框中,选择挤出操作的方式为【切除实体】,选择挤出的距离和方向分别为【全部贯穿】和【两边同时延伸】,最后单击"确定"按钮,结果如图 4-65 所示。

图 4-64　创建基体——圆柱体

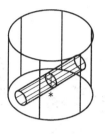

图 4-65　创建 Φ15 销孔

4. 创建拱形沉槽

(1)在状态栏上,设置:屏幕视角——前视角;构图面——前面;工作深度——20。

(2)利用圆弧和直线命令绘制如图 4-66(a)所示的拱形封闭曲线链。

(3)在状态栏上,设置:屏幕视角——等角视图;构图面——右面。

(4)以构图面的 Y 轴为镜像轴,将上述拱形封闭曲线链进行镜像复制,如图 4-66(b)所示。

(5)选择菜单【挤出】命令或工具按钮,选取上述两个拱形封闭曲线链作为挤出曲线链,单击【串联选项】对话框中的"确定"按钮。在【实体挤出的设置】对话框中,选取挤出操作的方式为【切除实体】,选择挤出的距离为【全部贯穿】,清空【两边同时延伸】复选框,必要时还应通过【重新选取】按钮修改挤出方向,使它们指向如图 4-66(c)所示的方向,最后单击"确定"按钮,结果如图 4-66(d)所示。

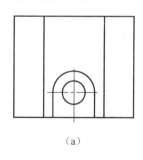　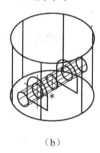　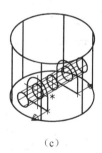　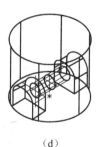

（a）　　　　　　　（b）　　　　　　　（c）　　　　　　　（d）

图 4-66　创建拱形沉槽

5. 抽壳

选择菜单【实体抽壳】命令或工具按钮,选取圆柱体底面为开口面,按下【Enter】键。在【实体抽壳的设置】对话框中,选择抽壳的方向——朝内,输入朝内的厚度——5,然后单击"确定"按钮,结果如图 4-67 所示。

6. 切割实体

(1)在状态栏上,设置:屏幕视角——俯视图;构图面——顶面;工作深度——0。

(2)绘制如图4-68(a)所示的矩形,大小:25×20;位置:中心点定位于WCS原点上。

(3)在状态栏上,设置:屏幕视角——等角视角。

(4)选择【切割实体】菜单命令或工具按钮,选取上述矩形作为挤出曲线链,单击【串联选项】对话框中的"确定"按钮。在【实体挤出的设置】对话框中,选择挤出操作的方式为【切除实体】,选中【按指定的距离延伸】单选钮,输入距离值"30",必要时还应选中【更改方向】复选框更改挤出方向,使挤出方向向上,最后单击"确定"按钮,结果如图4-68(b)所示。

（a）创建矩形　　　　　　　（b）切割实体

图4-67　抽壳　　　　　　　　图4-68　切割实体

7. 创建圆弧形通槽

(1)在状态栏上,设置:屏幕视角——右视图;构图面——右面;工作深度——0。

(2)绘制如图4-69(a)所示的封闭弓形曲线链。两点画弧,半径为25;用直线命令绘制该弧的弦,使曲线链封闭。

(3)切换到等角视图。

(4)选择菜单【挤出】命令或工具按钮,选取上述封闭的弓形曲线链作为挤出曲线链,单击【串联选项】对话框中的"确定"按钮。在【实体挤出的设置】对话框中,选择挤出操作的方式为【切除实体】,选择挤出的距离和方向分别为【全部贯穿】和【两边同时延伸】,最后单击"确定"按钮,结果如图4-69(b)所示。

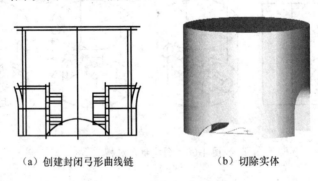

（a）创建封闭弓形曲线链　　　　　（b）切除实体

图4-69　创建圆弧形通槽

8. 创建活塞密封槽

(1)在状态栏上,设置:屏幕视角——前视角;构图面——前面;工作深度——0。

(2)绘制如图4-70(a)所示的活塞密封槽的截面曲线链——3个小矩形。先绘制第一个矩形,大小:1.5×2,位置:基准点(矩形左上角点)定位于WCS坐标点(−40,51)上,然后,利用"平移…"命令复制出另外两个矩形。

(3)在状态栏上,设置:屏幕视角——等角视图;构图面——顶面;工作深度——51。

(4)绘制如图 4-70(b)所示整圆,直径为 80,圆心坐标为(0,0)。

(5)选择菜单【扫描】命令或工具按钮,先选取 3 个小矩形曲线链作为扫描截面,单击【串联选项】对话框中的"确定"按钮,然后选取 Φ80 整圆作为扫描路径,在【扫描实体的设置】对话框中,选择扫描操作的方式为【切除实体】,最后单击"确定"按钮,结果如图 4-70(c)所示。

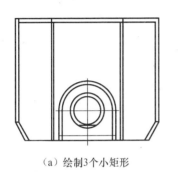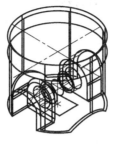

（a）绘制3个小矩形　　　　　（b）绘制圆　　　　　（c）扫描切割实体后的结果

图 4-70　创建活塞密封槽

9. 倒圆角

(1)将屏幕视角旋转到合适位置。

(2)选择【倒圆角】菜单命令或工具按钮,选取如图 4-71(a)所示的两个圆柱表面作为需要倒圆角的图素,然后按下【Enter】键。在【实体倒圆角参数】对话框中,输入圆角半径为"2",其余采用默认设置,最后单击"确定"按钮,即可创建出 R2 过渡圆角,如图 4-71(b)所示。

(3)按照上述方法去底面创建 R3 圆角,结果如图 4-71(b)所示。两圆柱面创建 R2圆角。

(4)设置屏幕视角为等角视图,完成实体造型,如图 4-71(c)所示。

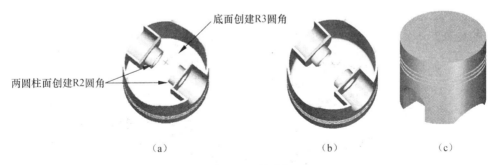

（a）　　　　　　　　（b）　　　　　　　　（c）

图 4-71　倒圆角

本 章 小 结

本章主要讲述了实体造型的一般方法和步骤。在完成本章的学习之后,读者应该具备顺利完成中等复杂程度实体造型的能力。

在学习本章时,需要重点掌握以下几点。

(1)挤出、旋转、扫描、举升等实体创建命令。

(2)布尔运算、倒圆角、倒角、抽壳、修剪、牵引面等实体编辑命令。

(3)实体造型的一般方法和步骤。

在进行实体造型时,应该先进行形体分析,找出其"基体"部分,从创建"基体"出发,逐步深入和完善,去完成整个实体的造型。

总体来讲,实体模型和曲面模型比线架模型更为完善,实体造型又比曲面造型更为方便,因此在实际应用应该优先采用实体造型。

思考与练习

①建构盒盖实体。

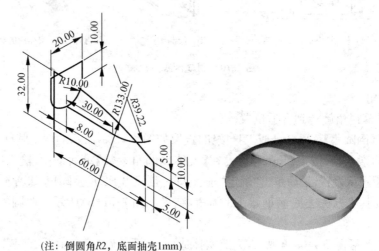

(注:倒圆角R2,底面抽壳1mm)

图 4-72

②建构旋钮实体。

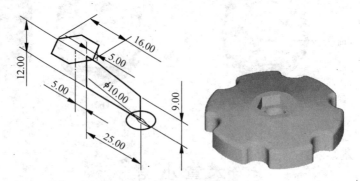

(注:六方孔深5mm,倒圆角R2,底面抽壳1mm)

图 4-73

③建构烟灰缸实体。

180

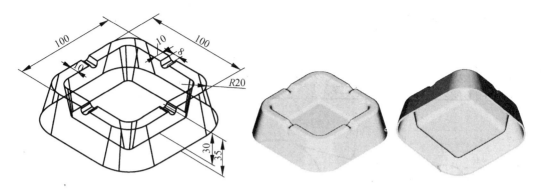

（注：外表面拔模斜度为15°，内表面拔模斜度为10°，未注圆角（见实体图）均为R3；向内产生2mm厚度的薄壳）

图 4-74

④建构如图 4-75、图 4-76、图 4-77、图 4-78、图 4-79 实体。

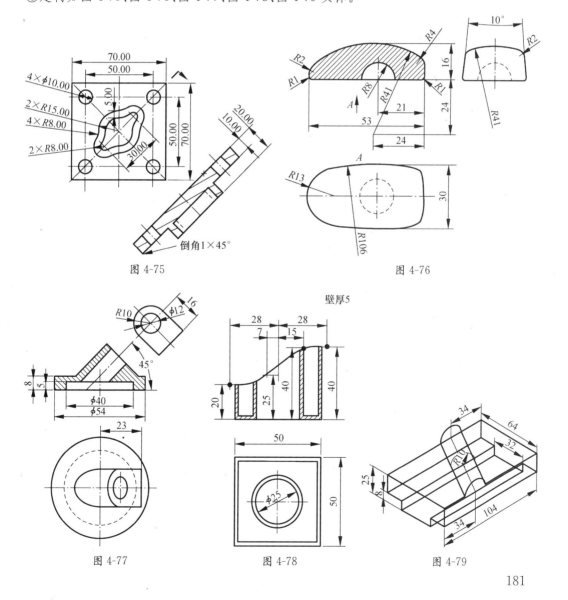

图 4-75

图 4-76

图 4-77

图 4-78

图 4-79

⑤建构如图连杆零件实体。

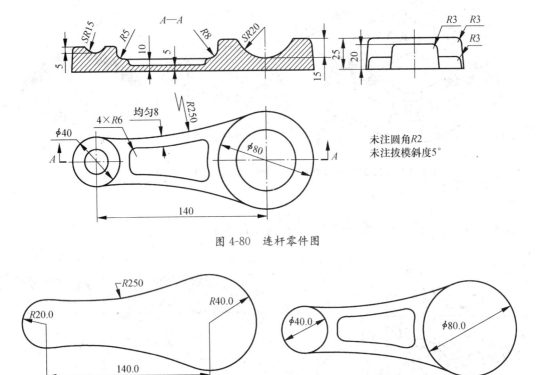

图 4-80　连杆零件图

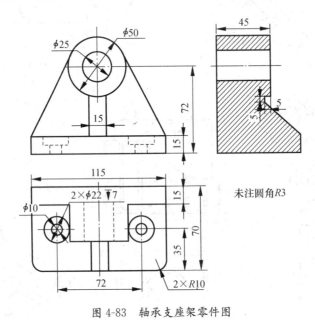

图 4-81　基础实体外形轮廓　　　　　图 4-82　大头和小头外形轮廓

⑥建构如图轴承支座实体。

图 4-83　轴承支座架零件图

⑦建构如图支座实体。

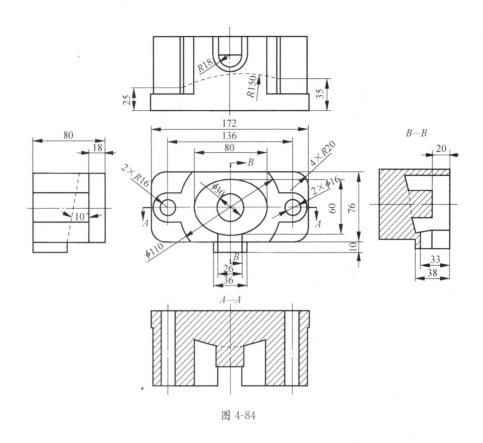

图 4-84

第5章 二维铣削加工

随着数控机床在生产实际中的广泛应用,数控编程已成为数控加工中的关键之一。MasterCAM X^4 提供了丰富的 2D、2.5D 加工方式,可迅速编制出可靠的数控程序,极大地提高了编程者的工作效率和数控机床的利用率。

5.1 MasterCAM X^4 系统的 CAM 基础

5.1.1 MasterCAM X^4 的 CAM 功能

(1)MasterCAM X^4 提供了外形铣削、挖槽、钻孔、面铣削等 2D、2.5D 加工模组。

(2)MasterCAM X^4 提供了曲面粗加工,粗加工可用 7 种加工方法进行加工,即平行式、径向式、投影式、曲面流线式、等高外形式、挖槽式和插入下刀式。

(3)MasterCAM X^4 提供了曲面精加工,精加工可用 10 种加工方法,即平行式、平行陡式、径向式、投影式、曲面流线式、等高外形式、浅平面式、交线清角式、残屑清除式和环绕等距式。

(4)MasterCAM X^4 还提供了线框模型曲面的加工,如直纹曲面、旋转曲面、扫描曲面、网状曲面、举升曲面的加工。

(5)MasterCAM X^4 提供了多轴加工,最多可达 5 轴加工。

(6)MasterCAM X^4 提供了刀具模拟显示编制的 NC 程式,而且可以显示运行情况,估计加工时间。

(7)MasterCAM X^4 提供了刀具路径实体验证,检验真实显示实体加工生成的产品,避免达到车间加工时,发生错误。

(8)MasterCAM X^4 提供了多种后处理程式,以供各种控制器使用。

(9)MasterCAM X^4 可建立各种管理,如刀具管理、操作管理、串联管理以及加工件设置和工作报表。

5.1.2 利用 MasterCAM X^4 进行数控编程的一般流程

(1)建立工件的几何模型。可利用前面介绍的 MasterCAM X^4 的 CAD 功能建立工件的几何模型;还可通过标准的图形转换接口,将其他 CAD 软件生成的图形转换成 MasterCAM X^4 的图形文件,实现图形文件的交换和共享。此外,还可把三坐标测量仪或扫描仪测得的实物数据转换为 MasterCAM X^4 的图形文件。

(2)工艺分析,进行加工规划。通过对被加工对象的分析,确定工件上需要数控加工的部位;规划加工区域,即按加工部位的形状特征、功能特征及精度、粗糙度要求将其分成若干个加工区域,这样可提高加工效率和加工质量;规划加工工艺路线,即从粗加工到精加工再到清角加工的流程及加工余量的分配;确定加工工艺和加工方式,包括选择刀具、选择机床、确定加工方法和工艺路线、选择加工参数(主要指切削速度、进给量和背吃刀量)等。

(3)编制刀具路径。所谓刀具路径,不仅指数控加工中刀具相对于工件的运动轨迹,还包含了加工刀具类型、切削用量的选择、是否使用切削液、工件材料的选择、加工方法的选择及数控加工中一些坐标的设定等。操作者可根据自己的专业知识和经验按对话框的提示确定这些参数。刀具路径的设定应无干涉、无碰撞、轨迹光滑、代码质量高,同时还要满足通用性好、稳定性好、编程效率高、代码量小等条件。

(4)校验刀具路径。为确保程序的安全性,必须对生成的刀具路径进行校验,检查加工过程中有无过切或欠切现象,工件与夹具和机床是否会碰撞,刀具与其他表面是否有干涉。校验方式有直接查看、手工检查和模拟实体切削 3 种。

(5)执行后置处理,产生 NC 程序。MasterCAM X⁴ 根据数控机床采用的控制器的不同,生成符合系统要求的 NC 程序(即 G 代码程序)的过程,称为后置处理,简称后处理。软件自带了国际上常用数控系统的后处理程序,并可扩充,以适应各种不同的数控系统的需要。

(6)输出 NC 代码,打印加工报表。生成 NC 程序可通过 RS232 接口与数控机床连接,由系统自带的通信功能传输到数控机床,也可通过专用传输软件将 NC 代码传输到数控机床上。需要时,还可出一份加工报表。

5.1.3　素材设置

加工素材的设置,即设置毛坯的外形尺寸、材料、原点的视角坐标等。选择【机床类型】→【铣削】→【默认】菜单命令。此时,在【刀具路径】管理器中出现"Machine Group-1",如图 5-1 所示。单击【属性】中的【材料设置】,系统弹出如图 5-2 所示的【素材设置】选项卡,在该选项卡中可进行下面的设置。

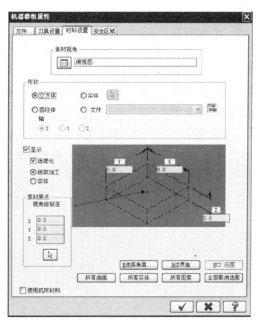

图 5-1　【刀具路径】管理器　　　　　图 5-2　【素材设置】选项卡

1. 设置毛坯的外形尺寸

加工零件前,应按零件的实际大小留出加工余量后来设置毛坯的外形尺寸,称为素材设置。素材外形尺寸的设定有如下 7 种方法。

185

（1）直接在表示素材大小的 x、y、z 文本框中输入毛坯的长、宽、高尺寸。

（2）单击"选取对角"按钮，在绘图区选取两个对角点，以确定毛坯的外形尺寸。

（3）单击"边界盒"按钮，在绘图区选取创建的几何模型对象，以此自动定义毛坯的外形尺寸。

（4）单击"NCI 范围"按钮，系统根据 NCI 文件中的刀具移动范围，自动提取 x、y、z 三坐标中的最大值作为毛坯的大小。

（5）单击"所有曲面"按钮，通过创建所有曲面的形式来产生毛坯的尺寸。

（6）单击"所有实体"按钮，通过创建所有实体边界的形式来产生毛坯的尺寸。

（7）单击"所有图素"按钮，通过创建所有图素边界的形式来产生毛坯的尺寸。

（8）单击"全部撤消"按钮，可取消毛坯尺寸的设定。

2. 设置素材原点及视角坐标

所谓素材原点，指的是工件原点，可将其定义在工件的 10 个特殊位置，包括立方体的 8 个顶点和上下表面的中心点。定义时，只需用鼠标直接单击目标点即可，如图 5-3 所示。

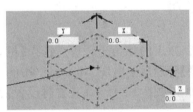 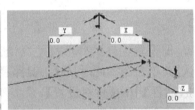 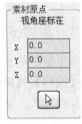

（a）素材原点在上表面中心　　　（b）素材原点在上表面角点　　　（c）视角坐标

图 5-3　素材原点及视角坐标设置

设好素材原点后，还要设置素材原点在绘图区的视角坐标，设置方式可以在 x、y、z 文本框内输入该工件原点相对当前工作坐标系的坐标值；也可以单击文本框下面的按钮返回绘图区，在所绘制的几何模型上直接选取某点来确定工件原点的坐标值。

3. 设置素材显示

在【素材设置】选项卡中选择【显示】复选框，系统将在绘图区内显示所设置的毛坯，如图 5-4（a）所示。显示的形式有 2 种，【线架加工】是以线架的形式显示素材（即毛坯），如图 5-4（b）所示；【选取实体】是以实体形式显示素材，如图 5-4（c）所示。

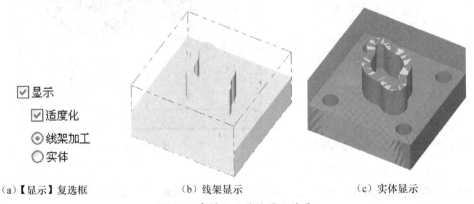

（a）【显示】复选框　　　　　（b）线架显示　　　　　（c）实体显示

图 5-4　素材显示的设置及结果

4. 素材材质

在【机器群组属性】对话框中选择【刀具设置】选项卡,打开如图 5-5 所示的对话框,单击 **选择** 按钮,系统弹出如图 5-6 所示的【材料列表】对话框,列出了当前可以选用的铣削材料。若要选用其他的材料,可在【来源】下拉列表中选择"铣床-数据库"选项,则在【材料列表】的列表框中显示系统提供的材料列表,用户可以根据需要选择相应的材料,如图 5-7 所示。

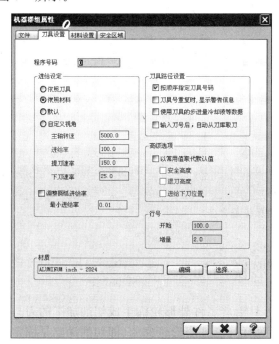

图 5-5 【刀具设置】选项卡

图 5-6 【材料列表】对话框

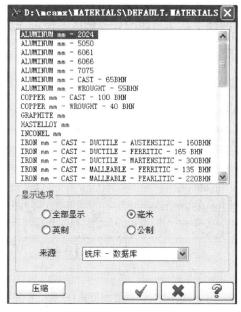

图 5-7 【材料列表】的列表框

187

5.2 外形铣削加工

外形铣削加工也称为轮廓铣削,是指刀具沿着工件外形轮廓生成切削加工的刀具路径。在实际加工中,主要应用于一些形状简单的、二维图形轮廓的(即切削深度是固定不变的)、侧面为垂直或倾斜角度一致的工件,如凸轮、齿轮、板状等零件的外轮廓铣削。外形铣削既可用于大切削余量的粗加工,又可用于较小切削余量的精加工,通常采用平刀、圆鼻刀、角度刀等刀具,在两轴半联动功能的数控铣床上便可完成。

5.2.1 加工起点及方向的设置

在【2D 刀具路径】工具条中单击"外形铣削"按钮,或选择【刀具路径】→【外形铣削】菜单命令,系统会自动弹出【输入新 NC 名称】对话框,如图 5-8 所示。

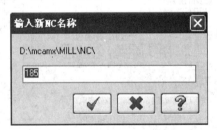

图 5-8 【输入新 NC 名称】对话框

提示：

【输入新 NC 名称】对话框是 MasterCAM X[4] 新增的功能,一般不需要输入新名称,系统会自动以加工零件的名称来命名。

命名后,系统又会自动弹出如图 5-9 所示的【串联选项】对话框,选择按钮串联外形。串联功能可以用来定义要加工的轮廓外形及其串联方向,串联方向就是确定刀具进给方向。串联方向是由选取图形元素时的位置来控制的,通常使用鼠标来选取图形元素。

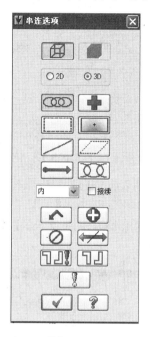

图 5-9 【串联选项】对话框

外形铣削要注意串联定义时选择的第一个图形元素,零件的加工起点和方向都是由它决定的。若将光标确定在直线或圆弧的一端,则箭头会指向另一端,箭头的起点就是加工起点,箭头方向就是加工方向,如图 5-10 所示。

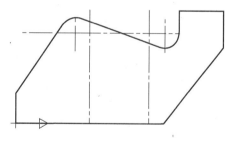

图 5-10 加工起点及加工方向

5.2.2 刀具参数设置

在数控加工中,刀具的选择是非常重要的,它直接关系到加工精度和效率的高低及表面质量优劣,选用合理的刀具并使用合理的切削参数,可以使数控加工以最低的成本、最短的加工时间达到最佳的加工质量。

1. 选择刀具

当选取要加工的零件外形轮廓后,系统弹出如图 5-11 所示的【外形(2D)】对话框中的【刀具参数】选项卡。

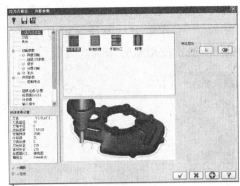 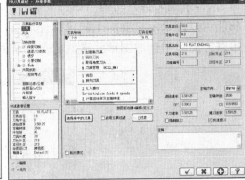

（a）【外形（2D）】对话框　　　　　　（b）【外形（2D）】对话框中的【刀具参数】选项卡

图 5-11　【刀具参数】选项卡

在【刀具参数】选项卡的刀具列表框空白处单击鼠标右键，会出现一个快捷菜单，从中选取【刀具管理…】命令，则弹出如图 5-12 所示【刀具管理】对话框，从中选取所需刀具。也可在图 5-11 中单击按钮，系统弹出如图 5-13 所示的【选择刀具】对话框，从中选取合适的刀具即可。

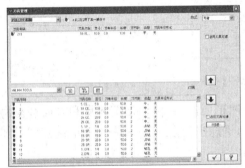 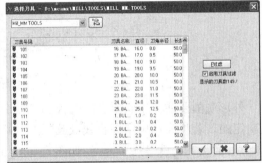

图 5-12　【刀具管理】对话框　　　　　　图 5-13　【选择刀具】对话框

单击图 5-13 中右下角的按钮（图 5-12 中也有，可同图 5-13 一样设置），出现如图 5-14 所示的【刀具过滤设置】对话框。所谓刀具过滤设置，就是从许多种类的刀具中选择符合要求的某一类刀具，并列表显示出来，以缩小选择刀具的范围。

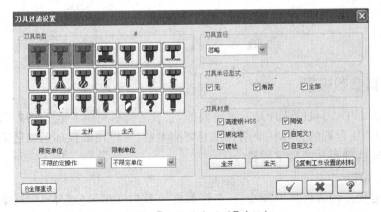

图 5-14　【刀具过滤设置】对话框

选好刀具后按按钮,在图 5-11 中的刀具列表框中就会出现该刀具。可按上面的方法选取加工要用到的其他刀具,在列表框中就会出现多把刀具,用鼠标左键可选中本次加工所需的刀具,如图 5-15 所示。

2. 定义和修改刀具

从刀具库中选择的刀具,其参数采用的是系统给定的,用户可以根据实际工作的需要定义或修改这些参数。

在图 5-11 的快捷菜单中选择【创建新刀具】,或在图 5-16 中选中所需刀具并单击鼠标右键,在弹出的快捷菜单中选择【编辑刀具】命令,则会出现【定义刀具】对话框。

图 5-15 显示选取的刀具

图 5-16 选择【编辑刀具】命令

若要定义刀具的外形尺寸,可在【定义刀具】对话框中选择【平底刀】选项卡,如图 5-17 所示。

若要改变刀具的类型,可单击【刀具型式】选项卡,在如图 5-18 所示的【刀具型式】选项卡中选择所需的刀具类型。然后,单击【参数】选项卡,在系统打开的【参数】选项卡中设置该类型刀具的加工参数,如图 5-19 所示。

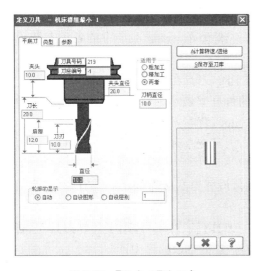

图 5-17 【平底刀】选项卡

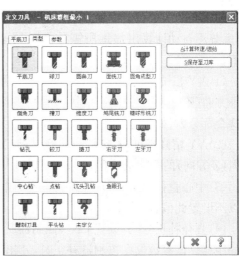

图 5-18 【刀具型式】选项卡

图 5-19 【参数】选项卡

提示：

加工中常用的刀具主要有平底刀、圆鼻刀和球刀。

①平底刀：由于底部无过渡圆角，所以其有效切削面积大，可对底部为平面的工件进行加工，主要用于粗加工、平面精加工、外形精加工和清角加工。使用时，要注意刀尖的磨损对加工精度的影响。

②圆鼻刀（又称牛鼻刀或圆角刀）：底部有半径为 0.2mm～6mm 的过渡圆角。可对较平坦的大型自由曲面的工件进行粗加工，或用于底部是平面但转角处有过渡圆角的工件进行粗、精加工。圆鼻刀适合于加工硬度较高的材料。

③球刀：底部是半径同刀具半径的半球。主要用于对复杂曲面进行粗、精加工，如小型模具型面的粗加工、大小型面的精加工等。对平面开粗及光刀时粗糙度大、效率低。

图 5-19 所示的选项卡主要用来设置选定的刀具在加工时的进刀量、冷却方式等。这里面的参数设置很重要，但不需要每个框都进行选择或填写，主要确定好粗铣、精修的进刀量和后面的两个百分比项，在刀具和工件的材料都已选择后，按下对话框中右上角的按钮，系统可自动计算出加工所需的主轴转速和进给量等。该选项卡中的各项参数说明如下。

(1)XY 粗铣步进(％)/Z 向粗铣步进：粗加工时，刀具在垂直刀轴方向(XY 方向)/沿刀轴方向(Z 方向)的每次进给量，以刀具直径的百分率表示。背吃刀量等于刀具直径乘以这个百分数，如步进量为 40％，刀具直径为 10mm，背吃刀量则为 4mm。

(2)XY 精修步进/Z 向精修部分：精加工时，刀具在垂直刀轴方向(XY 方向)/沿刀轴方向(Z 方向)的每次进给量。

(3)中心直径(无切刃)：通常在攻丝、镗孔时，设置刀具所需的中心孔直径，其余情况可以不设置此值。

(4)直径补正号码：设置 CNC 控制器所需的刀具直径补正号，用于计算刀具左、右补偿的距离。该参数仅在控制器补正时，才出现在产生的 NC 程序中。

(5)刀长补正号码：设置 CNC 控制器所需的刀具长度补正号，用于设定刀尖和参考平面在 Z 轴上的距离。该补正号相当于一个寄存器，即存储刀具长度补偿值的寄存器

192

编号。

（6）进给率：用于控制刀具在XY方向的切削进给速度（mm/min）。如果是钻孔，则为Z方向上的进给速度。

提示：

进给率的设置将直接影响加工质量，一般可以通过"看和听"来判断其设置是否合理。

看：即看铁屑，切落的铁屑颜色与毛坯相仿为合理。

听：即听声音，加工时没有工件振动的声音为合理。

（7）下刀速率：用于控制刀具快速趋近工件的速度，即铣刀沿Z轴方向垂直下刀的移动速度（mm/min）。

（8）提刀速率：设置切削加工结束后快速提刀返回的速度（mm/min），该值仅在刀具沿Z轴正向退刀时才有效。一般设定为（2000～5000）mm/min。

（9）主轴转速：设置主轴旋转的速度（r/min）。

提示：

主轴转速是根据刀具的直径大小、刀具材料和工件的材料等情况来确定的。一般情况下，刀具直径越大，主轴转速越小；刀具材料越硬，主轴转速越大；切削材料塑性越大，主轴转速越大。

（10）刀刃数：设置刀刃数，系统将用此数去计算刀具的进给率。

（11）材料表面速率％/每刃切削量％：设置该刀具切削线速度的百分比/设置刀具进刀量的百分比，即每齿进给量。

（12）材质：用于设置刀具材料，有高速钢-HSS、碳化物、镀钛、陶瓷、用户定义等。

（13）主轴旋转方向：设置主轴的旋转方向，有顺时针和逆时针两种方式。

（14）Coolant…（冷却方式）：用于设置刀具的冷却方式。单击 Coolant… 按钮，系统弹出如图 5-20 所示的【冷却方式】对话框，用户可选择合适的冷却方式。

图 5-20 【冷却方式】对话框

3. 设置刀具加工参数

图 5-11 所示的【刀具参数】选项卡是加工刀具路径的共同参数。无论采用哪种方法生成刀具路径，在指定加工区域后，都需要定义这些将直接影响后处理程序的参数。【刀具参数】选项卡中主要包括刀具类型、刀具直径、刀具半径、主轴转速、进刀速率、提刀速率、刀具/构图面等参数，有些参数在前面已介绍了，下面对前面没有介绍的参数加以说明。

(1)【刀具名称】:显示所选择刀具的名称。

(2)【刀具号码】:设置刀号,如果设定为"1",则在产生的 NC 程序中出现"T1"。

(3)【刀座编号】:设置刀座号,一般用默认值。

(4)【刀长补正】:设置长度补偿寄存器号码。

(5)【刀径补正】:设置直径补偿寄存器号码。

(6)【进刀速率】:就是主轴升降的进给速率。沿着加工面下刀时应选择较小的进给量,以免崩刀;刀具在工件外下刀时可取偏大值,一般选择进给率的 2/3(300mm/min~1000mm/min)。

(7)【杂项变数】按钮:用于设置后处理各杂项的值,创建 NCI 文件时,这些杂项值将出现在每个操作开始的位置,而且这些杂项值是与适当的变量有链接关系的。单击【杂项变数...】按钮,系统弹出如图 5-21 所示的【杂项变数】对话框,其中整数用于计算数据型式或编号,而实数(带小数的数)用于存储测量值和其他一些限制精度的值。

图 5-21 【杂项变数】对话框

(8)【机械原点】按钮:机械原点又称为机床原点,是机床坐标系的原点。该点是机床上的一个固定点,是机器出厂时设定好的,用户是无法改变的。一般 CNC 开机后,都要进行返回机械原点的操作,使控制器知道目前所在的坐标点与加工程序坐标点间的运动方向及移动数值。数控铣床的机械原点各生产厂设置的都不一样,有的设在机床工作台的中心,有的设在行程的终点。单击"机械原点"按钮,系统弹出如图 5-22(a)所示的由用户定义的【机械原点】对话框,若单击该对话框中"来自机床"按钮,则变成如图 5-22(b)所示的对话框,其中的坐标值就是机器出厂时设好的机械原点。

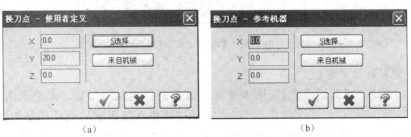

(a)　　　　　　　　　　　　　　(b)

图 5-22　机床原点(换刀点)对话框

(9)【刀具显示】按钮：用于设置生成刀具路径时，刀具在屏幕上的显示方式。单击按钮，系统弹出如图5-23所示的【刀具显示的设定】对话框。

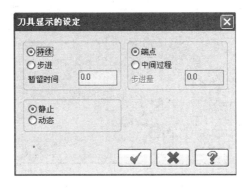

图5-23　【刀具显示的设定】对话框

(10)【旋转轴】按钮：一般在铣床加工系统中不须设置，车床系统中则要设置。常用于四轴联动加工时选择X轴或Y轴作为替代的旋转轴，并可设置旋转反向、旋转直径等参数。单击　旋转轴　按钮，系统弹出如图5-24所示的【旋转轴的设定】对话框，用户可指定旋转轴或设置替代旋转轴。

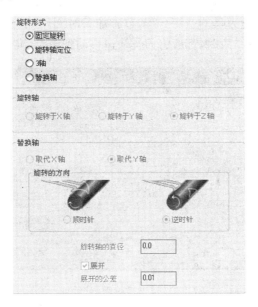

图5-24　【旋转轴的设定】对话框

(11)【刀具/构图面】按钮：用来设置工作坐标系、刀具平面和构图平面的原点及视图方向。单击　刀具/构图面　按钮，系统将弹出如图5-25所示的【刀具面/构图面的设定】对话框。

工件坐标系：是为编程方便而专门设置的一个坐标系，各坐标轴的方向与机械原点的坐标轴方向一致。该坐标系的原点即为编制工件加工程序的原点或零点，又称编程原点或工件原点。一般工件原点应尽量设置在工件的设计基准或工艺基准上，也经常设置在尺寸精度高、表面粗糙度值低的基准平面上，或设置在零件的对称中心上，还要便于对刀、测量和检验的位置上。

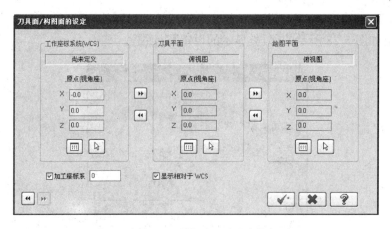

图 5-25 【刀具面/构图面的设定】对话框

刀具平面：是刀具的工作面，即刀具与加工的工件接触的平面，通常垂直于刀具轴线。数控加工中有 3 个主要的刀具平面：XY——G17，XZ——G18，YZ 平面——G19。

构图平面：前面已介绍，不再赘述。

(12)【参考点】按钮：单击 参考点 按钮，系统弹出如图 5-26 所示的【参考位置】对话框。加工时，刀具从机械原点位置移动到【进入点】中所指定的 X、Y、Z 坐标值的点处，在返回的机械原点。为缩短刀具的空切行程，节省加工时间，一般由用户设置一个参考点，在进刀、换刀或一个程序结束时，都应将刀具快速移动到该点，准备开始新的加工程序。

图 5-26 【参考位置】对话框

(13)【插入指令】按钮：单击 插入指令 按钮，系统弹出如图 5-27 所示的【输入指令】对话框，用户可在【控制码的选项】区域中选择变量后单击【增加】按钮，使其加入到【已经选择的控制码】区域中，也可在【已经选择的控制码】区域中选择变量后单击【移除】按钮将其删除。

5.2.3 铣削参数设置

在图 5-11 所示的【外形（2D）】对话框中单击【外形加工参数】选项卡，系统弹出如图 5-28 所示的对话框，可在其中设置外形铣削的参数。

196

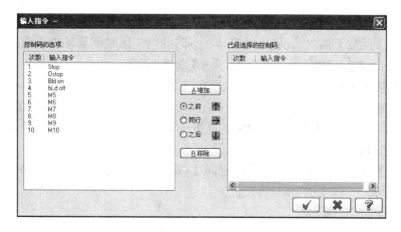

图 5-27 【输入指令】对话框

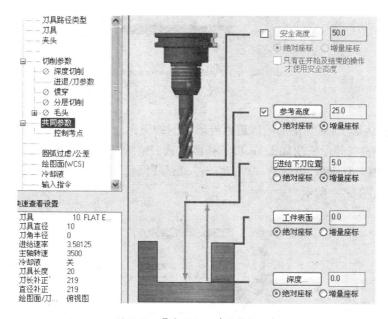

图 5-28 【外形加工参数】选项卡

1. 高度参数的设置

在如图 5-28 所示的【外形加工参数】选项卡中共有 5 个高度值需要设置。在 Master-CAM 系统中,可采用绝对坐标和增量坐标来定义高度。其中,采用绝对坐标定义,是相对当前所设构图面 Z_0 的位置;而采用增量坐标定义,是相对于当前加工毛坯顶面的补正高度。

(1)【安全高度】:刀具再次高度上平移不会与工件和夹具相碰。通常在开始进刀之前,刀具快速下移到安全高度,加工完成后,刀具退回安全高度。一般设置离工件最高表面位置 20mm~50mm,采用【增量坐标】。

(2)【参考高度】:是刀具每完成一次铣削或避让岛屿时沿 Z 轴快速回升的高度。一般设置离毛坯顶面 5mm~20mm,采用【绝对坐标】。

(3)【进给下刀位置】:进给下刀位置又称 G00 下刀位置,是指刀具从安全高度或参考高度以 G00 快速移动到的高度,到此高度后,刀具将以设定的进给率和 G01 方式进行工作进给。如果关闭安全高度的设定,则刀具在不同的铣削区域间移动时会以这个高度提刀。一般设定为离毛坯顶面 2mm～5mm,采用【增量坐标】。

(4)【工件表面】:是指加工毛坯的上表面在 Z 轴上的高度位置,通常以其作为坐标系 Z 向的原点位置。该项参数如采用绝对坐标定义,设定的高度位置是相对当前构图面 Z_0 位置而定的;如采用增量坐标定义,设定的高度位置是相对于每一个串联外形所在的 Z 值深度补正设定值而得到的。

(5)【深度】:是指工件要加工到的位置高度,也是刀具切削中下降到的最低点深度。一般设置为实际加工深度值,并且为负值。

2. 外形铣削类型的设置

MasterCAM X[4] 为 2D 外形铣削提供了 4 种类型供用户选择,如图 5-29 所示。

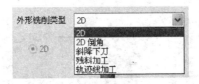

图 5-29 外形铣削类型

(1)2D:默认选项,对选定的轮廓进行外形铣削加工。

(2)2D 倒角:在外形铣削加工后,可选择倒角铣刀继续进行工件周边的倒角加工。选择该方式后,按钮 2D 倒角 被激活,单击此按钮,出现【倒角加工】对话框,可以对倒角的参数进行设定,如图 5-30 所示。

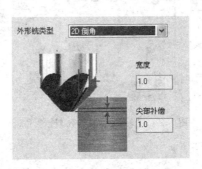

图 5-30 【倒角加工】对话框

(3)斜降下刀:一般用于铣削深度较大的外形。选择该方式后,按钮被激活,单击此按钮,出现【斜降下刀】对话框,如图 5-31 所示。在进行斜坡外形加工时,可以选择 3 种不同的走刀方式。当选中【角度】或【深度】时都为斜线走刀方式,即刀具在 XY 平面移动的同时,进刀深度逐渐增加;而选中【垂直下刀】单选钮时,刀具线进到设置的铣削。

(4)残料加工:一般用于铣削上一次外形铣削加工后留下的残余材料。为了提高加工速度,当铣削加工的铣削量较大或工件有狭窄的凹型面时,开始时可以采用大尺寸刀具和大进刀量,然后采用残料外形加工来得到最终的光滑外形。选择该方式后,按钮被激活,单击该按钮,出现【残料加工】对话框,如图 5-32 所示。

图 5-31 【斜降下刀】对话框　　　　图 5-32 【残料加工】对话框

3. 补正(偿)设置

在实际的数控加工中,图形的大小就是零件完工后的大小。在外形加工编程时,若刀具中心的轨迹正好在图形轮廓上,则加工出来的零件将会比实际零件小。此时,为保证零件的实际大小,应将刀具向轮廓外偏移一个半径值,这就叫补正(或称补偿、偏置)。MasterCAM X[4] 系统提供了多种补正型式和补正方向供用户选用。

(1)【补正类型】:系统提供了 5 种补正型式,如图 5-33 所示。

图 5-33　补正类型

(2)【补正方向】:系统提供了 2 种补正型式,如图 5-34 所示。当采用控制器补正时,"补正方向"下面的"最佳化"亮显可用,它的作用是消除在刀具路径中小于或等于刀具半径的圆弧,并帮助防止表面挖槽。

（a）电脑补正　　　　　　　　（b）控制器补正

图 5-34　补正方向

(3)【校刀长位置】:设定刀具长度补正的位置,有 2 个选择,如图 5-35 所示。

（4）【转角设置】：系统提供了 3 种外形转角处的走刀方式，如图 5-36 所示。其实质是设置转角处是否要采用圆角过渡，以避免机床的运动方向发生突变，产生切削负荷的大幅度的变化，从而影响刀具的使用寿命。

图 5-35　校刀长位置　　　　　　　图 5-36　转角设置

4. 寻找相交性即误差分析

（1）【寻找相交性】：是沿全部刀具路径去寻找是否有相交现象，发现相交后，系统会调整刀具路径以防表面切坏。

（2）【曲线打断成线段的误差值】：用于 3D 外形铣削或 2D 的 Spline 曲线、NURBS 曲线或圆弧的铣削。设定的值越小，打断的线段越短，所产生的刀具路径越精确，但所花的路径计算时间也越长。

（3）【3D 曲线的最大深度变化量】：仅在 3D 外形铣削时才有效。设定的值越小，所产生的刀具路径越精确。

5. 加工预留量的设置

加工预留量分 XY 方向和 Z 方向，是指本次加工时，预留出一些余量以备后续精加工。此值是相对于计算机补正的参数，正值表示预留切削量，负值表示过切切削量。若刀具补正设为"关"，系统将忽略此参数的设定。

6. 分层铣削的设置

在机械加工中，考虑到机床及刀具系统的刚性，或者为达到理想的表面加工质量，对切削量较大的毛坯余量一般分为几刀进行加工。

（1）【平面多次铣削】：就是在 XY 方向分层进行粗铣和精修，主要用于外形材料切除量较大，刀具无法一次加工到定义的外形尺寸的情况。单击按钮，系统弹出如图 5-37 所示【XY 平面多次切削设置】对话框。

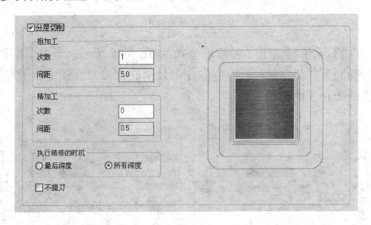

图 5-37　【XY 平面多次切削设置】对话框

（2）【Z 轴分层铣削】：就是在 Z 方向（轴向）分层粗铣与精修，用于材料较厚无法一次加工到最后深度的情形。单击按钮，系统弹出如图 5-38 所示的【深度分层切削设置】

对话框。在实际加工中,总切削量等于最后切削深度减 Z 向预留量。而实际粗切量往往要小于最大粗切量(一般不大于刀具的直径)的设定值,系统会按以下方法重新调整粗切量。

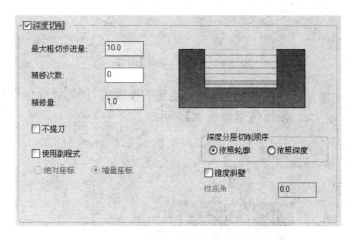

图 5-38 【深度分层切削设置】对话框

按公式:粗切次数＝(总切削量－精修量×次数－Z 向预留量)/最大粗切量,求值并取整,即为实际粗切次数;

实际粗切量＝(总切削量－精修量×次数－Z 向预留量)/实际粗切次数。

(3)【进/退刀向量】:为了使刀具平稳地进入和退出工件,一般要求在所有的 2D 和 3D 外形铣削路径的起点或终点位置,产生一段与工件加工外形相接的进刀路径或退刀路径,从而防止过切或产生毛边,延长刀具寿命。单击按钮,系统弹出如图 5-39 所示的【进刀/退刀】对话框。【进刀/退刀】图例如图 5-40 所示。

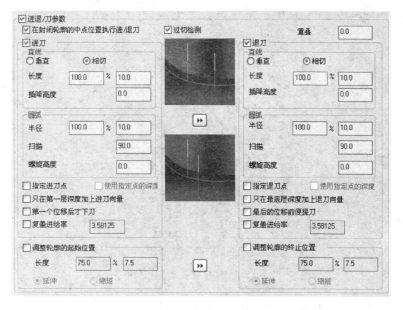

图 5-39 【进刀/退刀】对话框

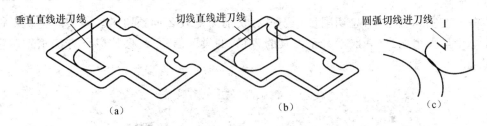

图 5-40 【进刀/退刀】图例

（4）【贯穿】：就是保证刀具的切削深度比毛坯的厚度大，使工件底部不留残料。单击按钮，系统弹出如图 5-41 所示的【贯穿参数】对话框。

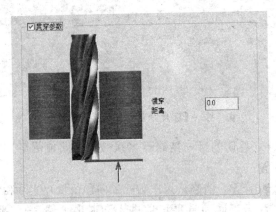

图 5-41 【贯穿参数】对话框

（5）【程式过滤】：单击按钮，系统弹出如图 5-42 所示的【过滤设置】对话框，从中可设置系统刀具路径产生的容许误差值，目的是通过删除 NCI 文件中共线的点和不必要的刀具移动来优化和简化 NCI 文件，从而优化刀具路径，提高切削效率。

图 5-42 【过滤设置】对话框

（6）【毛头】：设置刀具加工时为避开装夹板而抬刀的参数。单击按钮，系统弹出如图 5-43 所示的【跳跃切削参数】对话框。

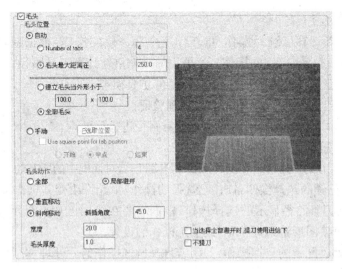

图 5-43 【跳跃切削参数】对话框

5.2.4 操作管理

操作的管理是由固定在主窗口左边的操作管理器来完成的,如图 5-44 所示。它将与加工相关的所有操作集中在一个窗口中,大大简化和方便了各项操作的管理,这是 MasterCAM 软件的特色之一。由于加工零件产生的所有刀具路径都会显示在操作管理器中,因而可对刀具路径进行综合管理,可以产生、编辑、重新计算刀具路径,还可以进行加工模拟、仿真模拟、后处理等操作;此外,还可以在该管理器中移动某个操作的位置来改变加工顺序,且各项可以拖动、剪切、复制、删除等。

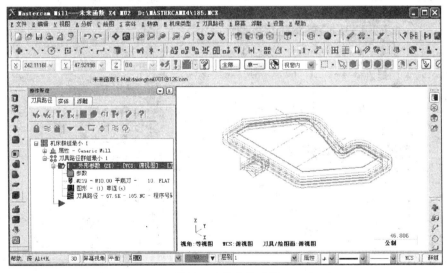

图 5-44 操作管理器

用户可选择打开或关闭主窗口中的操作管理器,方法是选择【视图】→【切换操作管理】菜单命令,也可以在打开一个含刀具路径的 MCX 文件的同时打开操作管理器。

1. 操作管理器中各选项的含义

(1) 选择全部操作/选择全部失效的操作:选择管理器中所有可用的/不可用的

操作,选中后在该项上有一个"√"。

(2)![icon]![icon]重新计算已选择操作/重新计算全部失效的操作:根据新输入的加工参数(改变参数后有红色![icon]标记的操作)/不可用的操作重新计算刀具路径。

(3)![icon]模拟已选择的操作:进行刀具路径的仿真模拟。

(4)![icon]验证已选择的操作:进行实体切削验证。

(5)**G1**后处理已选择的操作:对所选刀具路径进行后处理,产生 NC 程序。

(6)![icon]高速铣削:进行高速进给加工。

(7)![icon]删除所有的操作群组和工具:删除操作管理器对话框中的所有的刀具路径和操作。

(8)![icon]切换已锁的选择操作:锁住已选择的操作,不允许改变其操作。

(9)![icon]切换刀具路径显示的选择操作:根据需要在绘图区切换显示或不显示刀具路径,不显示时,可使图形清晰,便于后续加工操作的设置。

(10)![icon]切换已配置的选择操作:关闭或打开所选操作的后处理,即后处理时不生成此操作的 NC 代码。

(11)![icon]![icon]![icon]![icon]:改变输入下一步刀具路径的位置。

(12)![icon]单一显示已选择操作的刀具路径:只显示已选择的刀具路径。

(13)![icon]单一显示关联的图形:只显示与选择的刀具路径相关联的图形。

2. 操作管理器中列表框中的符号

在操作管理器下面的列表框中可列出所有的操作,如图 5-45 所示。在刀具路径的一个操作中可对其刀具参数、加工参数、串联的图形等进行修改,其中单击"图形-(1)串联(S)",可打开如图 5-46 所示的【串联管理器】对话框,对图形的编辑修改参见图 5-47 中的快捷菜单。

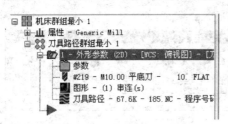

图 5-45　操作管理器中的列表框

图 5-46　【串联管理器】对话框

图 5-47　【串联管理器】对话框的快捷菜单

3. 操作管理器中常用的快捷键

复制:Ctrl+c　　　　　修剪:Ctrl+x　　　　　粘贴:Ctrl+v

删除:Delete　　　　　选所有操作:Ctrl+A　　　扩展/取消:Ctrl+E

5.2.5　加工模拟

加工模拟就是仿真加工，即对刀具路径进行模拟验证，以检验加工的正确性，及时发现过切、切削不足或干涉现象，并及早改善。所谓刀具路径模拟，是通过刀具刀尖运动轨迹，在工件上形象地显示刀具的加工情况，由此判断和检验刀具路径的正确性。常用的加工模拟方法为线架形式的验证方法，这种方法不但模拟速度快，而且还可以设置多视窗，达到从多角度同时视察加工情况的目的，如图 5-48 所示。

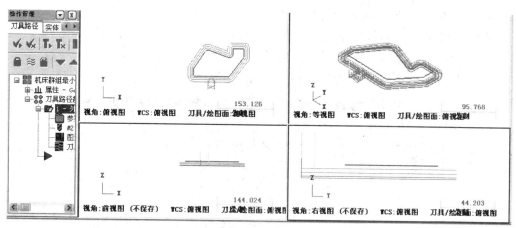

图 5-48　多视窗线架形式模拟加工

当切削参数设置完成后，在如图 5-49 所示的【刀具路径】操作管理器中选中所需模拟加工的操作，再单击其中的"模拟已选择的操作"按钮，系统弹出如图 5-50 所示的【刀具模拟】对话框及如图 5-51 所示的【刀具模拟】工具栏。

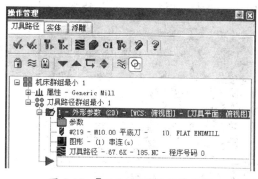

图 5-49　【刀具路径】操作管理器

图 5-50　【刀具模拟】对话框

图 5-51　【刀具模拟】工具栏

1. 刀具路径模拟设置

在图 5-50 所示的【刀路模拟】对话框中单击 ▼ 按钮，显示详细资料和信息。其中，【详细资料】中列出刀具等资料；【信息】则列出时间、路径长度、切削进给率等。

此外，还用图标的方式提供了许多控制模拟加工的方法，分别解释如下。

（1）着色验证：将刀具所移动的路径着色显示。

(2) 显示刀具：在模拟加工中显示刀具。

(3) 显示夹头：在模拟加工中显示刀具的夹头。

(4) 显示下刀刀路：显示仪 G00 方式下刀时的刀具路径。

(5) 显示路径：显示几何图形端点刀具路径。

(6) 着色刀具路径：将刀具路径着色显示。

(7) 参数设定：提供多种参数、颜色来显示刀具和刀具路径。

单击“参数设定”按钮，系统弹出如图 5-52 所示的【刀具路径模拟选项】对话框。

(8) 最后显示：显示最后的刀具路径。

(9) 部分显示：直接选择刀具路径上的某段，系统将显示其刀具路径。

(10) 保存显示状态：保存刀具及夹头的显示状态。

(11) 保存刀具路径：保存刀具路径为几何图形。

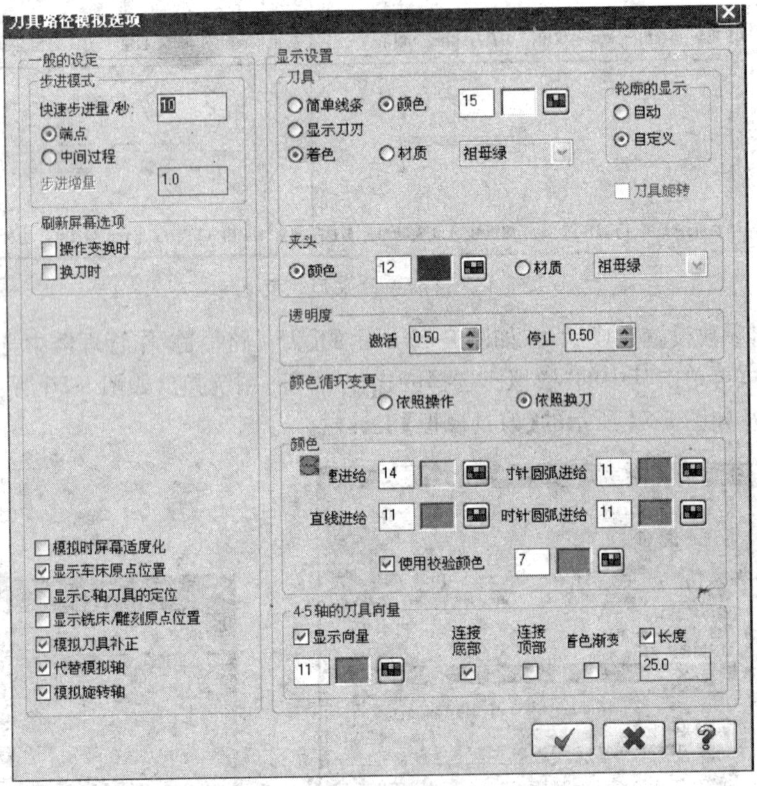

图 5-52 【刀具路径模拟选项】对话框

2. 刀具路径模拟操作工具栏

通过刀具路径模拟工具栏的设定，可以以手动或自动方式实现刀具路径的快速模拟，较快地分析刀具路径的正确性。该工具栏上各选项的含义如图 5-53 所示。

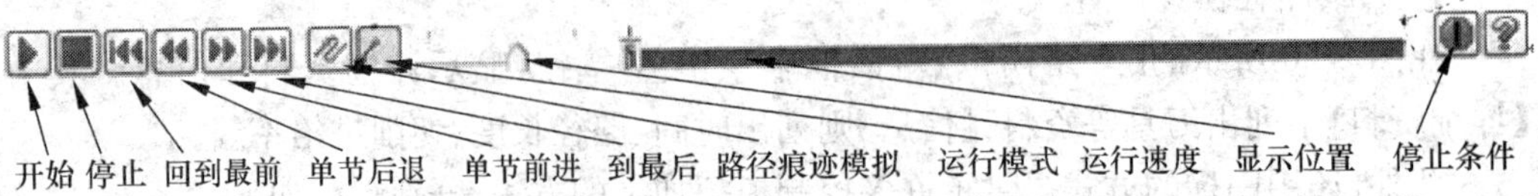

图 5-53 刀具路径模拟工具栏上各选项的含义

5.2.6 产生后置处理程序

当模拟完成后，系统同时产生了 NCI 文件，NCI 文件就是记录了刀具轨迹及辅助加工的一种数据文件。但要得到具体的数控程序，则要进行后置处理。所谓后置处理，就是将 NCI 文件转换成能在机床上实现自动加工的 NC 文件。

在【刀具路径】操作管理器中单击"后处理已选择的操作"按钮，系统弹出如图 5-54 所示的【后处理程式】对话框。

图 5-54　【后处理程式】对话框

下面介绍该对话框中各项参数的作用。

(1)【更改后处理程式】按钮：用于选择或改变后处理器的类型，但此按钮只有在未指定后处理器的情况下才被激活亮显。若用户想更改后处理器的类型，可以选择【机床类型】→【后处理类型】菜单命令。

(2)【输出 MCX 文件的信息】复选框：选择此复选框，用户对 .mcx 文件的注解及描述也将在 NC 程序中出现，单击按钮，弹出如图 5-55 所示的【图形属性】对话框，可以对注解描述进行编辑修改。

图 5-55　【图形属性】对话框

（3）【NC 文件】选项组：设置 NC 文件产生后的保存方式。其中，【覆盖】和【覆盖前询问】是指在生成 NC 程序时，若存在相同名称的 NC 文件，系统是否提示覆盖；选择【编辑】复选框，系统在保存 NC 文件后，还将弹出如图 5-56 所示的 NC 文件编辑器，供用户检查或编辑修改 NC 程序。

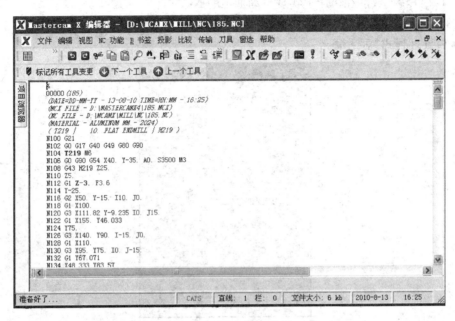

图 5-56　NC 文件编辑器

选择【将 NC 程序传输至】复选框，单击其后的按钮，系统将打开【传输参数】对话框，用于设置传输参数。"传输方式"有"Legacy"和"MasterCAM"两种。

（4）【NCI 文件】选项组：设置 NCI 文件的保存方式。和 NC 文件一样，有【覆盖】、【覆盖前询问】和【编辑】3 种。一般情况下产生的 NCI 文件是不保存的。

5.2.7　外形铣削加工的技术要点

1. 绘制二维图形

二维加工时，可以只绘制工件的外形图（XY 方向），而深度（Z 方向）则可不绘制，仅在工件设定时给定毛坯的厚度即可。

2. 外形轮廓的串联

外形加工时，MasterCAM X⁴ 是用串联操作来定义外形轮廓及刀具的进给方向的，因此，绘图时要保证外形的完整、连续，无分歧点和重复的图素。常见外形串联中的错误有如图 5-57 所示的外形不封闭、重复画线和有多余线头，应当避免。

3. 刀具的选择及进刀/退刀点的确定

外形铣削一般采用平刀，刀具直径应小于内凹圆弧的直径，且应综合考虑机床、刀具的刚性和工件的材料等因素。为减少接刀痕迹，保证零件的表面质量，铣刀切削的进刀点和退刀点，应沿零件轮廓曲线的延长线上切入和切出，如果切入和切出的距离受到限制，可采用先直线进刀再圆弧过渡的加工路线。

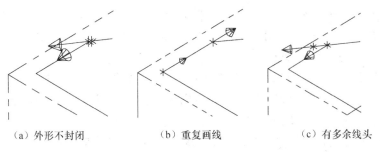

(a) 外形不封闭　　　　　(b) 重复画线　　　　　(c) 有多余线头

图 5-57　串联外形轮廓常见的错误

5.2.8　外形铣削加工项目

铣削如图 5-58 所示板状零件的外形轮廓。

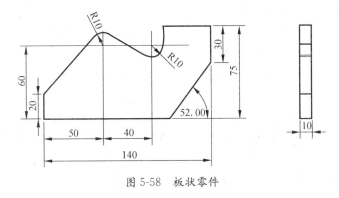

图 5-58　板状零件

操作步骤：

(1)绘制板状零件的外形轮廓,零件的厚度、点划线和尺寸标注可不画。

(2)按 5.1.3 节中介绍的方法设置毛坯,单击按钮,在弹出的【边界盒选项】对话框中设置 X、Y 方向的【延伸量】(即单边余量)均为"10",再单击按钮。边界盒设置完成后,回到【素材设置】选项卡,此时,【素材原点】和毛坯的 X、Y 方向尺寸都有了,只要设置 Z 方向尺寸为"10"即可。

(3)选择【机床类型】→【铣削系统】→【默认】菜单命令,默认为铣床命令。

(4)单击【2D 刀具路径】工具栏上的"外形铣削"按钮,或选择【刀具路径】/【外形铣削】菜单命令,按系统提示串联需加工的外形后,单击串联选择对话框中的"确定"按钮,结束串联选择,如图 5-59 所示。

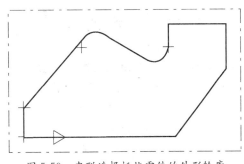

图 5-59　串联选择板状零件的外形轮廓

209

(5)串联完成后,系统弹出外形铣削对话框,设置【刀具参数】选项卡。选取一把 $\Phi 16$ 的平底刀,设置【进给率】为"500",【进刀速率】为"350",【主轴转速】为"2200",选择【快速提刀】复选框,并选择【液体冷却】方式。

(6)设置 共同参数 选项卡。设置【安全高度】为"50",【参考高度】为"15",【进给下刀位置】为"2",【深度】为"-10",根据加工起点及方向选择【补正方向】为左或右,选择【刀具走圆弧】为尖角,此外,还要进行以下设置。

单击✓ 深度切削 按钮,在弹出的【XY平面多次切削设置】对话框中,设置【粗切次数】为"2",【粗切间距】为"5",【精修次数】为"1",【精修间距】为"0.5",并勾选【不提刀】复选框后,单击按钮。

单击✓ 分层切削 按钮,在弹出的【深度分层切削设置】对话框中,设置【最大粗切步进量】为"3",【精修量】为"1",勾选【不提刀】复选框后,单击 ✓ 按钮。

单击✓ 惯穿 按钮,设置贯穿距离为"2",以保证将零件全部切除,然后单击 ✓ 按钮。

单击 进退/刀参数 按钮,在弹出的【进刀/退刀】对话框中,设置【重叠量】为"1",【斜向高度】为"18",【螺旋高度】为"20",勾选【只在第一层深度加上进刀向量】后,单击 ✓ 按钮。

(7)单击【外形(2D)】对话框中的按钮,结束外形参数的设置,产生的刀具路径如图 5-60 所示。

(8)单击【图形视角】工具栏中的"等角视图"按钮;再单击【刀具路径】操作管理器中的"模拟已选择的操作"按钮,系统弹出【刀路模拟】对话框,单击"模拟执行"按钮,开始刀具路径的模拟。模拟后的效果如图 5-61 所示。

(9)按 5.2.6 节介绍的方法,进行后置处理,得到 NC 程序。

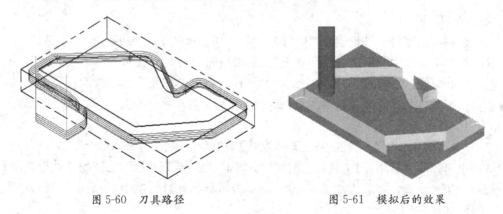

图 5-60 刀具路径　　　　　　　图 5-61 模拟后的效果

5.3 挖 槽 加 工

挖槽加工用来粗铣或精铣出封闭外形所围成的凹槽,允许槽中有不铣削的区域(称为岛屿)。生成挖槽加工刀具路径的步骤和外形铣削基本相同,主要有"刀具参数"、"挖槽加工参数"和"粗/精铣参数"。

5.3.1 刀具参数设置

在【2D 刀具路径】工具条中单击"挖槽"按钮,或选择【刀具路径】/【标准挖槽】菜单命令,然后在绘图区中串联要加工的 2D 外形,系统弹出【标准挖槽】对话框中的【刀具参数】选项卡。该选项卡中的内容及刀具的选择可参照外形铣削。

5.3.2 挖槽参数设置

在【标准挖槽】对话框中选择【切削参数】选项卡,如图 5-62 所示,其中包含了安全高度、参考高度、进给下刀位置等参数,同外形铣削相同,此处不再赘述。

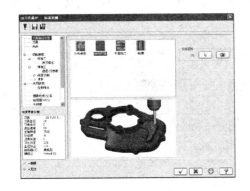

（a）【标准挖槽】对话框

（b）【刀具】选项卡

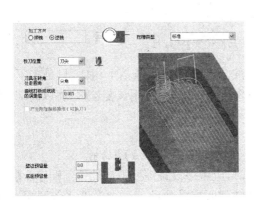

（c）【切削参数】选项卡

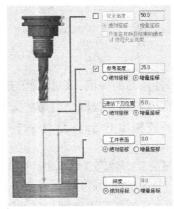

（d）【共同参数】选项卡

图 5-62 【2D 挖槽参数】选项卡

1. 设置"加工方向"

加工方向有顺铣和逆铣两种,它是由切削时刀具旋转方向与工件移动方向的相对运动关系造成的,如图 5-63 所示。

图 5-63 顺铣和逆铣

（1）顺铣:指刀具的切削运动方向和机床工作台的移动方向相同。一般数控加工多选用顺铣,有利于延长刀具的寿命并获得较好的表面加工质量。

（2）逆铣:指刀具的切削运动方向和机床工作台的移动方向相反。逆铣多用于大吃刀量时的粗加工。

提示：

一般情况下，粗加工时采用逆铣，精加工时采用顺铣。但由于当前的数控机床通常都具有间隙消除机构，能可靠地消除工作台进给丝杆与螺母间的间隙，防止铣削过程中产生振动。因此，在工件毛坯表面没有硬皮，工艺系统具有足够的刚性的条件下，尽量采用顺铣，特别是对难加工材料的铣削。

2. 设置"分层铣深"

在【标准挖槽】对话框中选择【深度切削】选项卡，弹出如图 5-64 所示的【深度分层切削设置】对话框。

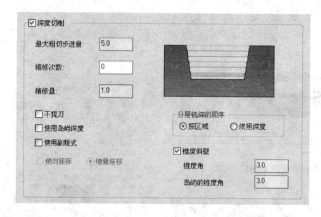

图 5-64 【深度分层切削设置】对话框

（1）使用岛屿深度：该对话框与外形铣削的分层铣深对话框基本相似，只是多了一个【使用岛屿深度】复选框。当岛屿深度与外形深度不一致时，选用该复选框，将以岛屿的深度来进行铣削加工岛屿，否则岛屿深度和外形深度相同。

提示：

选择【使用岛屿深度】或【锥度斜壁】复选框后，则无法选用【使用副程式】复选框。

（2）分层铣深的顺序：当有多个挖槽外形时，应考虑设置深度方向的铣削顺序。【按区域】是指将所有的外形铣到相同的深度后，再铣削所有外形的下一个深度；【依照深度】是指同一个挖槽外形的所有深度铣削完毕后，再铣削下一个外形的深度。

3. 设置"进阶设定"

在【标准挖槽】对话框中选择【粗加工】选项卡，系统弹出【粗加工】对话框，如图 5-65 所示，可进行进阶设定。

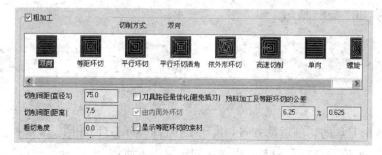

图 5-65 【粗加工】对话框

212

4. 设置附加精修操作

在【标准挖槽】对话框中选择【切削参数】选项卡中,选择【产生附加精修操作(可换刀)】复选框,则在挖槽时,可以附加一个精加工操作,即一次完成两个刀具路径的设置。

5.3.3 粗、精加工参数设置

在【标准挖槽】对话框中选择【粗加工/精加工】选项卡,如图 5-66 所示。

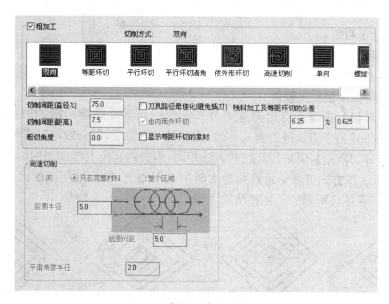

（a）【粗加工】选项卡

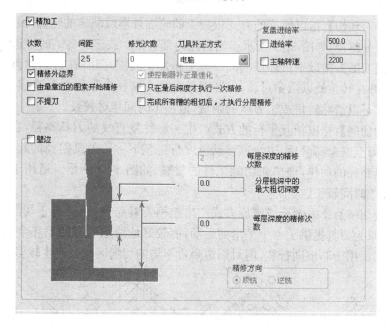

（b）【精加工】选项卡

图 5-66 【粗加工/精加工】选项卡

1. 粗切

粗切包括粗切加工方式、切削间距、下刀方式等。

1)粗切加工方式

根据工件形状和结构的不同,粗切时所采用的切削方式也不相同。系统提供了8种方式,其释义如下。

(1)【双向切削】:指以相互平行且连续不提刀的方式产生一组往复直线的刀具路径,来回均要切除工件材料,如图5-67所示。该方式加工速度快,加工时间少,最经济,但刀具易磨损,适合于粗铣。

(2)【等距环切】:指以等距切削的方式产生一组环绕回圈的刀具路径,如图5-68所示。该方式具有较小的线性移动,可清除干净所有的毛坯,适合于加工规则的单行腔,加工后的行腔底部及侧壁质量较好。

(3)【平行环切】:指以平行单向进刀方式产生一组等距螺旋回圈的刀具路径,如图5-69所示。该方式由于刀具进刀方式一致,使刀具切削稳定,但一般难以清除干净毛坯。

(4)【平行环切清角】:同平行切的方法相同,但在内腔角上增加小的清除加工路径,如图5-70所示。该方式可避免角落余量大时加工不完全,和平行环切相比,虽增加了可用性,但也难以保证将所有的毛坯都清除干净。

图5-67 双向切削　　图5-68 等距环切　　图5-69 平行环切　　图5-70 平行环切清角

(5)【依外形环切】:指以螺旋的方式依加工的轮廓外形或岛屿的轮廓外形产生一组环绕其外形的刀具路径,如图5-71所示。当行腔内部有单个或多个岛屿时可选用。

(6)【高速切削】:指以平行环切的同一方法粗加工内腔,但其在行间过渡时采用一种平滑的方法,并在转角处以圆角过渡,保证刀具在整个路径中平稳而高速移动,如图5-72所示。该方式可以清除转角或边界壁的余量,但加工时间相对较长。

(7)【单向切削】:指以相互平行的方式产生一组往复直线的刀具路径,在每段直线路径的终点,提刀至安全高度后,以快速移动速度行进至下一段刀具路径的起点,再进行铣削下一段刀具路径的动作,即单向切除工件的材料,如图5-73所示。适用于切削参数较大时选用,加工时间较长。

(8)【螺旋切削】:指以圆形或螺旋方式产生挖槽刀具路径,用所有正切圆弧进行粗加工铣削,其结果为刀具提供了一个平滑的运动,能较好地清除所有的毛坯余量,如图5-74所示。该方式适用于非规则行腔,但对周边余量不均的切削区域会产生较多抬刀。

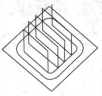

图5-71 依外形环切　　图5-72 高速切削　　图5-73 单向切削　　图5-74 螺旋切削

2）切削间距

指双向和单向粗加工时，在 XY 平面方向上两条刀具路径之间的距离。可以以刀具直径的百分比来表示，一般取 60％～75％；也可以直接设置粗切削间距，即在【切削间距（距离）】后的文本框内直接输入距离值。

提示：

①切削间距的两种输入方式有互动关系，即只需用其中的一种方式输入一个值，另一值就会自动更新。

②若只需精铣时，切削间隙参数要设为 0。

3）粗切角度

设置切削刀具进刀的切削角度，该角度是以挖槽加工时刀具相对构图平面 X 轴正向的移动角度。图 5-75 所示为当粗切角度分别设为 0°、30°时，切削的起点及刀具运动的方向。

（a）粗切角度设为0°　　　　　（b）粗切角度设为30°

图 5-75　粗切角度的刀路

提示：

由于形状不同，粗加工时尽可能使切削方向与最大截面方向相同，提高加工效率。

4）粗加工的下刀方式

平铣刀主要用侧面刀刃切削材料，端部的切削能力很弱，通常都无法承受直接垂直下刀（不勾选下刀方式时）的撞击，因此，挖槽加工粗铣时，MasterCAM 提供了两种 Z 向下刀方式，即螺旋下刀和斜插下刀。

螺旋下刀是指刀具在进入工件切削前采用螺旋式下刀，如图 5-76 所示。选中【螺旋形】复选框并单击 **螺旋式下刀** 按钮，弹出【螺旋形下刀参数】对话框，如图 5-77 所示。

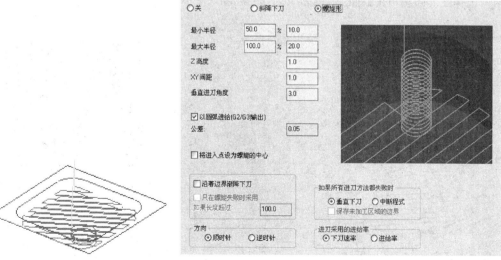

图 5-76　螺旋形下刀　　　　　图 5-77　【螺旋形下刀参数】对话框

【螺旋式下刀】选项卡中各选项的含义如下：

(1)【最小半径】/【最大半径】：用来设置螺旋下刀的最小/最大半径。

(2)【Z方向开始螺旋位】：用来指定开始螺旋下刀时距离工件表面的高度。系统由该位置开始执行下刀，是螺旋下刀的总深度。该值必须设为正值，且要保证Z方向的预留量大于槽铣削的深度。

提示：

该值越大，刀具在空中的螺旋时间越长，一般设置为粗切削每层的进刀深度即可，大了会浪费时间。

(3)【XY方向预留间隙】：用于指定下刀时刀具与工件内壁在XY方向的预留间隙。

(4)【进刀角度】：用于指定螺旋下刀时螺旋线与XY平面间的夹角，一般设定为$5°\sim 20°$。

提示：

对于相同的螺旋下刀高度而言，螺旋下刀角度越大，圈数越少、路径越短、下刀越陡。

(5)【以圆弧进给】：选择此复选框，系统采用圆弧移动代码将螺旋下刀刀具路径写入NCI文件；否则，依据【公差】文本框设置的误差转换为直线移动代码写入NCI文件。

(6)【将进入点设为螺旋的中心】：选择此复选框后，系统将使用在选择挖槽轮廓前所选择的点作为螺旋式下刀的中心点。

(7)【方向】：用于指定螺旋式进刀的旋向，有顺时针和逆时针两种。

(8)【沿着边界渐降下刀】：选择该复选框而未选中【只在螺旋失败时采用】复选框时，表示刀具沿边界移动；如选中【只在螺旋失败时采用】复选框，则表示仅在螺旋进刀失败时，刀具沿边界移动。

(9)【如果所有进刀方法都失败时】：当所有螺旋进刀尝试失败后，系统采用垂直下刀或中断程式，还可以保留程式中断后的边界为几何图形。【垂直踩刀】表示允许刀具以Z轴进给率下刀并开始挖槽；【中断程式】表示系统将跳离此特别的挖槽操作。

(10)【进刀采用的进给率】：设置螺旋下刀的速率为Z轴方向的下刀速率或水平切削的进给率。

斜插下刀是指刀具在进入工件切削前采用双向铣削的方式沿斜面下刀，如图5-78所示。选择图5-77中的【斜插下刀】选项卡，如图5-79所示。

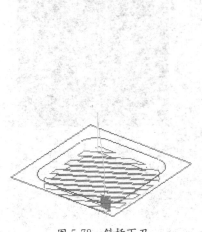

图5-78 斜插下刀

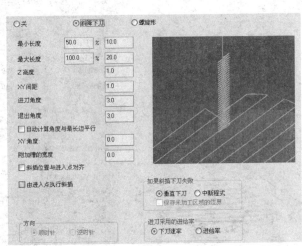

图5-79 【斜插下刀】选项卡

【斜插下刀】选项卡中各选项的含义如下。

(1)【最小长度】/【最大长度】:用来指定斜线下刀刀具路径的最小/最大长度。最大长度可根据加工位置的宽度确定,当最大长度不可进行斜向进刀时将采用最小长度。

(2)【进刀角度】/【退刀角度】:用于指定斜插切进和切出时斜线与 XY 平面间的夹角,一般设定为 $5°\sim20°$。

提示:

对于相同的斜插下刀高度而言,斜线切近和切出角度越大,斜插下刀段数越少、路径越短、下刀越陡。

(3)自动计算角度/XY角度:选中【自动计算角度与最长边平行】复选框,表示由系统自动决定 XY 轴方向的斜线进刀角度,否则,用户可由【XY 角度】文本框中输入进刀角度值。

(4)【附加的槽宽】:用于指定刀具每一次快速直落时添加的额外刀具路径。

(5)【斜插位置与进入点对齐】:选中该复选框,可调整进刀点直接沿斜线下移至挖槽路径的起点。

(6)【由进入点执行斜插】:选择该复选框,表示进刀点即为斜线下刀路径的起点。

5)粗切其他参数

除了以上参数外,粗切还有几个参数如下。

(1)【刀具路径最优化】:选择该复选框,能优化挖槽刀具路径,达到最佳铣削效果。

(2)【由内而外环切】:当用户选择的粗切方式是环切时,选中此复选框,系统将由内到外逐圈环切,否则由外到内逐圈环切。

(3)【高速切削】:当用户选择的粗切方式是【高速切削】时,系统将高速切削变为有效方式,如图 5-80 所示的【高速切削】对话框,可进一步设置高速切削参数。

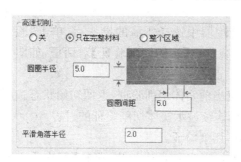

图 5-80 【高速切削】对话框

2. 精加工

为保证较高的加工精度和表面质量,设置沿槽及岛屿外形进行精修的次数和每次的切削量,还可设置精修和时机等参数。

(1)【次数】/【间距】:设置挖槽精加工的次数及每次精加工的切削间距(即每层切削量)。

(2)【修光次数】:精加工次数完成后,再在精加工完成位置进行精修,可以设置多次精修。

(3)【精修外边界】:表示对内腔壁及槽中岛屿外形均执行精铣路径;否则,只精铣岛屿外形,而不精铣槽的外形边界。

(4)【由最靠近的图素开始精修】:表示从粗加工刀具路径终了处的最近点开始执行槽形区域的精铣加工。

（5）【不提刀】：表示在进入精铣时持续保持刀具向下铣削，每次精加工前不再退刀。

（6）【使控制器补正最佳化】：表示对控制器补正时的精铣路径进行优化，即删除小于或等于刀具半径的圆弧刀具路径。

（7）【只在最后深度才执行一次精修】：当粗加工采用深度分层铣削时，只在粗铣至最后深度时才做精修路径，且仅精修一次；否则，于每一层深度粗铣后即执行精修路径。

（8）【完成所有槽的粗切后，才执行分层精修】：设定槽形区域的精铣加工顺序。挖槽加工时如有多个挖槽区域，勾选此项，表示先完成所有槽形区域的粗加工，再执行精加工；否则，完成某个区域的粗加工后即执行精加工，之后再继续下一个槽形区域的粗加工和精加工。

（9）【覆盖进给率】：该选项区有【进给率】和【主轴转速】两个复选框，用户可在此设置精加工的进给率和主轴转速，否则进给率和主轴转速采用粗加工的值。

（10）【薄壁精修】：在铣削薄壁零件时，单击此按钮，系统弹出【薄壁精修次数】对话框，可设置更细致的薄壁件精加工参数，以保证薄壁件在最后的精加工时不变形。

5.3.4 后置处理及真实感模拟

在外形铣削中介绍了刀具路径的模拟，虽然从中可以模拟加工过程，检验刀具是否正确，但直观性不强。MasterCAM X^{4}还提供了实体形式的刀具路径模拟验证方法，该方法生动逼真，既可以直观地查看实际加工效果，也可以查验是否有刀具夹头的干涉现象，所以又称其为真实感模拟。但当零件结构形状复杂时，其模拟速度较慢，并且对毛坯的尺寸设定应合适，否则会造成错误的判断。

图 5-81 【实体切削验证】
对话框

1. 实体验证对话框

在【刀具路径】操作管理器中选择所需的操作后，单击"验证已选择的操作"按钮，系统弹出【实体切削验证】对话框，如图5-81所示。

（1）◄◄ 重新开始：结束当前实体切削验证，返回初始状态。

（2）► 持续执行：开始连续显示实体切削验证的过程。

（3）■ 暂停：暂停实体切削验证。

（4）►▌手动控制：单击一下走一步或几步，可在【每次手动时的位】文本框中输入每次的步进量。

（5）►► 快速前进：不显示加工过程，直接显示加工后的效果。

（6）◎ 最终结果：实体验证过程中不显示刀具、夹头和模拟过程，只显示最终结果。

（7）▌模拟刀具：实体验证过程中显示刀具和模拟过程。

（8）▼ 模拟刀具和夹头：实体验证过程中显示刀具、夹头和模拟过程。

（9）━▯━ 速度质量滑动条：调整实体验证的速度和质量，提高速度将降低质量。

（10）▥ 参数设定：可对实体验证中的参数进行设置。

（11）✎ 剖切素材：单击该按钮后，再用鼠标单击工件上要剖切的位置,选择要留下的部分,即可显示工件的断面形状。

(12) ✗ 精确的放大:仅对真实实体切削验证有效。验证完成后单击该按钮,再单击主窗口工具栏的缩放按钮或用鼠标滚轮对图形进行缩放。

(13) 💾 素材以文件形式存储:将该图形文件以"＊.STL"的文件类型保存到数据文件夹中。

(14) ⚡ ━━━━ ⯇⯈ 实体验证速度滑动条:用于调节仿真加工的速度。

2. 验证参数的设置

在【实体切削验证】对话框中单击"参数设定"按钮 ▣ ,系统弹出如图 5-82 所示的【验证选项】对话框,在该对话框中可设置实体的大小、显示形式、刀具或夹头的显示与否、颜色以及切削颜色等。

图 5-82 【验证选项】对话框

5.3.5 挖槽加工中的其他加工方法

挖槽模组共有标准挖槽、平面加工、使用岛屿深度、残料加工和开放式 5 种加工方法。系统默认的是标准挖槽方法,即铣削所定义外形内的材料,而对边界外或岛屿的材料不进行铣削。其他 4 种方法用于辅助挖槽加工,可在挖槽对话框的【2D 挖槽参数】选项卡左下方的【挖槽加工形式】下拉列表中选择所需加工方法,如图 5-83 所示。

图 5-83 【挖槽加工形式】下拉列表

1. 平面加工

将挖槽加工路径向边界延伸指定的距离,即刀具可以超出边界范围外进行边界再加工。该功能可用于取出一般挖槽加工可能在边界处留下的毛刺。选择挖槽类型为|平面加工|后,系统弹出如图 5-84 所示的【平面加工】对话框,其设置选项如下。

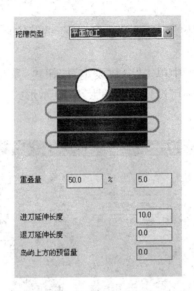

图 5-84 【平面加工】对话框

(1)【刀具重叠的百分比】/【重叠量】:设置刀具超出边界的距离,可用刀具直径的百分比来确定,也可以直接在【重叠量】文本框中输入超出的值。这两个参数中的一个发生变化时,另一个也会发生相应的变化。

(2)【进刀引线长度】:确定从工件到第一次端面加工的起点的距离,是输入点的延伸。

2. 使用岛屿深度

当岛屿深度和槽的深度不一样时,就需要采用"使用岛屿深度"方式来加工。该方法加工时不对边界外进行铣削,但可将岛屿铣削至设置的深度。选择挖槽类型为"使用岛屿深度"方式后,系统弹出如图 5-85 所示的【使用岛屿深度】对话框,与"平面加工"不同的是该对话框中的选项"岛屿上方预留量"激活,同时它的"边界"指的是岛屿的轮廓线。

(1)【岛屿上方预留量】:设置岛屿的最终加工深度,即岛屿与工件表面的距离。

设置了岛屿的加工深度后,在挖槽的【深度分层铣削设置】对话框中的【使用岛屿深度】复选框被选中,如图 5-85 所示。

(2)【使用岛屿深度】:选择该复选框,当铣削的深度低于岛屿加工深度时,先将岛屿加工到其设置的深度,再将槽加工到最终深度;为选择该复选框,则先进行槽的下一层加工,再将岛屿加工到岛屿深度,最后将槽加工到最终深度。

3. 残料加工

主要是选用较小的刀具以挖槽方式去除上一次(较大刀具)加工余留的残料。选择"残料加工"方式后,系统弹出如图 5-86 所示的【残料加工】对话框,其设置方法同外形铣削中的残料加工。

220

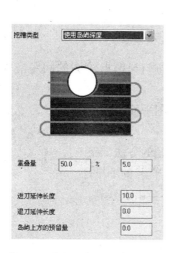

图 5-85 【使用岛屿深度】对话框

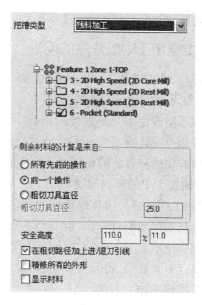

图 5-86 【残料加工】对话框

4. 开放式

该功能用于串联的轮廓外形没有完全封闭,有一部分是开放的槽形零件的加工。在采用该方式时,系统先将未封闭的串联进行封闭处理,再对封闭后的区域进行挖槽加工。选择**开放式挖槽**方式后,系统弹出如图 5-87(a)所示的【开放式挖槽】对话框。设置完成后生成的开放式刀具路径如图 5-87(b)所示。

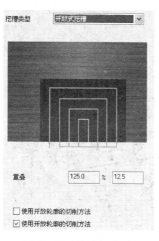

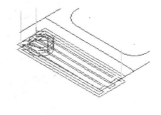

（a）【开放式挖槽】对话框 　　　　（b）开放式刀具路径

图 5-87 开放式轮廓挖槽加工

(1)【刀具重叠的百分比】/【重叠距离】:这两个文本框中的数值是相关的,改变其中的一个参数,另一个参数也会做相应改变。当将这两个参数设置为 0 时,系统直接用直线连接未封闭串联的两个端点;当将这两个参数值设置成大于 0 时,系统将未封闭串联的两个端点连接向外偏移设置的距离后形成封闭的挖槽区域。

(2)【使用开放轮廓的切削方法】:选中该复选框,系统采用开放式加工的走刀方式;否则,可以选择【粗切/精修的参数】选项卡中的走刀方式。

5.3.6 挖槽加工中应注意的问题

在进行二维挖槽加工中,必须注意以下问题。

1. 二维图形的设计和绘制问题

(1)在不能改变小刀具直径的情况下,要注意岛屿与槽形轮廓的间距应大于刀具直径,否则可修改设计或工艺。

(2)槽的轮廓和岛屿的轮廓必须位于相同的构图平面上。

2. 挖槽加工中的残料问题

挖槽加工中最容易出现残料问题,解决残料问题的方法如下。

(1)改小切削间距百分比,但最小不要小于刀具直径的50%。

(2)改变挖槽走刀方式,双向切削和等距环切不会出现残料。

(3)改变刀具直径,将刀具直径改大。

(4)采用残料加工方法。

加工时,要多次调试,直到没有残料为止。

3. 挖槽加工中的其他问题

(1)斜面上的槽不能直接加工,要用到后面介绍的投影加工方法。

(2)加工岛屿的数量受计算机内存的限制。

5.3.7 挖槽加工项目

现有一摇臂零件,如图 5-88 所示,试铣削加工出其凹模。

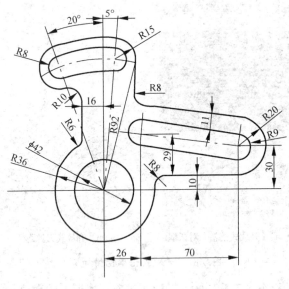

图 5-88　摇臂零件

操作步骤:

(1)绘制图 5-88 所示的摇臂零件,零件的厚度、点划线和尺寸标注可不画。

(2)用"边界盒"的方法设置毛坯,其中设置 X、Y 方向的【延伸量】均为"10",再单击按

222

钮。边界盒设置完成后,回到【素材设置】选项卡,设置 Z 方向尺寸为"20"即可。

(3)选择【机床类型】→【铣削系统】→【默认】菜单命令,默认为铣床命令。

(4)单击【2D 刀具路径】工具栏上的"挖槽"按钮,或选择【刀具路径】/【标准挖槽】菜单命令,按系统提示串联需加工的外形和内部岛屿后,单击串联选择对话框中的"确定"按钮,结束串联选择。

(5)当串联完成后,系统弹出【标准挖槽】对话框,设置【刀具】选项卡。选取一把 $\phi5$ 的平底刀,选择【液体冷却】方式,设置【进给率】为 200,【进刀速率】为 150,【主轴转速】为 1000,并选择【快速提刀】复选框。

(6)设置【共同参数】选项卡。其中【安全高度】为 50,【参考高度】为 15,【进给下刀位置】为 2,【深度】为-10,此外,还要进行以下设置。

单击"深度切削"按钮,设置【最大粗切深度】为 3,【精修次数】为 1,【精修量】为 0.3,勾选【不提刀】复选框。设置完成后,单击 ✔ 按钮。

选择"过滤程式"复选框,其参数使用默认设置。

(7)设置"粗切/精修的参数"选项卡。

粗加工:选择【平行环切】的粗切方式,勾选【刀具路径最佳化】、【由内而外环切】和【螺旋式下刀】3 个复选框。

精加工:勾选【不提刀】和【只在最后深度才执行一次精铣】两个复选框。

设置完成后,单击 ✔ 按钮,可得如图 5-89 所示的挖槽刀具路径。

(8)单击【图形视角】工具栏中的"等角视图"按钮;再单击【刀具路径】操作管理器中的"验证已选择的操作"按钮,系统弹出【实体切削验证】对话框,单击【持续执行】按钮,开始真实感模拟。模拟后的效果如图 5-90 所示。

(9)实体切削验证后,在图 5-90 中发现有未切干净的残料。可将【粗切/精修的参数】选项卡中的【切削间距】减小(一般为 60%~75%,不要小于 50%,这里取 60%),也可重新选择粗加工方式(双向切削和等距环切不会留残料),还可采用残料加工。残料加工的方法和步骤与挖槽相似,串联轮廓、刀具选择及挖槽参数的设置都一样,只是将挖槽的方式改为"残料加工",在弹出的【挖槽的残料加工】对话框中,选择【所有先前的操作】单选钮,并勾选【精修所有的外形】和【显示材料】两个复选框后,单击按钮。

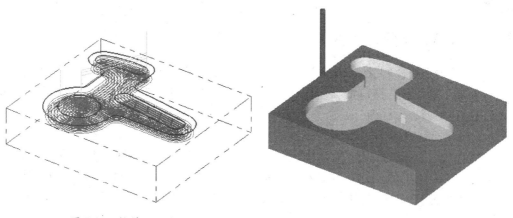

图 5-89　挖槽刀具路径　　　　　　　图 5-90　模拟加工后的效果

223

（10）残料加工完成后，有时还会有一些残料，可加大刀具直径或进行"进阶设定"。单击"进阶设定"按钮，在弹出的【进阶设定】对话框中，将【刀具直径的百分比】文本框汇总的数值设置为"2"，以减小残留公差。设置完成后，单击按钮。

提示：

【进阶设定】对话框中的【公差设定】是指残留公差，它也可以用刀具直径的百分数来表示。公差值设置越小，残留在工件上的材料越少，但计算时间越长。

（11）设置完成后，单击按钮退出【挖槽】对话框，绘图区分别显示"粗切刀具可以加工的区域"、"精切刀具可以加工的区域"、"残留材料"和"残留材料面积"，按【Enter】键相应即可。显示材料结束后，绘图区出现如图 5-91 所示的残料加工刀具路径，实体验证的最终效果如图 5-92 所示。

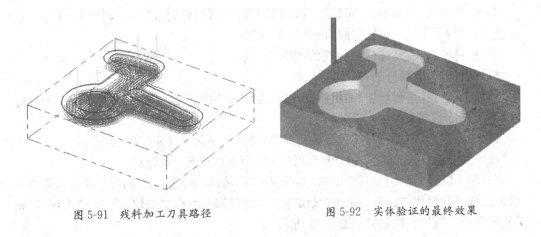

图 5-91　残料加工刀具路径　　　　图 5-92　实体验证的最终效果

5.4　平面铣削加工

一般境况下，零件毛坯的表面较粗糙，形状和位置精度也不能满足工艺要求。因此，加工的第一步就是将顶面铣平，成为平面铣削。平面铣削加工是将工件表面铣削至一定深度，为下一次加工做准备，可以铣削整个工件的表面，也可以铣削某串联外形包围的区域。

5.4.1　平面铣削参数设置

在【2D 刀具路径】工具条中单击"面铣"按钮，或选择【刀具路径】/【面铣】菜单命令，出现【平面加工参数】选项卡，如图 5-93 所示，然后在绘图区中串联要加工的 2D 外形，其他设置内容可参照外形铣削。

1. 设置面铣刀具

在【面铣刀】对话框中选择【刀具】选项卡，在刀具列表框的空白处单击鼠标右键，在弹出的快捷菜单中选择【创建新刀具】命令，系统弹出如图 5-94 所示的【定义刀具】对话框。在【刀具型式】选项卡中选择【面铣刀】，在【面铣刀】选项卡中按实际刀具的尺寸填写刀具的参数。

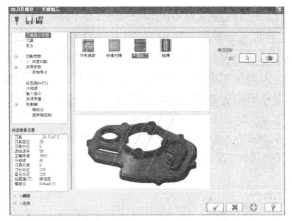

图 5-93 【平面加工参数】选项卡

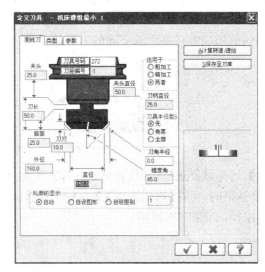

（a）【交叉刀具】对话框

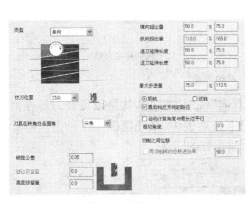

（b）【切削参数】选项卡

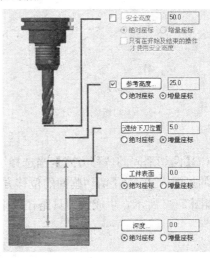

（c）【共同参数】选项卡

图 5-94 【平面加工参数】选项卡

一般标准可转位面铣刀的直径为 Φ16mm～Φ630mm，应根据侧吃刀量选择适当的铣刀直径。面铣刀铣削平面一般采用二次走刀，粗铣时沿工件表面连续走刀，要选好每一次走刀宽度和铣刀直径，尽量包容工件整个加工宽度，以提高加工精度和效率，减小相邻两次进给之间的接刀痕，但当加工余量大且不均匀时，铣刀直径要选小些，以保证铣刀的耐用度；精加工时铣刀直径可选大些，最好能包容加工面的整个宽度。

提示：

可转位面铣刀有粗齿、细齿和密齿 3 种。粗齿铣刀容屑空间较大，常用于粗铣钢件；粗铣带断续表面的铸件和在平稳条件下铣削钢件时，可选用细齿铣刀；密齿铣刀的每齿进给量较小，主要用于加工薄壁铸件。

2. 设置面铣加工参数

选择【面铣刀】对话框中的【平面加工参数】选项卡，如图 5-94 所示。

(1)【切削方式】：在进行面铣加工时，可以根据需要选择不同的铣削方式。在【类型】下拉列表中选择不同的铣削方式，如图 5-95 所示。在面铣削中，一般都是用"双向"方式来提高加工效率。不同的切削方式将生成不同的刀具路径。

图 5-95　铣削方式

(2)【自动计算角】：选择该复选框，系统将自动计算加工角度，一般与所选轮廓边界的长边平行；不选择该复选框时，可在【粗切角度】文本框中输入所需的加工角度，即可产生带有一定角度的刀具路径，如图 5-96 所示。

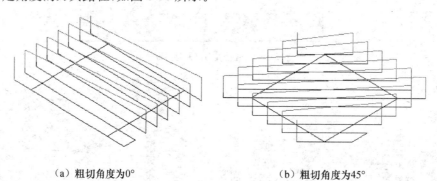

（a）粗切角度为0°　　　　　　　　（b）粗切角度为45°

图 5-96　粗切角度

(3)【两切削间的位移方式】：当选择了"双向"铣削方式后，就可以设置刀具在两次铣削间的过渡方式。在【两切削间的位移方式】下拉列表中，系统提供了 3 种刀具移动的方式，如图 5-97 所示。生成的刀具路径效果如图 5-98 所示。

图 5-97　两切削间的位移方式

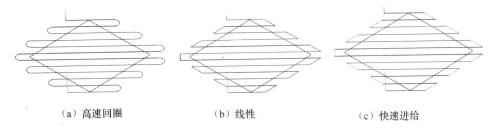

(a) 高速回圈   (b) 线性   (c) 快速进给

图 5-98　两切削间的位移方式效果

(4)刀具超出量:面铣时的刀具要超出工件轮廓,其超出的值以刀具直径的百分比来确定,一共有 4 个方面的设置,如图 5-99 所示。其中,切削/非切削方向的延伸量和进刀/退刀引线延伸长度的示意图如图 5-100 所示。

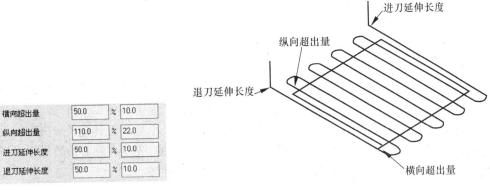

图 5-99　刀具超出工件轮廓设置

图 5-100　刀具超出工件轮廓设置图解

5.4.2　平面铣削加工项目

将项目五中摇臂零件的顶面铣平。

操作步骤:

(1)绘制图 5-88 所示的摇臂零件,零件的厚度、点划线和尺寸标注可不画。

(2)用"边界盒"的方法设置毛坯,其中在【构建】区中选择复选框,并设置 X、Y 方向的【延伸量】均为"10",再单击按钮。边界盒设置完成后,回到【素材设置】选项卡,设置 Z 方向尺寸为"22"即可。

(3)选择【机床类型】→【铣削系统】→【默认】菜单命令,默认为铣床命令。

(4)单击【2D 刀具路径】工具栏上的"面铣"按钮,或选择【刀具路径】→【面铣】菜单命令,按系统提示串联边界盒构建的矩形后,单击串联选择对话框中的按钮,结束串联选择。

(5)当串联完成后,系统弹出【面铣】对话框,在【刀具参数】选项卡中创建一个直径为"40"的面铣刀,其他参数的选择如图 5-101 所示;设置【平面加工参数】选项卡,其中【安全高度】为 50,【参考高度】为 15,【进给下刀位置】为 2,【深度】为-2,设置完成后,单击按钮,可得面铣刀具路径。

(6)进行刀具路径的模拟或实体验证,实体验证的效果如图 5-102 所示。

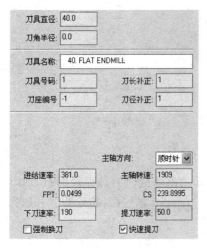

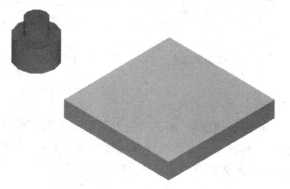

图 5-101　刀具参数　　　　　　　　　　　图 5-102　实体验证的效果

5.5　钻　孔　加　工

钻孔加工是机械加工中常用的一种方法。MasterCAM X⁴ 的钻孔模组包括钻孔、铰孔、镗孔、攻丝等加工方法,设置相应参数后可自动输出钻孔固定循环加工指令。

钻孔加工是以孔的中心点来定义孔的位置的,而孔的大小是由刀具直径来决定的,所以作图时,并不一定要将圆画出来,但圆心位置是必不可少的,先要在圆心位置做出点来。如果将圆画出而没有画圆心点,系统将通过已存在的圆找到圆心。

5.5.1　钻削点的选择

在【2D 刀具路径】工具栏上单击"钻孔"按钮,或选择【刀具路径】→【钻孔】菜单命令,系统弹出【选取钻孔的点】对话框,其中提供了多种选取钻孔中心点的方法,选取钻孔后出现【钻孔】对话框,如图 5-103 所示。

(1)手动选点:用手工的方法选取钻孔中心点,不仅可以选择存在于屏幕上的点,而且还可以输入所需点的坐标,还可以捕捉图素上的特征点。

(2)自动选点:系统自动选取一系列屏幕上存在的点作为钻孔中心点。该方式主要用于大批量选取点。操作时,只要选取开始的第一点、第二点和最后的一个点,系统就会自动产生钻孔刀具路径。

(3)选取图素:将选取的图素的端点作为钻孔中心点。

(4)窗选:用两对角点形成的矩形框内的点作为钻孔中心点。

(5)在圆弧面:选取圆或圆弧并将其圆心作为钻孔中心点。

(6)副程式:使用钻、扩、铰加工的数控子程序,在同一个位置进行重复钻削,以简化数控加工程序。这种方式适用于对一个孔或一组孔系进行多次钻削加工,如加工螺纹孔。

(7)选择上次:采用上一次选择的点及排列方式。

(8)排序:进行钻孔顺序的设置。系统提供了如图 5-104 所示的 17 种"2D 排序"方式,如图 5-105 所示的 12 种"旋转排序"方式,如图 5-106 所示的 16 种"交叉断面排序"方式。

(9)编辑:单击编辑按钮,系统返回绘图区并提示选点,选好后打开【编辑钻孔点】对话

228

框,可对钻削点进行删除、编辑深度、编辑跳跃点、插入辅助操作指令和反向排序等操作。

（10）图样区:单击【选取钻孔的点】对话框左上角的双箭头按钮,系统显示【图样】选项区,选取复选框【图样】后,如果选择【选取栅格点】并在 X、Y 文本框中输入要阵列的钻孔数和间距,系统将产生栅格形式的钻孔刀具路径;如果选择【圆周点】,并设置半径、实体孔的个数等参数,则在选择圆心放置点后,系统将产生圆周阵列形式的钻孔刀具路径。

（a）【选取钻孔的点】对话框　　　　　　　　（b）【钻孔】对话框

图 5-103　【选取钻孔的点】对话框及【钻孔】对话框

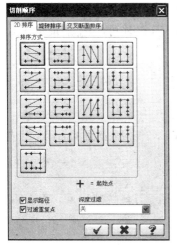

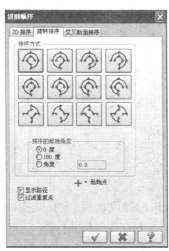

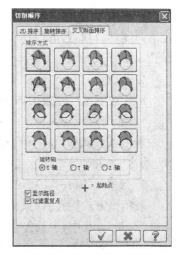

图 5-104　"2D 排序"　　　　　图 5-105　"旋转排序"　　　　　图 5-106　"交叉断面排序"

5.5.2 钻孔方式

MasterCAM X⁴ 系统提供了 20 种钻孔方式，包括 7 种固定循环方式和 13 种自定义循环方式，如图 5-107 所示，这里仅对 7 种常用的钻孔固定循环方式予以介绍。

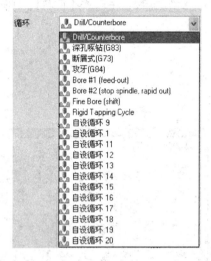

图 5-107　钻孔方式

1. 深钻孔(Drill/Counterbore)

一般用于钻孔深 H 小于 3 倍刀具直径 $D(H<3D)$ 的孔，孔底要求平整，可在孔底暂停，对应 NC 指令为 G81/G82。

2. 深孔啄钻(完整回缩)

深孔啄钻也称步进式钻孔，常用于钻削孔深 H 大于 3 倍刀具直径 $D(H\geqslant3D)$ 的深孔，钻削时刀具会间断性地提刀至参考高度，以排除切屑。这种钻孔方式常用于切屑难以排除的场合，对应指令为 G83。

3. 断屑式(增量回缩)

一般用于钻削孔深 $H\geqslant3D$ 时的深孔，钻削时，刀具会间断性地以退刀量提刀返回一定的高度，以打断切屑(对应 NC 指令为 G73)。该钻孔循环可省时间，但排屑能力不及深孔啄钻方式。

4. 攻牙

用于攻右旋或左旋的内螺纹孔，对应 NC 指令为 G84。

5. 镗孔 1(Bore♯1)

采用该方式镗孔时，系统以进给速度进刀和退刀，加工一个平滑表面的直孔，对应 NC 指令为 G85/G89。

6. 镗孔 2(Bore♯2)

采用该方式镗孔时，系统以进给速度进刀，至孔底主轴停止，刀具快速退回，对应 NC 指令为 G86。其中，主轴停止是防止刀具划伤孔壁。

7. 精镗孔(Fine Bore)

采用该方式镗孔，刀具在孔深处停转，允许将刀具旋转角度后退刀(即让刀)。

5.5.3 钻孔参数设置

选完钻削加工的中心点后,单击"共同参数"按钮,系统弹出【共同参数】对话框,根据孔的直径和加工方式选取相应的刀具,再选择【深孔钻】选项卡。选取的钻孔方式不同,所需设置的钻孔参数略有不同,但其高度参数的设置是相同的,可参照外形铣削的高度参数来设置。在此仅介绍钻孔所特有的参数。

1. 钻尖补偿

用于自动调整钻削的深度至钻头前端斜角部位的长度,以作为钻头端的刀尖补正值。选择复选框,系统将自动进行钻尖补偿;单击该按钮,系统将打开如图 5-108 所示的【钻头尖部补偿】对话框,在其中可设置补偿深度。

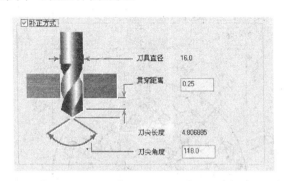

图 5-108 【钻头尖部补偿】对话框

2. 子程序设定

在钻孔加工中,经常对一个孔或一组孔系进行钻、扩、铰加工。为了简化程序,勾选【子程序】选项,数控程序中将采用子程序来描述。

3. 钻孔加工固定循环参数

当选择自定义钻孔循环方式后,【自设循环】选项区的文本框均亮显,如图 5-109 所示,用户可根据需要自行设定钻削循环的参数。各参数的含义如下。

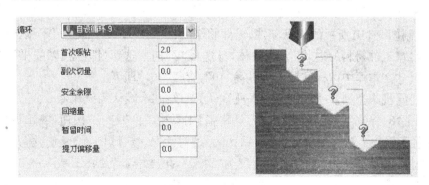

图 5-109 【自设循环】选项区的文本框

(1)【首次啄钻】:设定深孔啄钻和断屑式钻孔时,第一次的步进钻孔深度(到达第一回缩点)。

(2)【副次切量】:设定深孔啄钻和断屑式钻孔时,后续各次的步进钻削深度。

（3）【安全余隙】：设定深孔啄钻及断屑式钻孔时，刀具快速进入的增量，即钻头快速下降至所要切削的位置与上一次步进钻削深度位置间隙的距离。

（4）【回缩量】：即退刀量，设定断屑式钻孔时，每次钻削之后退刀的一个步进移动距离。

（5）【暂留时间】：设定钻削时，刀具移动至孔底暂留的时间，用以提高孔底表面的加工质量。

（6）【提刀偏移量】：设定镗孔刀具在退刀前，让开孔壁的一个距离，以防刀具划伤孔壁。该选项只用于镗孔循环。

5.5.4　钻孔加工项目

加工如图 5-110 所示圆盘上的通孔，设圆盘厚度为 10mm。

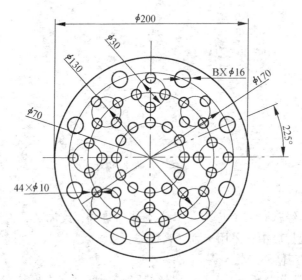

图 5-110　圆盘零件

操作步骤：

（1）绘制图 5-110 所示的圆盘零件，零件的厚度、点划线和尺寸标注可不画。

（2）设置"工件材料的形状"为圆柱体，且选择"Z"向单选钮（即圆柱轴线平行 Z 轴）。再在圆柱尺寸文本框中按标注输入圆柱高"10"，直径"200"即可。

（3）选择【机床类型】→【铣削系统】→【默认】菜单命令，默认为铣床命令。

（4）加工"8×φ16"的孔：单击【2D 刀具路径】工具栏上的"钻孔"按钮，或选择【刀具路径】→【钻孔】菜单命令，系统弹出【选取钻孔的点】对话框，选择【图样】复选框，并勾选【圆周点】单选钮，设置半径为"85"，起始角度为"22.5"，角度增量为"45"（或 360/8），实体孔的个数为"8"，选择原点为放置点，系统将产生圆周阵列形式的钻孔刀具路径。

选取钻孔中心后，单击按钮，系统弹出【Drill/Counterbore（钻孔）】对话框，在【刀具参数】选项卡中选择一个直径为"16"的钻头，设置【进给率】为"350"，【主轴转速】为"1200"。选择【深孔钻-无啄钻】选项卡，设置【安全高度】为"50"，【参考高度】为"3"，【工件表面】为"10"，【深度】为"0"，并选择【刀尖补偿】复选框，设置【钻头尖部补偿】为"3"。设置完成后，单击按钮。所得刀具路径如图 5-111(a)所示,实体验证后的效果如图 5-111(b)所示。

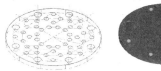

（a）刀具路径　　　（b）实体验证后的效果

图 5-111　加工 $\phi 16$ 孔

（5）加工"44×ϕ10"的孔:单击【2D 刀具路径】工具栏上的"钻孔"按钮,或选择【刀具路径】→【钻孔】菜单命令,系统弹出【选取钻孔的点】对话框,单击【选取图素】按钮,在绘图区拉一个矩形窗口选取所有的图素后,单击不加工的图素放弃该图素的选择,再单击【排序】按钮,选择【旋转排序】选项卡中第二行的第三个,返回到绘图区单击最右边的小圆圆心为起点,系统将产生按旋转排序的钻孔刀具路径。

选取钻孔中心后,单击 ✔ 按钮,系统弹出【Drill/Counterbore(钻孔)】对话框,在【刀具参数】选项中选择一个直径为"10"的钻头,设置【进给率】为"420",【主轴转速】为"1500"。选择【深孔钻-无啄钻】选项卡,设置【安全高度】为"50",【参考高度】为"3",【工件表面】为"10",【深度】为"0",并选择【刀尖补偿】复选框,设置【钻头尖部补偿】为"3"。设置完成后,单击按钮。所得刀具路径如图 5-112(a)所示,实体验证后的效果如图 5-112(b)所示。

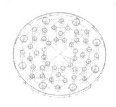

（a）刀具路径　　　（b）实体验证后的效果

图 5-112　图 5-111 加工 $\phi 10$ 孔

5.6　其他二维加工

除了前面介绍的二维加工方法外,MasterCAM X^4 还提供了雕刻加工、全圆加工、点铣削等特殊的加工方法。利用这些加工模组可以简化操作,提高编程速度。

5.6.1　雕刻加工

雕刻加工主要用于文字或图案的加工,广泛应用于各种带商标的模具、纪念品、钱币、广告牌、图章等的制作。雕刻加工的实质就是铣削加工,所谓雕刻机,就是小型的或功率比较小的数控铣床。选择【机床类型】→【雕刻系统】→【默认】菜单命令,操作管理器出现"机床群组"Router,雕刻加工方式有如下两种。

1. 外形雕刻

外形雕刻就是加工时刀具沿图形轮廓线的中心线雕刻,主要使用外形铣削加工来实现。其串联及参数设置如前所述,加工时要注意以下几点。

(1)雕刻加工用的刀具一般较细,可选直径较小的直线刀或倒角铣刀,也可自定义一把刀具或对刀库中选出的刀具直径进行编辑修改。

(2)雕刻加工时主轴转速较高,可选取 2000r/min～10000r/min。

(3)一般雕刻加工的深度较浅,当深度大于或等于刀具直径时,要进行分层铣深的设置。

(4)为使刀具沿图形轮廓线的中心走刀,应将刀具【补正型式】设置为"关",即不补正。

2. 挖槽雕刻

挖槽雕刻就是用铣刀将一个封闭的图形内部或外部挖去,形成凸起或凹下的形状。可用挖槽加工来实现,也可用 MasterCAM X^4 专门的"雕刻刀具路径"来实现。下面介绍"雕刻刀具路径"的加工方法。

选择【刀具路径】→【雕刻刀具路径】菜单命令,串联需雕刻的图形或文字后,系统弹出【雕刻】对话框。该对话框中的【刀具参数】、【雕刻加工参数】和【粗切/精修参数】选项卡与挖槽加工类似,但比较简单。现将挖槽加工中没有的内容介绍如下。

(1)【扭曲】复选框:选择【雕刻加工参数】选项卡中的【扭曲】复选框并单击按钮,系统弹出如图 5-113 所示的【扭曲刀具路径】用于 4 轴或 5 轴雕刻加工。

(2)【平滑化轮廓】复选框:选择复选框,可使雕刻的轮廓平滑。

(3)【切削图形】选项区:该选项区有【在深度】和【在顶部】两个单选钮。选择【在深度】时,最后加工深度上符合零件的外形轮廓,如图 5-114(a)所示;选择【在顶部】时,则在毛坯的顶面上符合零件的外形轮廓,如图 5-114(b)所示。

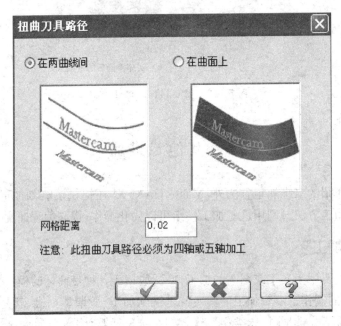

图 5-113 【扭曲刀具路径】对话框

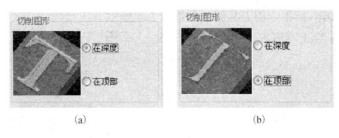

| (a) | (b) |

图 5-114 【切削图形】选项区

3. 雕刻加工实例

加工如图 5-115 所示狼形图案及文字,设板厚为 10mm。

图 5-115 狼形图案及文字

操作步骤:

(1)绘制图 5-115 所示的狼形图案及文字。

(2)用"边界盒"的方法设置毛坯,设置 X、Y 方向的【延伸量】均为"10",再单击按钮。边界盒设置完成后,回到【素材设置】选项卡,设置 Z 方向为"10"即可。

(3)选择【机床类型】→【雕刻系统】→【默认】菜单命令。

(4)用"外形雕刻"方式加工狼图形即边框;单击【2D 刀具路径】工具栏上的"外形铣削"按钮,或选择【刀具路径】→【外形铣削】菜单命令,串联所需加工的外形后,系统弹出【外形(2D)】对话框。在【刀具路径】选项卡中,从刀库中选择一把直径为"0.8"mm 的直线铣刀,【进给率】为"60",【进刀速率】为"35",【主轴转速】为"5000",选择【快速提刀】复选框;在【外形加工参数】选项卡中,设置【安全高度】为"50",【参考高度】为"10",【进给下刀位置】为"2",【深度】为"−0.5"。设置完成后,单击按钮,出现雕刻刀具路径。

(5)用"挖槽雕刻"方式加工文字:选择【刀具路径】→【雕刻刀具路径】菜单命令,串联所需加工的文字外形后,系统弹出【雕刻】对话框。在【刀具参数】选项卡中选择一个直径为"6"的倒角刀,设置【进给率】为"60",【进刀速率】为"35",【主轴转速】为"3500";在【雕刻加工参数】选项卡中,设置【安全高度】为"50",【参考高度】为"10",【下刀平面】为"2",【工件表面】为"0",【深度】为"-0.5";在【粗切/精修参数】选项卡中,选择【粗切】复选框,并设置【切削间距】为"60",选择【平滑化轮廓】复选框,在【切削图形】选项区选择【在顶部】。设置完成后,单击按钮,所得全部刀具路径如图5-116所示。

(6)进行实体验证,实体验证后的效果如图5-117所示。

图5-116 刀具路径

图5-117 实体验证后的效果

5.6.2 全圆路径

全圆路径是针对圆或圆弧进行加工的方法,在【刀具路径】→【全圆路径】菜单中,包括全圆铣削、螺旋铣削、键槽铣削、螺旋钻孔、自动钻孔、起始孔加工6种加工操作。

1. 全圆铣削

全圆铣削的刀具路径是从圆心(或进刀圆弧的起点)移动到轮廓,再绕圆形轮廓移动形成的,常用于扩孔加工。

在【2D刀具路径】工具栏中单击"全圆铣削加工"按钮,或选择【刀具路径】→【全圆路径】→【全圆铣削加工】菜单命令,系统弹出如图5-118所示的【全圆铣削参数】对话框,其中【刀具参数】和【全圆铣削参数】选项卡中大部分参数和外形加工、挖槽加工的相关参数相似,这里仅介绍其特有的参数。

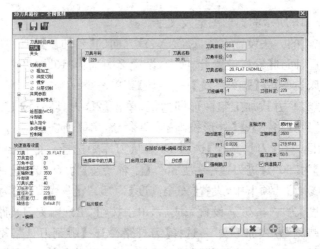

图5-118 【全圆铣削参数】对话框

(1)【圆的直径】:当选择的几何模型为圆心点时,在文本框中可设置圆外形的直径;当选择的几何模型为圆或圆弧时,则直接采用它们的直径。

(2)【起始角度】:设置全圆刀具路径起始点的角度,沿X轴正方向为0°。

（3）【进/退刀圆弧的扫描角】：设置进/退刀时刀具路径的扫掠角度，一般设置成小于或等于180°。起始角度设为90°，进/退刀圆弧扫描角设为0°、90°、180°时的刀具路径如图5-119所示。

(a) 扫描角设为0°　　　　(b) 扫描角设为90°　　　　(c) 扫描角设为180°

图 5-119　进/退刀圆弧扫描角设为 0°、90°、180°时的刀具路径

（4）【由圆心开始】：选择该复选框，刀具将以圆心作为刀具路径的起点；否则，以进刀圆弧的起点为刀具路径的起点，如图 5-120 所示。

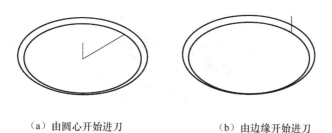

（a）由圆心开始进刀　　　　　（b）由边缘开始进刀

图 5-120　进刀点选择

（5）【垂直进刀】：选择该复选框，在进刀/退刀圆弧路径的起点/终点处增加一段和圆弧垂直的直线刀具路径。

（6）【粗铣】：选择该复选框并单击【粗铣】按钮，系统将弹出如图 5-121 所示的【全圆铣削的粗铣】对话框，其各参数的含义与挖槽加工中相应参数相同。

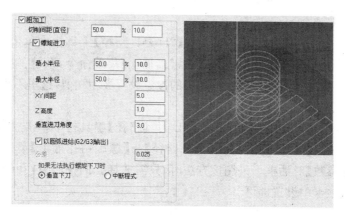

图 5-121　【全圆铣削的粗铣】对话框

2. 螺旋铣削

螺旋铣削的刀具路径是一条螺旋线，主要用于铣削零件上的内、外螺纹。

在【2D刀具路径】工具栏中单击"螺旋铣削加工"按钮，或选择【刀具路径】→【全圆路径】→【螺旋铣削加工】菜单命令,系统弹出如图5-122所示的【螺旋铣削】对话框。其中,在【刀具参数】选项卡中自定义一把"镗杆"刀具;在其他选项卡中除了设置公共参数外,还要设置下一组专用的铣削参数。

(1)齿数:设置刀具的实际齿数,当齿数大于1时也可以设为1。

(2)螺旋间距:指螺纹的螺距。

(3)螺旋的起始角度:设置螺纹开始的角度。

(4)锥度角:用于加工圆锥螺纹。

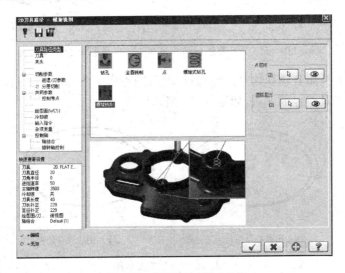

图5-122 【螺旋铣削】对话框

提示:

铣削外螺纹时,所选圆的大小应为螺纹的大径;铣削内螺纹时,所选圆的大小即为螺纹的小径。

为保证刀具切入和切除的平稳性,提高螺纹加工的质量和精度,一般都要选择【在顶部以螺旋进/退刀】和【在底部已螺旋进/退刀】复选框。

3. 键槽铣削

键槽铣削是专门用来加工键槽的。在【2D刀具路径】工具栏中单击"铣键槽加工"按钮,或选择【刀具路径】→【全圆路径】→【铣键槽加工】菜单命令,系统弹出【铣键槽之参数设定】对话框,其中的参数设置与挖槽加工的参数设置极为相似,这里不再赘述。

4. 螺旋钻孔

螺旋钻孔主要用于孔的精加工。在【2D刀具路径】工具栏中单击"螺旋钻孔加工"按钮,或在菜单栏中选择【刀具路径】→【全圆路径】→【螺旋钻孔加工】菜单命令,系统弹出【螺旋钻孔加工参数】对话框。采用该方法时,只需选择孔的中心点,孔的直径在【螺旋钻孔加工参数】选项卡中设置即可。

5. 自动钻孔

自动钻孔是指用于只需指定要加工的孔,刀具参数和加工参数都由系统自动选择和设置,且自动地生成刀具路径。自动钻孔的顺序是:系统首先从刀具库选择一把点钻钻头,对钻孔点进行定位点钻,然后再选择与孔径相同直径的钻头进行深孔啄钻,根据需要还可以进行清渣、倒角等操作。

在【2D刀具路径】工具栏中单击"自动钻孔加工"按钮，或在菜单栏中选择【刀具路径】→【全圆路径】→【自动钻孔加工】菜单命令，系统弹出【自动圆弧钻孔】对话框，其主要参数的含义与钻孔加工参数的含义相似，这里不再赘述。

6. 起始孔加工

起始孔加工一般是在已有的刀具路径前增加的操作，主要用于零件在加工前预先制出的孔的加工。

在【2D刀具路径】工具栏中单击"起始孔加工"按钮，或选择【刀具路径】→【全圆路径】→【起始孔加工】菜单命令，系统弹出如图5-123所示的【钻起始孔】对话框。

图 5-123 【钻起始孔】对话框

(1)【附加直径数量】：设置起始孔直径在加工刀具直径基础上的增加量。当设置为"0"时，起始孔直径和刀具直径相同。一般应设置成起始孔直径大于刀具直径。

(2)【附加深度数量】：设置起始孔深度在加工深度上的增加量。

(3)【基本或高级设置】选项区：该选项区有两个单选项，选择【基本-只构建钻孔操作】时，系统将自动添加起始孔操作；选择【高级-按确定键后弹出高级设置对话框】时，系统将弹出如同自动钻孔加工的【自动圆弧钻孔】对话框，用户可根据需要设置钻孔加工参数。

5.7 刀具路径的编辑

刀具路径的编辑就是对已创建的刀具路径进行修剪、合并、转换（包括镜像、旋转、比例缩放、平移复制等）等操作，以获得一个新的NCI文件。

5.7.1 刀具路径的修剪

刀具路径修剪是用新的边界去修剪一个已生成的刀具路径，并按要求保留新边界内部或外部的刀具路径，如图5-124所示。该方法可用于将使用者认为不需要的切削轨迹删除，以减少空行程从而降低加工成本；也可以用于保护那些未设定干涉保护面的部分，将这部分的刀具路径修剪掉。

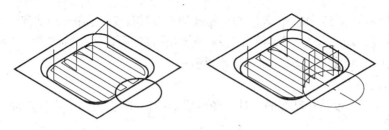

图 5-124　刀具路径修剪

1. 刀具路径修剪的注意事项

(1)可以使用任意形状和大小的多个修剪边界(最多为50),且每个修剪边界必须是封闭的。

(2)修剪边界不能进行补正操作,即修剪的边界是刀具中心移动的轨迹线。

(3)应避免使用样条曲线作为修剪的边界。如果必须使用,则应使用打断命令将其打断成更短的样条曲线或直线、圆弧。

(4)当前刀具平面应设在要求修剪的构图平面上。在 3D 构图面中执行修剪,只计算修剪边界盒 NCI 文件真正的 3D 交点。

2. 刀具路径修剪的操作过程

(1)在【2D刀具路径】工具栏中单击"修整刀具路径"按钮,或选择【刀具路径】→【修剪刀具路径】菜单命令。

(2)用串联菜单定义修剪边界,要求所有的修剪边界必须封闭。

(3)在要保留的路径一侧选取一点,系统将保留与所选点位于修剪边界同侧的刀具路径。

(4)系统弹出如图 5-125 所示的【刀路修剪】对话框,从中选择要执行修剪的路径操作,并设定相关的参数。在对话框中选择【提刀】或【不提刀】单选钮后,其修剪路径模拟效果如图 5-126 所示。

(5)单击 ✓ 按钮,系统执行修剪并生成修剪后的刀具路径,同时修剪操作被加入至操作管理器。

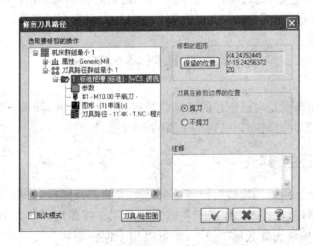

图 5-125　【刀路修剪】对话框

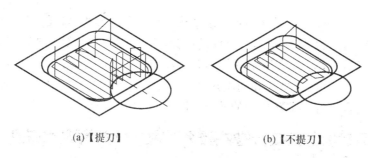

(a)【提刀】   (b)【不提刀】

图 5-126   修剪路径模拟效果

5.7.2   刀具路径的转换

刀具路径的转换主要是用来对已有的刀具路径进行平等、旋转或镜像等操作,实现重复性的多次加工,这种方法可大大节省刀具路径计算的时间,并可以简化编程工作。

1. 刀具路径转换的一般步骤

(1)在当前图形文件中创建一个刀具路径,或打开一个已有刀具路径的图形文件。

(2)选择在【2D 刀具路径】工具栏中单击"路径转换"按钮,或选择【刀具路径】/【路径转换】菜单命令。

(3)系统弹出如图 5-127 所示的【转换操作之参数设定】对话框,选中要转换的路径操作、转换形式并设定相应的参数。

(4)单击按钮,系统生成转换后的刀具路径。

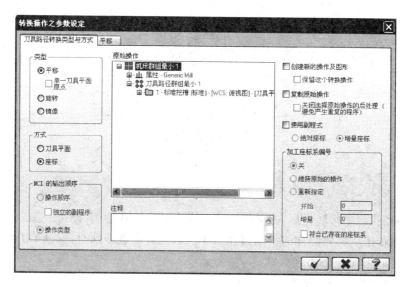

图 5-127   【转换操作之参数设定】对话框

提示:

由刀具路径转换功能产生的新的刀具路径和原始刀具路径是相关联的,若修改了原始刀具路径,其相应的转换路径也将同时改变;若删除了原始刀具路径,则转换路径也将被删除。

2. 刀具路径的平移转换

刀具路径的平移转换指将一个已存在的刀具路径,按照所定义的平移方向重复生成多个路径。该方法用于一个零件中具有多个按矩形阵列的形式排列的相同形状的结构。

在图 5-127 所示的【转换操作之参数设定】对话框中选择转换类型为【平移】，再选择【平移】选项卡。在如图 5-128 所示的【平移】选项卡中，系统提供了 4 种方式来定义平移方向：直角坐标、两点间、极坐标和两视角间。其中，"X/Y 方向的间距"应是图形对应点之间的距离。刀具路径平移转换后的效果如图 5-129 所示。

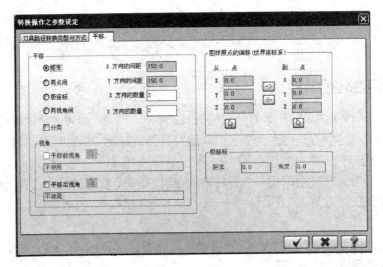

图 5-128　【平移】选项卡

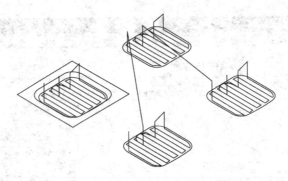

图 5-129　刀具路径平移转换后的效果

刀具路径执行平移转换后，刀具将对路径操作做步进式切削，而每一步之间的距离都相同，每一次步进后都做同样的铣削路径工作。系统做步进切削时，移动的方向总是先向 X 轴方向移动，再向 Y 轴方向移动。

3. 刀具路径的旋转转换

对于一些较复杂的环形对称零件的加工，可以利用路径旋转功能来编制加工整个工件的刀具路径和 NC 程序。

在图 5-127 所示的【转换操作之参数设定】对话框中选择转换类型为【旋转】，再选择【旋转】选项卡。在如图 5-130 所示的【旋转】选项卡中，要求指定或选择旋转的基准点，并设定旋转次数、起始角度、旋转角度等参数。刀具路径旋转转换后的效果如图 5-131 所示。

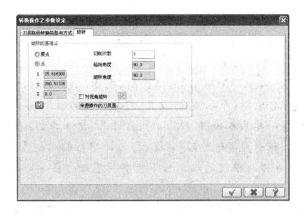

图 5-130 【旋转】选项卡

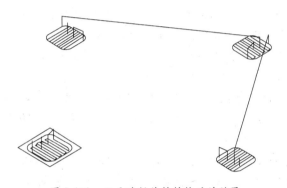

图 5-131 刀具路径旋转转换后的效果

4. 路径的镜像转换

镜像转换可以产生一组对称于某一轴线的刀具路径。在图 5-127 所示的【转换操作之参数设定】对话框中选择转换类型为【镜像】,再选择【镜像】选项卡。在如图 5-132 所示的【镜像】选项卡中,必须指定镜像方式并定义所需的镜像轴。此时,可以直接指定 X 轴或 Y 轴作为当前的镜像轴,也可以选取某直线或定义两个点以其连线作为镜像轴。如要更改镜像后的刀具路径的方向(顺铣或逆铣),可勾选对话框中的【更改刀具路径方向】复选框。刀具路径镜像转换后的效果如图 5-133 所示。

图 5-132 【转换操作之参数设定】对话框

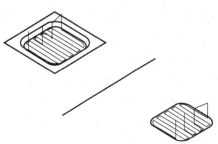

图 5-133 刀具路径镜像转换后的效果

本 章 小 结

本章主要介绍了 MasterCAM X⁴ 的外形铣削、挖槽、平面铣削、钻孔及其他 2D 刀具路径,同时,还讲解了零件素材(即毛坯)的设置、刀具路径的模拟、实体切削验证、后处理以及刀具路径的编辑等一些基本知识。MasterCAM X⁴ 软件的 2D 刀具路径的编制是最基本的,也是最简单的,读者应通过学习,掌握 2D 刀具路径的编制方法和技巧,为后面的 3D 刀具路径及其他软件刀具路径的编制打下坚实的基础。在学习时,应注意以下几个问题。

①由于一个零件的加工设计很多内容,如选择刀具、选择机床、确定加工方法和工艺路线、选择工艺参数等,因此,学习 2D 刀具路径的编制时,应将重点放在操作过程上,至于参数的选择,可通过一些例题以及在今后的工作中逐步体会、提高。

②初学时,应熟练掌握外形铣削的刀具和加工参数的设置,详细了解对话框中各参数的含义及设置要求,对从素材设置、加工参数的选择到模拟加工及后处理的全过程有一个充分的认识,为其他 2D 加工的学习奠定基础。

③所有 2D 加工中的刀具设置、毛坯设置、操作管理、模拟加工、后处理和一些高度参数的设置基本上都是一样的,称为公共参数。学习时,可通过一个例题掌握这些公共参数的设置方法。

④要了解每一种加工方法的应用范围,能根据零件的结构形状选择合理的加工方法。学习时,应注意对所有 2D 加工方法进行分析、比较,归纳出相同和不同之处,这样才能事半功倍。

思考与练习

① Mill 的构图平面指的是什么? 刀具平面又指的是什么? 要进行刀路定义时,刀具平面和构图平面之间应是什么样的关系?

②在 MasterCAM 中, *.NCI 是一个什么样的文件? *.NC 又是什么文件? 为了生成一个和某机床数控系统相适应的数控加工程序,起决定性作用的文件是什么? 这类文件的扩展名是什么?

③二维铣削加工中,毛坯(工件)原点设定方法有哪些? 其大小有哪些设定方法?

④如果在进行刀路参数设定时,已设定为轮廓粗铣 3 次,精铣 2 次,深度方向分层粗铣 2 次,精铣 2 次,那么当设为每层精铣方式时,将产生多少个刀路? 设为最后精铣方式时,又将产生多少个刀路?

⑤完成图 5-134 零件轮廓的外形铣削,模拟仿真效验轨迹的正确性,并按默认后处理器生成数控 NC 代码;毛坯尺寸 120mm×100mm×20mm;材料为铸铝。

⑥完成图 5-135 零件轮廓的挖槽铣削,模拟仿真效验轨迹的正确性,并按默认后处理器生成数控 NC 代码;毛坯尺寸 120mm×100mm×20mm;材料为铸铝。

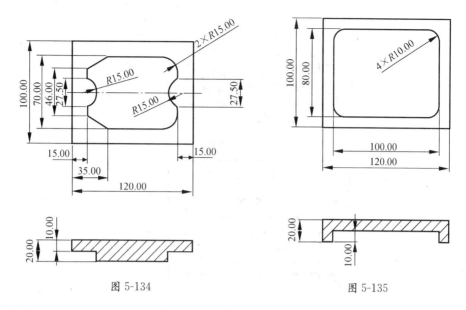

图 5-134

图 5-135

⑦完成图 5-136 零件的顶平面铣削加工、挖槽铣削加工、钻孔加工,模拟仿真效验轨迹的正确性,并按默认后处理器生成数控 NC 代码;毛坯尺寸 ϕ100 mm×22 mm;材料为 45 钢。

⑧完成图 5-137 零件的顶平面铣削加工、挖槽铣削加工、钻孔加工、铣外形,模拟仿真效验轨迹的正确性,并按默认后处理器生成数控 NC 代码;毛坯尺寸 150mm×120mm×40mm;材料为 45 钢。

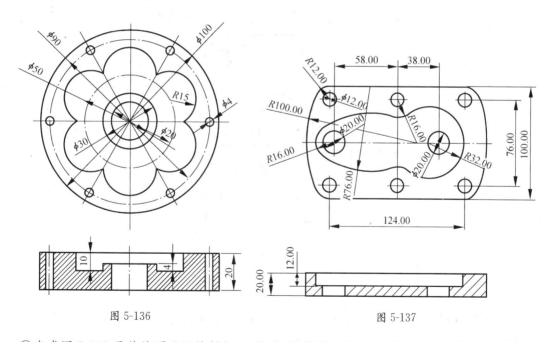

图 5-136

图 5-137

⑨完成图 5-138 零件的顶平面铣削加工、铣外形、挖槽铣削加工、钻孔加工,模拟仿真效验轨迹的正确性,并按默认后处理器生成数控 NC 代码;毛坯尺寸 150mm×100mm×40mm;材料为 45 钢;注意尺寸公差的处理。

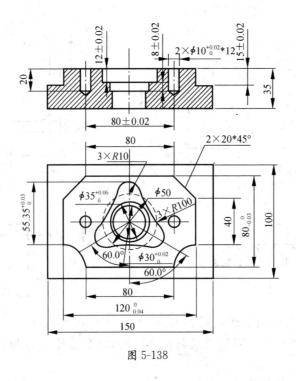

图 5-138

⑩完成图 5-139 零件的各个种孔加工,模拟仿真效验轨迹的正确性,并按默认后处理器生成数控 NC 代码;毛坯尺寸 100mm×100mm×30 mm;材料为 45 钢。

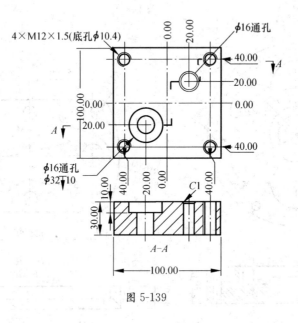

图 5-139

⑪完成图 5-140 转子零件加工,要求加工底平面、顶平面、外形轮廓、内孔、钻孔等,毛坯尺寸为 110mm×110mm×25mm,材料为铸铝。

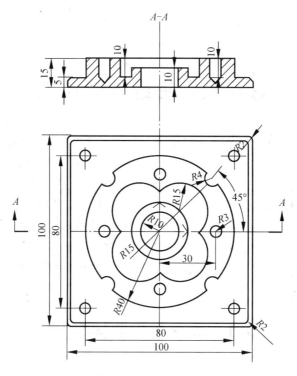

图 5-140　转子零件图

第6章 三维铣削加工

曲面加工分为曲面粗加工和曲面精加工。粗加工的目的是最大限度地切除工件上的多余材料。如何发挥刀具的切削能力和提高生产率是粗加工的目标，粗加工中，一般采用平底端铣刀。曲面粗加工方法包括平行铣削、放射状加工、投影加工、流线加工、等高外形、残料粗加工、挖槽粗加工和钻削式加工等。精加工的目的是去除粗加工后的加工余量，以达到零件的形状和尺寸精度的要求。精加工中，首先要考虑的是保证零件的形状和尺寸精度，精加工中一般采用球铣刀。曲面精加工方法包括平行铣削、陡斜面加工、放射状加工、投影加工、流线加工、等高外形、浅平面加工、交线清角、残料清角和 3D 等距加工等。

6.1 曲面加工共同参数

6.1.1 曲面加工共同选项

无论是粗加工还是精加工，当选定了适当的加工刀具路径模组，并按系统提示选择需要进行加工的曲面后按【Enter】键，系统弹出如图 6-1 所示的【刀具路径的曲面选取】对话框。

1. 加工面的选取

选取当前需进行三维加工的曲面或实体有如下两种方法。

(1) 直接选取。当曲面数量不多时，可用鼠标直接单击需加工的曲面。

(2) 使用【普通选项】工具栏中的按钮，当所需加工的曲面较多时，可采用这种快捷方式。

提示：

位于零件下表面的一些下表面是加工不到的，MasterCAM X⁴ 在进行刀具路径的计算时，会自动测算出来。

当需加工的曲面是众多曲面中的一部分时，可将它们定义成群组，选取曲面时就可以使用"群组"选项。

图 6-1 【刀具路径的曲面
选取】对话框

2. 干涉面的选取

在曲面加工时，为了防止切到禁止加工的表面，往往要将禁止加工的曲面设为干涉面。定义干涉面或实体后，在生成刀具路径时系统会按设置的预留量，使用干涉面对刀具路径进行干涉检查。在多刀切削复杂的曲面或实体时，使用该功能可以有效地防止过切。

提示:

当选取的加工面不包含干涉面,而在参数设定时又设置了使用曲面干涉检查功能,则在进行刀具路径计算时,会出现"使用了干涉检查但未指定干涉面"的错误提示。

3. 切削范围的确定

用户根据需要对加工时刀具的切削范围进行选择,系统采用一封闭串联图素来定义切削范围。

提示:

用做确定切削范围的图形必须是封闭的,画在与曲面对应的构图平面上,但可以有不同的工作深度。

4. 指定下刀点

设置刀具路径的下刀点,通过捕捉点或输入点的坐标来确定。

6.1.2 刀具参数设置

选择完成需要加工的曲面后,系统将弹出如图 6-2 所示的【曲面粗加工平行铣削】选项卡。该选项卡中的参数与二维加工的基本相同,这里不详细解释,仅介绍三维曲面加工刀具及切削用量的选择原则。

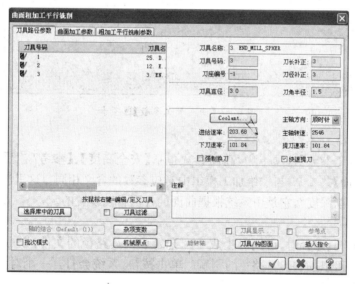

图 6-2 【曲面粗加工平行铣削】选项卡

1. 三维曲面粗加工刀具的选择

三维曲面粗加工的刀具可根据切削条件、加工余量等选择平刀或圆鼻刀。

2. 三维曲面精加工刀具的选择

由于将加工时对曲面的精度及表面粗糙度要求比较高,若用平刀,会在曲面的表面留下台阶状的条纹。因此,半精加工时可选择圆鼻刀和球刀,精加工时主要选用球刀。

3. 切削用量的选择原则

(1)曲面粗加工时,在保证刀具、家具和机床强度及刚性足够的情况下,尽量提高切削效率。切削用量的选择原则是:先选择较大的背吃刀量,再选择较大的进给量,然后选择适当的切削速度;当加工余量较小时,可适当增加进给量;当材料表面有硬皮时,第一次切削深度应超过硬皮层厚度,以减小刀刃的磨损,并避免崩刀现象。

(2)曲面精加工时,首先考虑的是保证零件的形状、尺寸精度和表面粗糙度的要求,因此,加工余量要小,并尽可能地增加切削速度,进给量则可适当减小。

6.1.3 曲面加工参数设置

在图 6-2 中选择【曲面加工参数】选项卡,弹出对话框如图 6-3 所示。

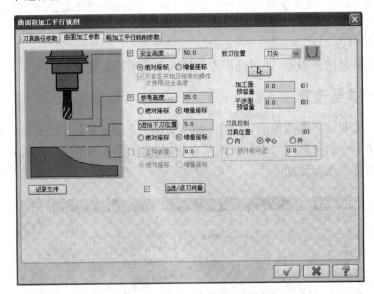

图 6-3 【曲面加工参数】选项卡

1. 高度设置

在【曲面加工参数】选项卡中,高度参数包括【安全高度】、【参考高度】、【进给下刀位置】和【工件表面】共 4 个,与二维加工模组中对应参数的含义相同。这里没有二维加工模组中的"最后切削深度",它是由系统根据曲面的外形自动设置的。

2. 记录档

生成曲面刀具路径时,可同时生成一个记录该刀具路径的文件,以后修改刀具路径时,记录档文件可以加快刀具路径的刷新。单击按钮,系统会打开一个对话框,在其中设置该文件的存档位置。

3. 进/退刀向量

选择"进/退刀向量"复选框并单击该按钮,系统将弹出如图 6-4 所示的【方向】对话框,用来设置曲面加工时进刀和退刀的刀具路径。各项参数的说明如下。

(1)V/E 向量:单击"V 向量"或"E 向量"按钮,系统弹出如图 6-5 所示的【向量】对话框,通过设置对话框中 X、Y、Z 方向的 3 个分量来定义刀具路径的垂直进刀/退刀角度、XY 角度和进刀/退刀引线长度参数。

(2)L 参考线:单击按钮,返回图形窗口中选择一条直线,系统会自动用该直线的长度和方向作为进刀/退刀刀具路径的角度和长度。

(3)垂直进刀/退刀角度:设置进刀/退刀时刀具路径对主轴方向(Z 方向)的角度。

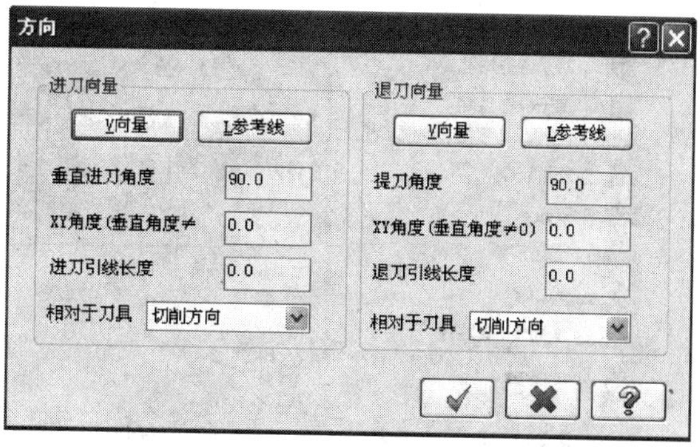

图 6-4 【方向】对话框

图 6-5 【向量】对话框

(4) XY角度：设置进刀/退刀时刀具路径与 XY 平面的夹角。

(5) 进/退刀引线长度：设置进刀/退刀时刀具路径的长度。

(6) 相对于刀具：定义上述"XY角度"的度量基准。选择"刀具平面 X 轴"选项时，XY 角度是与刀具平面中的 X 轴的夹角；选择"切削方向"选项时，XY 角度为与切削方向的夹角。

4. 校刀长位置

设置铣刀补偿至刀具端部的中心或刀尖，可选择如下选项。

刀尖：补偿至铣刀的刀尖。

球心：补偿至铣刀端头中心。

5. 加工面/干涉面预留量

设置刀具和加工面/干涉面的间距。粗加工时，加工面预留量即为精加工余量，不能为零；精加工时，加工面预留量等于零。这两个选项的上方有一个选择箭头，单击此箭头，弹出图 6-1 所示的【刀具路径的曲面选取】对话框，可重新选取加工面和干涉面。

6. 刀具的切削范围

刀具切削范围可以设置为选取的封闭串联图素的内侧、外侧或中心；当刀具切削范围设置为选取串联的内侧或外侧时，还可设置切削范围与封闭串联图素的偏移值。

6.2 曲面粗加工

粗加工的目的是最大限度地切除工件上的多余材料，并尽量发挥刀具的能力，提高生产率。曲面粗加工包含平行铣削粗加工、放射状粗加工、投影粗加工、流线粗加工、等高外形粗加工、残料粗加工、挖槽粗加工和钻削式粗加工 8 种模组，如图 6-6 所示。本节将介绍各种粗加工方法的特点、应用场合及刀具路径参数设置的要点。

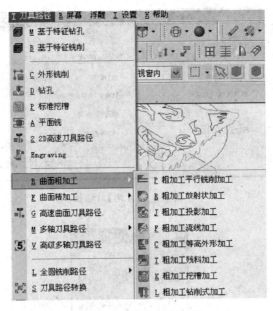

图 6-6　曲面粗加工类型

　　当选择平行铣削粗加工、放射状粗加工、投影粗加工和流线粗加工时,系统将弹出如图 6-7 所示的【选取工件的形状】对话框,用户可根据加工曲面的形状选择相应的类型,系统会自动提前优化加工参数。其中【凸】指切削方式采用单向加工、Z 方向采用双侧切削并且不允许作 Z 轴负向切削;【凹】指切削方式可以采用双向加工、允许刀具上下多次进刀和退刀,并且 Z 轴正向和负向均可切削;【未定义】指使用系统默认值,一般为上次采用这种加工方法时所设置的值。

图 6-7　【选取工件的形状】对话框

6.2.1　平行铣削粗加工

　　平行铣削粗加工是指沿着特定的方向产生一系列平行的刀具路径,通常用来加工单一的凸状或凹状形体,但起始和收刀处的刀纹较粗。

　　选择【刀具路径】→【曲面粗加工】→【粗加工平行铣削加工】菜单命令,或单击【曲面粗加工】工具栏中的"粗加工平行铣削加工"按钮,可打开【曲面粗加工平行铣削】对话框,在该对话框中除了要设置共同参数【刀具参数】和【曲面加工参数】外,还要通过图 6-8 所示的【粗加工平行铣削参数】选项卡来设置一组平行铣削粗加工模组特有的参数。该选项卡中的参数介绍如下。

252

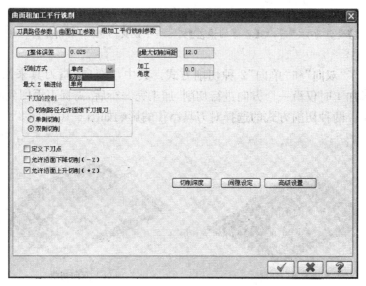

图 6-8 【粗加工平行铣削参数】选项卡

1. 整体误差

整体误差是用来设置曲面刀具路径的精度误差,即实际刀具路径偏离加工曲面上样条曲线的程度。公差值越小,实际刀具路径越接近理论上需加工的样条曲线,则加工精度越高,但加工时间也就越长。粗加工截断可以设定较大的公差值以提高加工效率,一般设置为 0.05～0.2。

单击"整体误差"按钮,系统弹出如图 6-9 所示的【刀具路径优化】对话框。

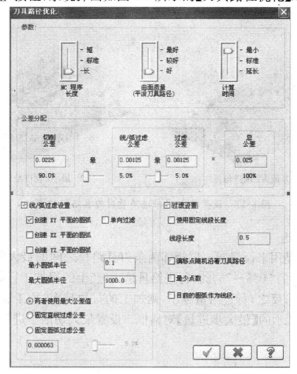

图 6-9 【刀具路径优化】对话框

提示:

当【过滤比率】设置为"关"时,则【整体的误差】文本框中设置的值为"切削方向的误差"值。

2. 切削方式

系统提供了"双向"和"单向"2 种切削方式。其中,"双向"指刀具来回均进行切削;"单向"指刀具加工时仅沿一个方向进行切削,加工完一行后,需提刀返回到起始点再进行下一行的加工。两种切削方式的选择对刀具路径的影响如图 6-10 所示。

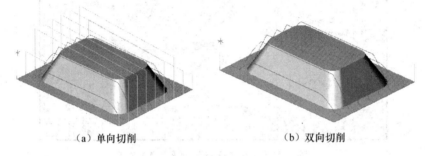

　　(a) 单向切削　　　　　　　　　　　(b) 双向切削

图 6-10　切削方式的选择对刀具路径的影响

3. 最大 Z 轴进给

用于设置两相近切削路径层间的最大 Z 方向距离,又称层进给量,一般取 0.5~2。层进给量越大,粗加工层数越少,加工效率越高,但加工表面粗糙,要求刀具直径大,刚性好;反之,层进给量越小,则加工层数越多,加工表面越光滑。设置最大 Z 轴进给量对刀具路径的影响如图 6-11 所示。

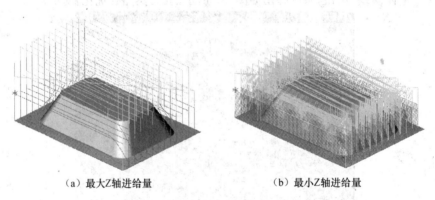

　　(a) 最大Z轴进给量　　　　　　　　　(b) 最小Z轴进给量

图 6-11　设置最大 Z 轴进给量对刀具路径的影响

4. 最大切削步进

最大切削步进是用来设置同一层相邻两条刀具路径之间的最大距离,又称为行进给量,一般取刀具直径的 50%~75%。行进给量越大,产生的粗加工行数越少,加工效率越高,但加工表面粗糙;反之,行进给量越小,则加工的行数越多,加工表面越光滑。单击按钮,弹出如图 6-12 所示的【最大步进量】对话框。设置最大切削步进对刀具路径的影响如图 6-13 所示。

5. 加工角度

用来设置刀具路径的切削角度,即刀具路径和刀具平面 X 轴沿逆时针方向的夹角。

254

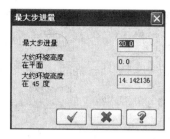

图 6-12 【最大步进量】对话框

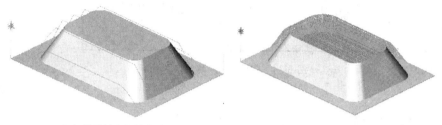

(a) 设置最大切削步进　　　　　　　(b) 设置最小切削步进

图 6-13　设置最大切削步进对刀具路径的影响

6. 下刀的控制

用来控制刀具在下刀和退刀时在 Z 方向的运动方式，有如下 3 种方式。

(1)切削路径允许连续下刀提刀：允许刀具沿着曲面的起伏连续下刀和提刀。

(2)单侧切削：刀具只沿曲面的一侧下刀提刀。

(3)双侧切削：刀具可沿曲面的两侧下刀提刀。

7. 定义下刀点

当选择该复选框时，则在设置完各参数，退出对话框后，系统将提示选择最近的工作角点为刀具路径的起始点。可不必准确地指定一个点，只需大致地选一个点，系统会自动捕捉离选择点最近的角点作为下刀点。

8. 允许沿面下降/上升切削(−Z/+Z)

刀具只在下降(−Z方向)/上升(+Z方向)时切削工件。

提示：

要想使刀具在上升和下降时均切到工件，则这两项都必须选中。

9. 切削深度

设置加工深度到曲面顶面和底面的距离。单击"切削深度"按钮，系统弹出如图 6-14 所示的【切削深度的设定】对话框，可以选择【绝对坐标】或【增量坐标】方式来设置切削深度，如图 6-15 所示。

(1)【增量坐标】：选择【增量坐标】单选钮，则【增量的深度】区亮显，可设置【第一刀的相对位置】，即设置切削第一层到顶面的距离；设置【其他深度的预留量】，即设置切削最后一层到底面的距离，如图 6-15(a)所示。

(2)【绝对坐标】：选择【绝对坐标】单选钮，则【绝对的深度】区亮显，设置【最高的位置】，即在切削工件时允许上升的最高点；设置【最低的位置】，即在切削工件时允许下降的最低点，如图 6-15(b)所示。

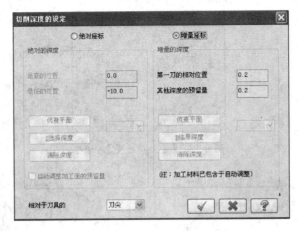

图 6-14 【切削深度的设定】对话框

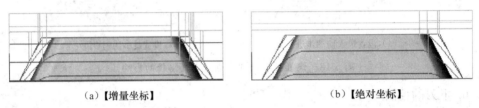

（a）【增量坐标】　　　　　　　　　　（b）【绝对坐标】

图 6-15 【绝对坐标】和【增量坐标】方式对切削深度的影响

10. 间隙设定

当曲面上有缺口或断开的地方，或者两曲面之间有小的间距时，则将其视为产生了间隙。单击按钮，系统弹出如图 6-16 所示的【刀具路径的间隙设置】对话框，用来设置刀具在跨越不同间隙时的各种运动方式。主要选项如下。

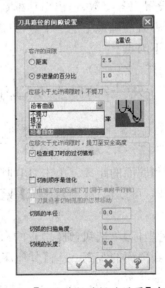

图 6-16 【刀具路径的间隙设置】对话框

（1）【容许的间隙】选项组：用于设置曲面允许的间隙值。可以选择【距离】单选钮，设置间隙的距离值；也可以通过选择【步进量的百分比％】单选钮，输入允许的间隙占进刀量的百分来设置。

(2)【位移小于容许间隙时,不提刀】选项组:用于设置当移动量小于设置的允许间隙时刀具的移动方式,此时不提刀。在下拉列表中共有 4 种刀具在跨跃间隙时的运动方式供用户选择。

直接式(Direct):刀具直接从间隙的一端移动到另一端进行切削。

打断式:刀具遇到间隙后,如果刀具是从下向上运动的,则先上升,再平移到间隙的另一边继续切削;如果刀具是从上向下运动的,则先下降,再平移到间隙的另一边继续切削。

平滑式(Smooth):刀具平滑地越过间隙处,常用于高速进给加工。

跟随曲面式(Follow Surfaces):刀具顺着前一段曲面的外形变化趋势跨过间隙移动到另一段曲面上进行切削。

(3)【位移大于容许间隙时,提刀至安全高度】选项组:用于设置当前移动量大于设置的允许间隙时刀具的移动方式。

(4)【切削顺序最佳化】复选框:选择该复选框后,刀具按顺序加工一个区域完毕才移动到另一个区域进行加工。

(5)【切弧的半径】、【扫描角度】、【切线长度】3 个文本框:用于设置曲面边界处的圆弧或直线进/退刀方式。

11. 高级设定

单击"高级设定"按钮,系统弹出如图 6-17 所示的【高级设置】对话框,用于设置刀具在曲面或实体边缘处的运动方式。

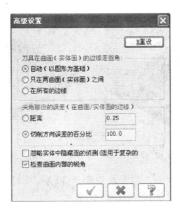

图 6-17 【高级设置】对话框

6.2.2 放射状粗加工

放射状加工对工件表面产生放射状的刀具路径,适于旋转曲面或旋转实体加工。

放射状加工通常用于圆形或旋转类曲面(实体)的加工,生成的刀具路径呈放射状,选择【刀具路径】→【曲面粗加工】→【粗加工放射状加工】菜单命令,或单击【曲面粗加工】工具栏中的"粗加工放射状加工"按钮,可打开【曲面粗加工放射状】对话框,在该对话框中,除了要设置共同参数【刀具参数】和【曲面加工参数】外,还要通过图 6-18 所示的【放射状粗加工参数】选项卡来设置放射状粗加工的刀具路径。该选项卡中的大部分参数与【粗加工平行铣削参数】选项卡相同,这里仅介绍不同的参数。

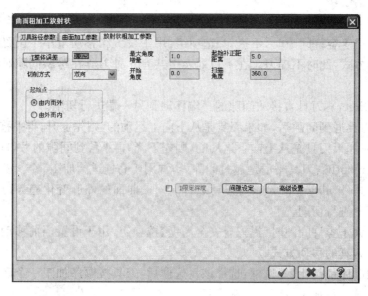

图 6-18 【放射状粗加工参数】选项卡

1. 最大角度增量

用于设定曲面放射状粗加工中,每两条刀具路径的最大夹角,以控制加工路径的密度,类似平行铣削的最大切削间距,切削中的实际值小于设定值。当最大角度增量分别设为30°和10°时的刀具路径如图 6-19(a)、(b)所示。

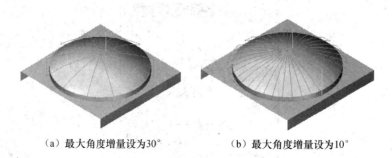

（a）最大角度增量设为30°   （b）最大角度增量设为10°

图 6-19 最大角度增量分别设为 30°和 10°时的刀具路径

2. 起始角度和扫描角度

【起始角度】用于设定放射状粗加工刀具路径第一刀的切削角度。【扫描角度】用于设定放射状粗加工刀具路径的扫描角度,其影响着刀具路径的生成范围。若为负值,系统将以顺时针方向来构建扫描角度。当起始角度分别设为90°和180°及扫描角度为180°时的刀具路径如图 6-20(a)、(b)所示;当起始角度为0°而扫描角度为270°时的刀具路径如图 6-20(c)所示。

3. 起始补正距

用于设定放射状粗加工刀具路径的中心点与路径起始位置的距离,以避免在中心处刀具路径过于密集,降低加工效率。当【起始补正距】分别设为 20 和 40 时的刀具路径如图 6-21 所示。

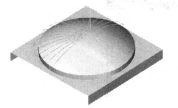
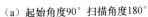
（a）起始角度90° 扫描角度180°
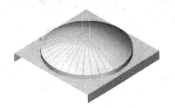
（b）起始角度180° 扫描角度180°
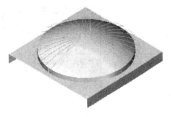
（c）起始角度0° 扫描角度270°

图 6-20　起始角度和扫描角度不同时的刀具路径

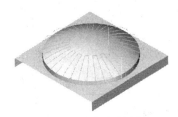
（a）起始补正距为20
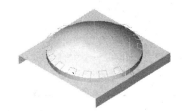
（b）起始补正距为40

图 6-21　【起始补正距】分别设为 20 和 40 时的刀具路径

4. 起始点

用于设置刀具路径的起始点以及路径方向，【由内而外】表示加工时刀具路径从下刀点向外切削；【由外而内】表示加工时刀具路径起始于外围边界并往内切削。

6.2.3　投影粗加工

曲面投影粗加工是将已存在的刀具路径或几何图形投影到要加工的曲面上，生成新的粗加工刀具路径。这种加工方法为刀具的自由式运动提供了保证，常用于刻模，但有时投影后的刀具路径会出现错刀现象，用户需加注意。

选择【刀具路径】→【曲面粗加工】→【粗加工投影加工】菜单命令，或单击【曲面粗加工】工具栏中的"粗加工投影加工"按钮，可打开【曲面粗加工投影】对话框，如图 6-22 所示。在该对话框中，通过【投影粗加工参数】选项卡来设置刀具路径。该选项卡中的大部分参数与【粗加工平行铣削参数】选项卡相同，这里仅介绍不同的参数。

1. 投影方式

用于设置投影的对象，有 3 种设置的方式。

（1）【NCI】单选钮：在"原始操作"列表框中选取已存在的刀具路径来进行投影，投影后的刀具路径仅改变它的深度 Z 坐标，而不改变 x 和 y 坐标，因此，在生成投影路径之前应先创建好原始刀具路径，如图 6-23（a）所示。

（2）【选取曲线】单选钮：选取已有的一条曲线或一组曲线来进行投影，如图 6-23（b）所示。系统要求在设定好曲面投影粗加工参数后，必须选取用于投影的曲线。

（3）【选取点】单选钮：选取已存在的一个点或一组点来进行投影，如图 6-23（c）所示。系统要求在设定好曲面投影粗加工参数后，必须选取用于投影的点。

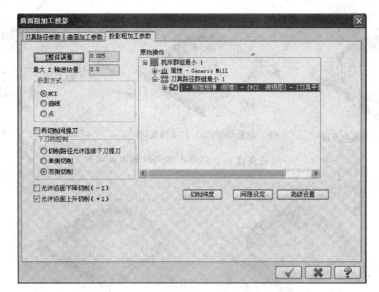

图 6-22 【曲面粗加工投影】对话框

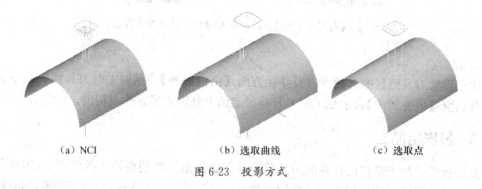

（a）NCI　　　　　　　　　　（b）选取曲线　　　　　　　　　（c）选取点

图 6-23　投影方式

2. 切削深度

用于投影加工的原始操作中的刀具路径可不设置切削深度,在进行投影粗加工的【曲面加工参数】选项卡中,将【加工面预留量】设置为负值即可。

6.2.4　流线粗加工

曲面流线加工可以产生沿曲面流线方向(切削或截断方向)的加工路径,通过精确控制曲面的残留高度,构建一个精密和平滑的加工曲面。这种加工方法适用于单一、规则曲面或实体加工。

选择【刀具路径】→【曲面粗加工】→【粗加工流线加工】菜单命令,或单击【曲面粗加工】工具栏中的"粗加工流线加工"按钮,可打开【曲面粗加工流线】对话框,如图 6-24 所示。在该对话框中,通过【曲面流线粗加工参数】选项卡来设置刀具路径。

1. 切削方向的控制

用于设置刀具路径在 Z 方向移动的进给量(层进给量)。可选择【距离】复选框,直接给定刀具在切削方向的层进给量;也可通过设置实际刀具路径与曲面或实体表面在切削方向的误差,由系统自动计算层进给量;当选择【执行过切检查】复选框后,临近过切时系统会自动调整刀具路径,以避免发生过切现象。

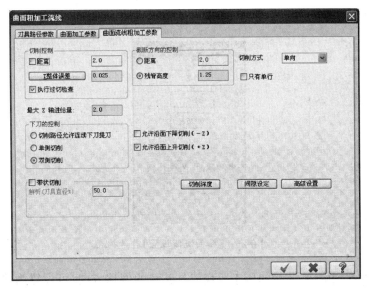

图 6-24 【曲面粗加工流线】对话框

2. 截断方向的控制

用于设置刀具路径在 XY 方向移动的进给量(行进给量)。可选择【距离】单选钮,直接给定刀具在截断方向的行进给量;也可选择【残脊高度】单选钮,设定曲面流线加工中允许残留的余料最大扇形高度(图 6-25),系统将依据该高度值自动计算刀具在截断方向的行进给量。

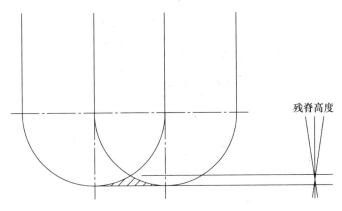

残脊高度

图 6-25 残脊高度

提示:

一般,当曲面的曲率半径较大且没有尖锐的形状,或是不需要非常精密的加工时,常用固定步进距离来设定行进给量;当曲面的曲率半径较小且有尖锐的形状,或是需要非常精密的加工时,则应采用残脊高度来设定行进给量。

3. 曲面流线设置

完成了所有的参数设置后,单击 ✓ 按钮,系统打开如图 6-26 所示的【曲面流线设置】对话框,并在绘图区显示刀具偏移方向、切削方向、每一层中刀具路径移动方向即刀具的

261

起点等,用于可对不合适处进行修改。

图 6-26 【曲面流线设置】对话框

(1)【补正方向】按钮:该按钮用于改变刀具路径的偏移方向,可设置为曲面的法向或反法向。

(2)【切削方向】按钮:该按钮用于改变刀具路径的方向,可设置为曲面的纵向或横向。

(3)【步进方向】按钮:该按钮用于改变每层刀具路径移动的方向,注意步进箭头的变化。

(4)【起始】按钮:该按钮用于改变刀具路径的起点位置,注意下刀点箭头的变化。

利用流线粗加工方式加工曲面的效果如图 6-27 所示。

图 6-27 流线粗加工方式加工曲面的效果

提示:

如果同时对相连或相距不远的多个曲面进行加工,应逐个选取曲面,以防止流线方向不一致造成加工困难。

6.2.5 等高外形粗加工

等高外形加工的特点是它的加工路径产生在相同的等高轮廓上,即刀具根据曲面的轮廓一层一层地往下切削。对于接近零件形状的毛坯,如锻造或铸造毛坯的加工,选择这种方法比较理想。

选择【刀具路径】→【曲面粗加工】→【粗加工等高外形加工】菜单命令,或单击【曲面粗加工】工具栏中的"粗加工等高外形加工"按钮,可打开【曲面粗加工等高外形】对话框,如

图 6-28 所示。在该对话框中通过【等高外形粗加工参数】选项卡来设置刀具路径。

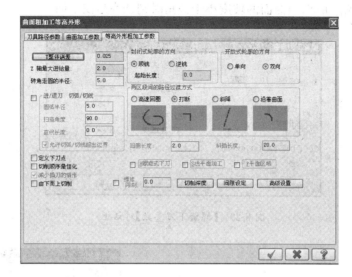

图 6-28 【曲面粗加工等高外形】对话框

1. 转角走圆的半径

设置转角走圆弧的半径,设定后可有效避免过切。

2. 封闭式轮廓的方向

该区域用于设置等高外形加工中封闭式外形的切削方向,有【逆铣】和【顺铣】两个单选钮。【起始长度】文本框用于设置每层刀具路径的起始位置与上一层刀具路径的起始位置之间的偏移距离,从而避免各层起点位置一致造成一条刀痕。

3. 开放式轮廓的方向

该区域用于设置等高外形加工中开放式外形的切削方向,有【单向】和【双向】两个单选钮。

4. 进/退刀(切弧/切线)

该复选框用于曲面等高外形加工中设置一段进/退刀弧形刀具路径。

5. 两区段间的路径过渡方式

该区域用于设置当移动量小于容许间隙时刀具的移动方式。这个区域的选项类似平行铣削粗加工中的"间隙设置",可参照前面的介绍进行选择。

6. 由下而上切削

该选项用于设置等高外形加工时,刀具路径从工件底部开始向上切削,在工件顶部结束。

7. 螺旋式下刀

进行螺旋下刀的设置,有利于保证端部受力较弱的刀具进行切削,刀具的受力不再是单一方向,而是被分解到轴向和径向,使进刀时刀具大面积切削成为可能。选择该复选框并单击按钮,弹出如图 6-29 所示的【螺旋下刀参数】对话框。

8. 浅平面加工

浅平面加工主要用于等高外形加工中增加或删除浅平面的加工路径,为了保证曲面上较平坦部位的加工效果,应增加该区域的刀具路径,如图 6-30 所示。选择该复选框并单击按钮,弹出如图 6-31 所示的【浅平面加工】对话框。其中,【加工角度的极限】文本框设置的是浅平面的角度,当曲面的坡度小于该角时则认为是浅平面。

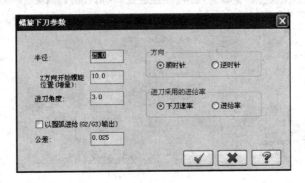

图 6-29 【螺旋下刀参数】对话框

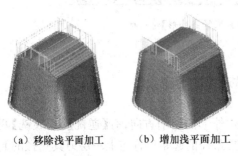

（a）移除浅平面加工　　（b）增加浅平面加工

图 6-30 浅平面加工效果

图 6-31 【浅平面加工】对话框

9. 平面区域

主要用于设置加工平面区域 XY 方向的步进量。选择该复选框并单击"平面区域"按钮,弹出如图 6-32 所示的【平面区域加工设置】对话框。

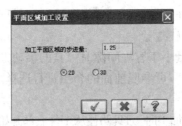

图 6-32 【平面区域加工设置】对话框

10. 间隙设定

由于"两区段间的路径过渡方式"类似于前述的间隙设定,所以单击按钮后所得的对话框同前面间隙设定的对话框相同,如图 6-33 所示。

利用等高外形粗加工方式加工曲面的效果如图 6-34 所示。

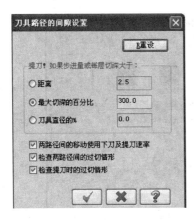

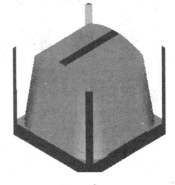

图 6-33 【刀具路径的间隙设置】对话框　　　图 6-34　等高外形粗加工方式加工曲面的效果

6.2.6　挖槽粗加工

曲面挖槽加工应用广泛,它可以依曲面形状产生刀具路径。曲面挖槽时,是按 Z 向高度来分层的,在同一个高度完成所有加工后,再进行下一个高度的加工。曲面挖槽分为凸形曲面挖槽和凹形曲面挖槽,前者需要绘制槽的边界,然后将边界范围内的所有不要的材料切除。

选择【刀具路径】→【曲面粗加工】→【粗加工挖槽加工】菜单命令,或单击【曲面粗加工】工具栏中的"粗加工挖槽加工"按钮,可打开【曲面粗加工挖槽】对话框,在该对话框中通过图 6-35 和图 6-36 所示的【粗加工参数】选项卡和【挖槽参数】选项卡来设置刀具路径。

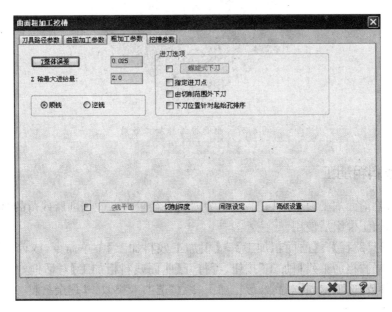

图 6-35　【粗加工参数】选项卡

挖槽粗加工模组参数与二维挖槽模组及平行铣削粗加工的有关参数设置内容基本相同,可参照前面内容进行设置。

265

图 6-36　【挖槽参数】选项卡

曲面挖槽粗加工效果如图 6-37 所示。

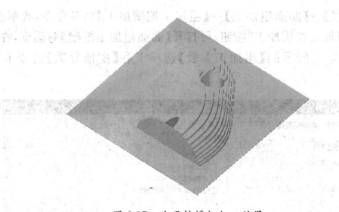

图 6-37　曲面挖槽粗加工效果

6.2.7 ●残料粗加工

用于清除前面加工模组未切削，或因为刀具直径较大未能切削所残留的材料，该模组一般在其他加工模组后使用。

选择【刀具路径】→【曲面粗加工】→【粗加工残料加工】菜单命令，或单击【曲面粗加工】工具栏中的"粗加工残料加工"按钮，可打开【曲面残料粗加工】对话框，在该对话框中【残料加工参数】选项卡同【等高外形粗加工参数】选项卡相似。【剩余材料参数】选项卡如图 6-38 所示。

剩余材料的计算方式共有 4 种。

(1)所有先前的操作：对前面所有的加工操作进行残料计算。

(2)另一个操作：可以从右边加工操作列表中选择某个操作进行残料计算。

图 6-38 【剩余材料参数】选项卡

(3)粗铣的刀具：对下面设定了刀具直径和刀角半径的加工操作进行残料计算。

(4)STL文件：系统对STL文件进行残料计算，其中"材料的解析度"数值将影响残料加工的质量和速度，值越小，加工质量越好；值越大，加工速度越快。

曲面残料加工的效果如图 6-39 所示。

图 6-39　曲面残料加工的效果

6.2.8　钻削式粗加工

曲面钻削式粗加工是类似钻孔的一种方法，它依曲面外形，在 Z 方向下降生成粗加工刀具路径，可以切削所有位于曲面与凹槽边界间的材料。这种加工方法可以大大降低粗加工的成本，并能迅速去掉加工余量，特别适合余量较大的工件。

选择【刀具路径】→【曲面粗加工】→【粗加工钻削式加工】菜单命令，或单击【曲面粗加工】工具栏中的"粗加工钻削式加工"按钮，可打开【曲面粗加工钻削式】对话框，如图 6-40 所示。在该对话框中，通过【钻削式粗加工参数】选项卡来设置刀具路径。曲面钻削式粗加工的效果如图 6-41 所示。

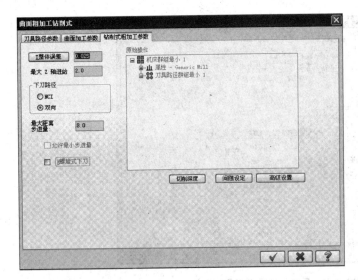
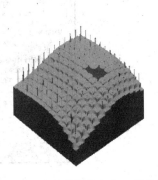

图 6-40 【曲面粗加工钻削式】对话框　　　　图 6-41 曲面钻削式粗加工的效果

6.3 曲面精加工

当零件完成粗加工后,根据零件的精度要求和工艺安排还经常要对零件进行精加工,以得到准确光滑的曲面。MasterCAM X⁴ 提供了 11 种曲面精加工模组,如图 6-42 所示。为了保证曲面加工精度,精加工一般采用高转速、快进给和小切削量的方式。

图 6-42 曲面精加工模组

曲面精加工中的参数设定也分为【刀具参数】、【曲面加工参数】和各加工模组参数3个选项卡,各参数的设置与粗加工基本相同。在精加工参数中没有"最大Z轴进给"选项,因为精加工中的加工余量就是粗加工的预留量;又由于精加工过程中刀具一般是沿着被加工表面连续切削的,因此,有的加工模组中对刀具Z方向运动方式的控制也简化了。

6.3.1 平行铣削精加工

用于产生一组平行的精加工刀具路径。选择【刀具路径】→【曲面精加工】→【精加工平行铣削】菜单命令,或单击【曲面精加工】工具栏中的"精加工平行铣削"按钮,可打开【曲面精加工平行铣削】对话框,如图6-43所示。在该对话框中通过【精加工平行铣削参数】选项卡来设置刀具路径。

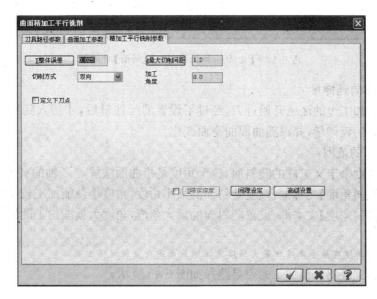

图6-43 【曲面精加工平行铣削】对话框

提示:

①精加工时,要把整体误差值设低些,最大切削间距设小些。

②精加工时的"加工角度"应与粗加工不同,一般可互相垂直,以减少粗加工的刀痕,获得更好的加工表面质量。

6.3.2 平行式陡斜面精加工

主要用于在粗加工或精加工后,切除残留在曲面较陡的斜坡上的材料。选择该加工模组后,系统将在加工的曲面中自动找出符合斜角范围的部位,并在此处生成精加工刀具路径。

选择【刀具路径】→【曲面精加工】→【精加工平行陡斜面】菜单命令,或单击【曲面精加工】工具栏中的"精加工平行陡斜面"按钮,可打开【曲面精加工平行式陡斜面】对话框,如图6-44所示。在该对话框中,通过"陡斜面精加工参数"选项卡来设置刀具路径。

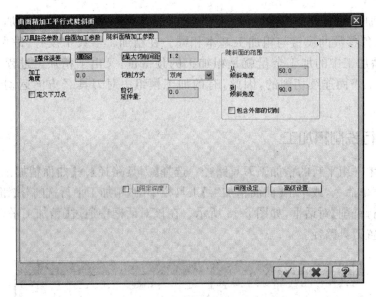

图 6-44 【曲面精加工平行式陡斜面】对话框

1. 切削方向延伸量

刀具从已加工过的区域开始进刀,经过了设置的延伸量后,才切入陡斜面区,退刀时也要超出设置的延伸量,并跟随曲面曲率而变化。

2. 陡斜面的范围

用两个角度来定义工件的陡斜面,这个角度是指曲面法线与 Z 轴的夹角。

(1)【从倾斜角度】文本框:设置陡斜面的最小角度,角度小就能加工较平坦的部位。

(2)【到倾斜角度】文本框:设置陡斜面的最大角度,角度大就能加工陡坡较大的部位。

提示:

仅能对倾斜角度在最小角度和最大角度之间的曲面进行陡斜面精加工。

曲面平行式陡斜面精加工的刀具路径如图 6-45 所示。

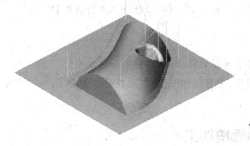

图 6-45 曲面平行式陡斜面精加工的刀具路径

6.3.3 放射式精加工

用于生成放射状精加工刀具路径。选择【刀具路径】→【曲面精加工】→【精加工放射状】菜单命令,或单击【曲面精加工】工具栏中的"精加工放射状"按钮,可打开【曲面精加工放射状】对话框,如图 6-46 所示。在该对话框中,通过"放射状精加工参数"选项卡来设置刀具路径。其参数设置同放射状粗加工基本一样，这里不再赘述。

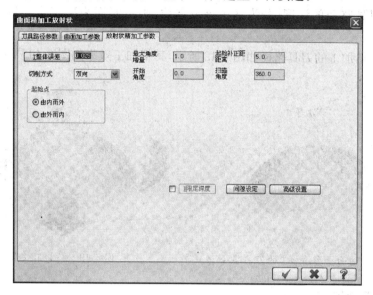

图 6-46 【曲面精加工放射状】对话框

6.3.4 投影精加工

用于将已有的刀具路径或几何图形投影到所选择的曲面上以生成精加工刀具路径。选择【刀具路径】→【曲面精加工】→【精加工投影加工】菜单命令，或单击【曲面精加工】工具栏中的"精加工投影加工"按钮，可打开【曲面精加工投影】对话框，如图 6-47 所示。在该对话框中，通过【投影精加工参数】选项卡来设置刀具路径。该选项卡与【投影粗加工参数】选项卡相比，取消了层进给量、进刀/退刀方式及刀具沿 Z 向移动方式的设置，增加了【增加深度】复选框。

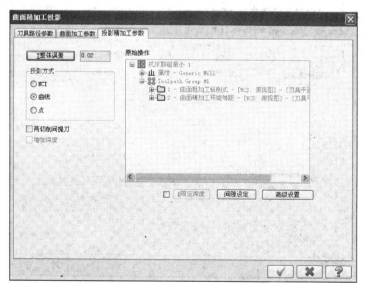

图 6-47 【曲面精加工投影】对话框

在采用 NCI 文件作投影时,选中【增加深度】复选框,系统就将 NCI 文件的 Z 轴深度作为投影后刀具路径的深度;若为选中该复选框,则由曲面来决定投影后刀具路径的深度。

曲面投影精加工的刀具路径如图 6-48 所示,其精加工效果如图 6-49 所示。

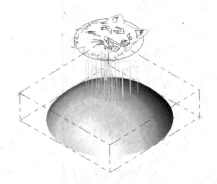

图 6-48　曲面投影精加工的刀具路径

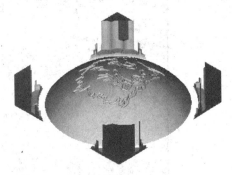

图 6-49　精加工效果

6.3.5　流线精加工

同曲面流线粗加工一样,都是刀具沿曲面流线运动,通过控制曲面的"残脊高度"加工出平滑的曲面。曲面流线精加工能获得很好的加工效果,特别是当曲面较陡时,加工质量明显好于一般的平行加工。

选择【刀具路径】→【曲面精加工】→【精加工流线加工】菜单命令,或单击【曲面精加工】工具栏中的"精加工流线加工"按钮,可打开【曲面精加工流线】对话框,如图 6-50 所示。在该对话框中,通过【曲面流线精加工参数】选项卡来设置刀具路径。该选项卡中切削方向的控制、截断方向的控制、切削方式等参数在曲面流线粗加工中已介绍,这里不再赘述。

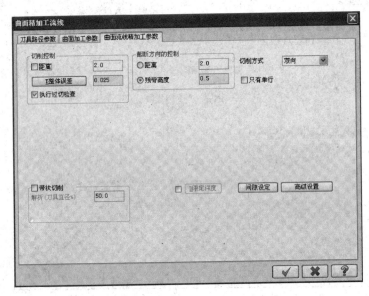

图 6-50　【曲面精加工流线】对话框

6.3.6 等高外形精加工

用于沿着三维模型外形生成精加工刀具路径,对于有特定高度或斜度较大的工件结构宜采用该精加工路径。采用了等高外形精加工时,在曲面的顶部或坡度较小的位置可生成精加工路径,此时应采用浅平面精加工来对这部分的曲面进行铣削。

选择【刀具路径】→【曲面精加工】→【精加工等高外形】菜单命令,或单击【曲面精加工】工具栏中的"精加工等高外形"按钮,可打开【曲面精加工等高外形】对话框,如图 6-51 所示。在该对话框中,通过【等高外形精加工参数】选项卡来设置刀具路径。该选项卡与曲面等高外形粗加工中的参数完全相同,这里不再赘述。

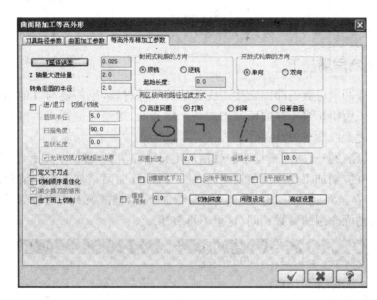

图 6-51 【曲面精加工等高外形】对话框

6.3.7 浅平面精加工

用于去除曲面坡度较小区域的残留材料,同陡斜面精加工一样,需要与其他精加工模组配合使用。选用浅平面精加工之后,系统会在众多的曲面中自动地筛选出比较平坦的曲面,并产生刀具路径。

选择【刀具路径】→【曲面精加工】→【精加工浅平面加工】菜单命令,或单击【曲面精加工】工具栏中的"精加工浅平面加工"按钮,可打开【曲面精加工浅平面】对话框,如图 6-52 所示。在该对话框中,通过【浅平面精加工参数】选项卡来设置刀具路径。该选项卡与平行式陡斜面精加工中的参数基本相同,也是通过【从倾斜角度】、【到倾斜角度】和【切削方向延伸量】来定义加工区域,只是在【切削方式】下拉列表中增加了"3D环绕"项,它是以切削区的边界向内环形切削并以最大的步进量切削。当选择该方式时,下面的按钮变成可用状态。单击该按钮,打开如图 6-53 所示的【环绕设置】对话框进行设置。

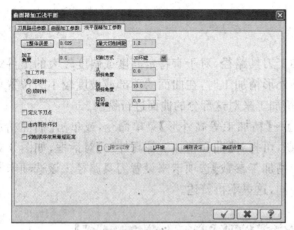

图 6-52 【曲面精加工浅平面】对话框   图 6-53 【环绕设置】对话框

6.3.8 交线清角精加工

用于去除非圆滑过渡的曲面交接边线部位的残留材料,也需要与其他精加工模组配合使用。该加工模组相当于在曲面间增加一个倒圆面,对经过倒圆或熔接处理的曲面相交处则不能产生交线清角刀具路径。

选择【刀具路径】→【曲面精加工】→【精加工交线清角加工】菜单命令,或单击【曲面精加工】工具栏中的"精加工交线清角加工"按钮,可打开【曲面精加工交线清角】对话框,如图 6-54 所示。在该对话框中,通过【交线清角精加工参数】选项卡来设置刀具路径。该选项卡的参数与前面介绍的参数相同,这里不再赘述。

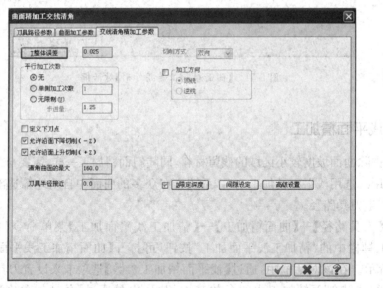

图 6-54 【曲面精加工交线清角】对话框

6.3.9 残料精加工

用于去除由于大刀具直径加工或加工方式不当所造成的残料材料,需要与其他精加工模组配合使用。它产生于非圆滑过渡的曲面交接处及曲面倒圆角的部位,当这些部位的转

274

角较小、粗加工刀具无法切削到时,就可更换较小的刀具并选用材料清角精加工模组。

选择【刀具路径】→【曲面精加工】→【精加工残料加工】菜单命令,或单击【曲面精加工】工具栏中的"精加工残料加工"按钮,可打开【曲面精加工残料清角】对话框,如图 6-55所示。在该对话框中,通过【残料清角精加工参数】和【残料清角的材料参数】(图 6-56)选项卡来设置刀具路径。

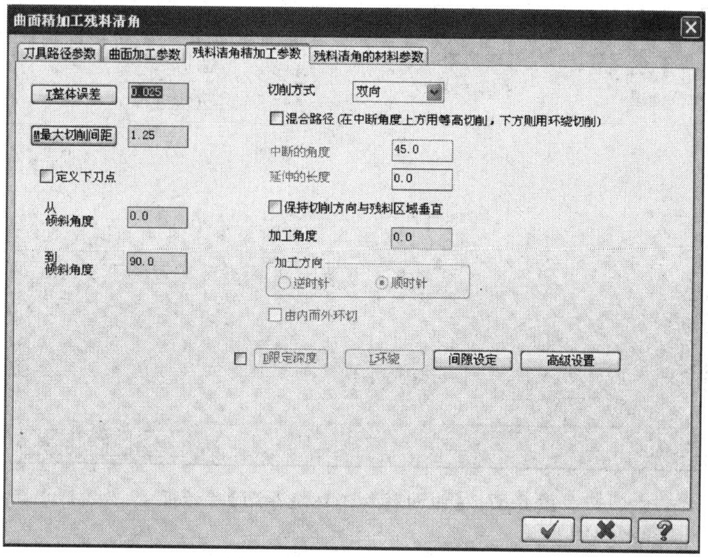

图 6-55 【曲面精加工残料清角】对话框

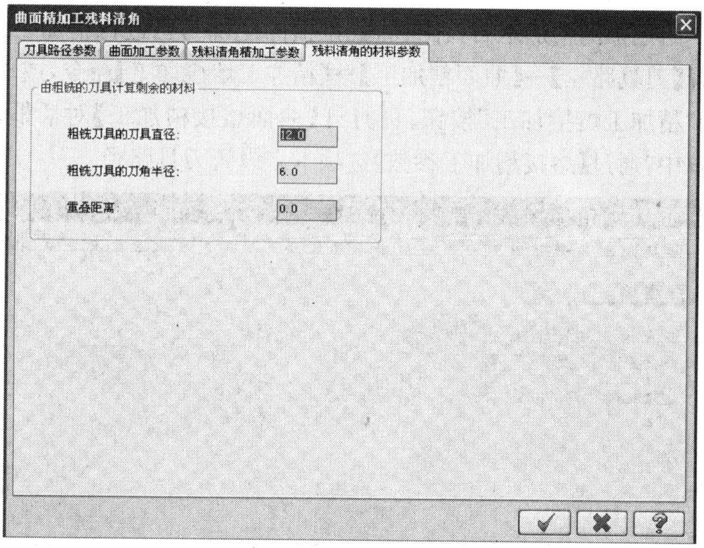

图 6-56 【残料清角的材料参数】选项卡

6.3.10 环绕等距精加工

用于生成一组环绕工件曲面而且等距的刀具路径。它适用于曲面变化较大的零件,但由于容易产生过切,所以多用于毛坯尺寸很接近零件时。

选择【刀具路径】→【曲面精加工】→【精加工环绕等距加工】菜单命令,或单击【曲面精加工】工具栏中的"精加工环绕等距加工"按钮,可打开【曲面精加工环绕等距】对话框,如图 6-57 所示。在该对话框中,通过【环绕等距精加工参数】选项卡来设置刀具路径。该选项卡的参数与前面介绍的参数相同,这里不再赘述。

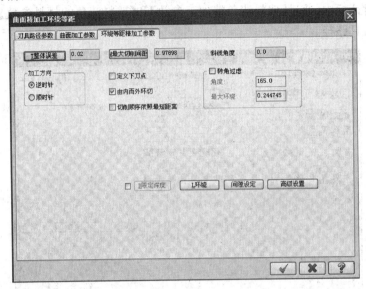

图 6-57 【曲面精加工环绕等距】对话框

6.3.11 熔接精加工

用于生成一组挖槽的精加工刀具路径,且该槽的底部与已进行精加工的曲面方向及形状相同。选择【刀具路径】→【曲面精加工】→【精加工熔接加工】命令,或单击【曲面精加工】工具栏中的"精加工熔接加工"按钮,可打开【曲面熔接精加工】对话框,如图 6-58 所示。在该对话框中,通过【熔接精加工参数】选项卡来设置刀具路径。

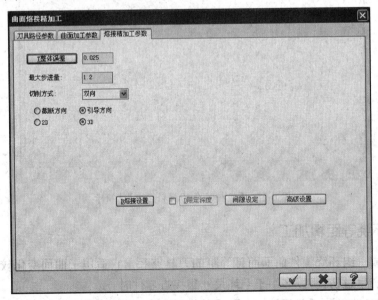

图 6-58 【曲面熔接精加工】对话框

1. 截断方向

用于产生一组横向刀具路径。

2. 引导方向

用于产生一组纵向刀具路径。

3. "2D/3D"单选钮

用于选择二维或三维纵向刀具路径。只有选择了【引导方向】单选钮时,该选项才出现。

4. 熔接设置

当选择【引导方向】单选钮时,按钮亮显,处于可用状态。单击该按钮,系统将打开如图 6-59 所示的【引导方向熔接设置】对话框。曲面熔接精加工效果如图 6-60 所示。

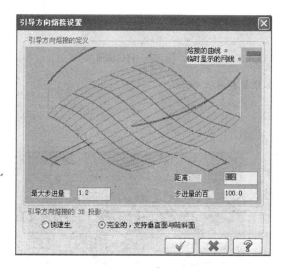

图 6-59 【引导方向熔接设置】对话框

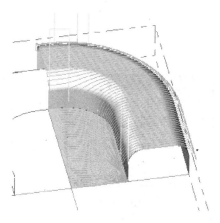

图 6-60 曲面熔接精加工效果

6.4 曲面加工项目

创建如图 6-61 所示的三维曲面,并对其进行三维加工。

本例仅介绍刀具路径的创建过程,对零件材料的设置、刀具参数的设置暂不介绍。

1. 创建三维曲面

绘制如图 6-61(a)所示的三维线架,再将其顶面自动创建一个如图 6-61(b)所示的网状曲面。

2. 选择机床类型并设置毛坯

选择【机床类型】→【铣削系统】→【默认】菜单命令,在【刀具路径管理器】中打开【属性】菜单,单击其中的【材料设置】(图 6-62),系统弹出【机器群组属性】对话框的【素材设置】选项卡;再单击"边界盒"按钮,设置 Z 方向"延伸量"为1。此时,毛坯的尺寸如图 6-63 所示(图中的 Z 坐标值和素材原点的 Z 值均取整数),单击 ✓ 按钮即可。

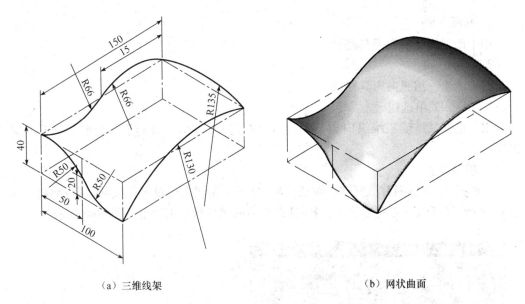

（a）三维线架 （b）网状曲面

图 6-61 三维线架和网状曲面

图 6-62 【材料设置】

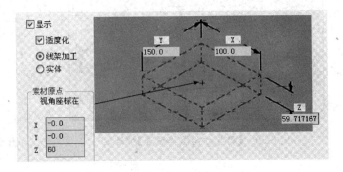

图 6-63 毛坯的尺寸

提示：

外形不加工，所以毛坯 X、Y 方向的"延伸量"用默认值 0；Z 方向的"延伸量"为 1 并取了整数 55，同时还将"素材原点"的 Z 坐标也改为 55，系统将以这个高度来进行加工中的高度计算，使最高点也有 1mm 以上的加工余量。

3. 钻削式粗加工

选择【刀具路径】→【曲面粗加工】→【粗加工钻削式加工】菜单命令，或单击【曲面粗加工】工具栏中的"粗加工钻削式加工"按钮，系统提示选择加工曲面，用鼠标单击网状曲面后按【Enter】键，可打开【曲面粗加工钻削式】对话框。

（1）设置【刀具参数】选项卡。选择刀具并设置刀具参数，如图 6-64 所示。

（2）设置【曲面加工参数】选项卡。设置高度参数及加工面预留量，如图 6-65 所示。

（3）设置【曲面钻削式粗加工参数】选项卡。设置【整体误差】、【最大 Z 轴进给】和【最大】步进量如图 6-66 所示；在该选项卡中单击"切削深度"按钮，在弹出的【切削深度的设定】对话框中设置【增量的深度】，如图 6-67 所示。

278

图 6-64 刀具参数

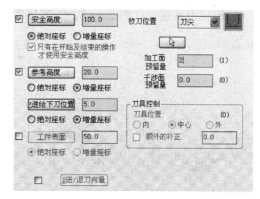

图 6-65 高度参数及加工面预留量

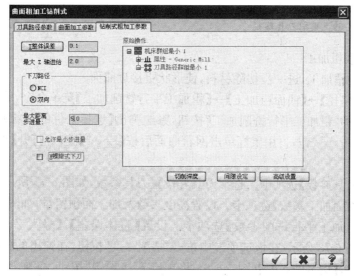

图 6-66 【曲面钻削式粗加工参数】选项卡

（4）设置完成后单击✔按钮，按系统提示用鼠标选取"左下角点"和"右上角点"，如图 6-68 所示。

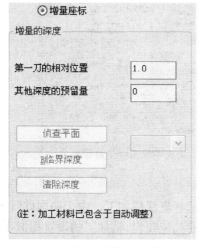

图 6-67 【增量的深度】

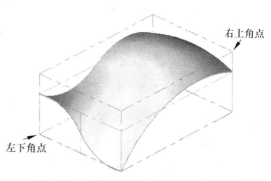

图 6-68 选择"左下角点"和"右上角点"

(5)模拟刀具路径如图 6-69 所示,实体验证切削效果如图 6-70 所示。

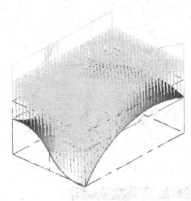
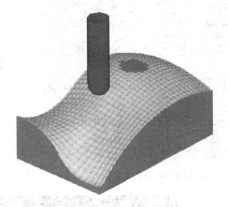

图 6-69　模拟刀具路径　　　　　　　图 6-70　实体验证切削效果

4. 平行铣削粗加工

这时一次半精加工,进一步切除材料,使形状更接近曲面。

选择【刀具路径】→【曲面粗加工】→【粗加工平行铣削加工】菜单命令,或单击【曲面粗加工】工具栏中的"粗加工平行铣削加工"按钮,系统弹出【选择工件的形状】对话框,选择"凹"单选钮,单击✔按钮;再用鼠标单击网状曲面后按【Enter】键,可打开【曲面粗加工平行铣削】对话框。

(1)设置【刀具参数】选项卡。选择刀具并设置刀具参数,如图 6-71 所示。

(2)设置【曲面加工参数】选项卡。设置高度参数及加工面预留量,如图 6-72 所示。

(3)设置【粗加工平行铣削参数】选项卡。设置【整体误差】、【最大 Z 轴进给】和【最大】步进量,如图 6-73 所示;在该选项卡中单击"切削深度"按钮,在弹出的【切削深度的设定】对话框中设置【增量的深度】(图 6-67);再单击"高级设置"按钮,在弹出的【高级设置】对话框中选择"在所有的边缘"单选钮,如图 6-74 所示。

(4)设置完成后单击✔按钮,并进行实体切削验证,验证效果如图 6-75 所示。

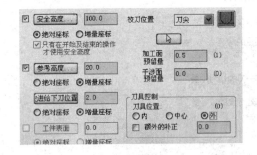

图 6-71　刀具参数　　　　　　　　图 6-72　高度参数及加工面预留量

5. 流线精加工

现在开始对曲面进行精加工,为得到更好的形状,选择流线精加工。由于曲面此时仍然较粗糙,可在精加工前增加一次流线粗加工,本例考虑到流线粗、精加工的设置相似,限于篇幅,省略了流线粗加工。

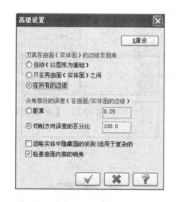

图 6-73 【粗加工平行铣削参数】选项卡

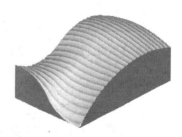

图 6-74 "在所有的边缘"单选钮　　　　图 6-75 实体切削验证效果

　　选择【刀具路径】→【曲面精加工】→【精加工流线加工】菜单命令,或单击【曲面精加工】工具栏中的"精加工流线加工"按钮,可打开【曲面精加工流线】对话框。在该对话框中通过图 6-50 所示的【曲面流线精加工参数】选项卡来设置刀具路径。

　　(1)设置【刀具参数】选项卡。选择刀具并设置刀具参数如图 6-76 所示。

　　(2)设置【曲面加工参数】选项卡。设置高度参数及加工面预留量如图 6-77 所示。

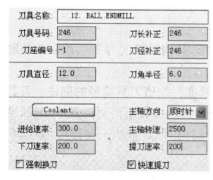

图 6-76 刀具参数

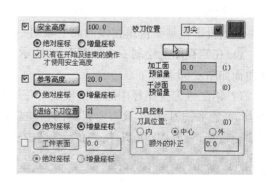

图 6-77 高度参数及加工面预留量

（3）设置【曲面流线精加工参数】选项卡。设置【整体误差】和【残脊高度】如图6-78所示。

（4）设置完成后单击按钮，系统弹出如图6-79所示的【曲面流线设置】对话框，设置【补正方向】、【切削方向】和【步进方向】如图6-80所示，设置完成后单击 ✓ 按钮。

（5）进行实体切削验证，验证效果如图6-81所示。

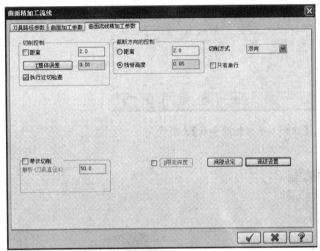

图6-78　【曲面流线精加工参数】选项卡

图6-79　【曲面流线设置】对话框

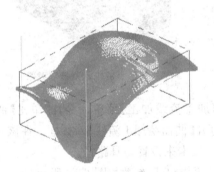

图6-80　曲面流线设置结果

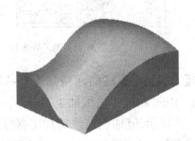

图6-81　实体切削验证效果

6. 投影精加工

利用投影精加工模组在该曲面上雕刻一个图案。

（1）在俯视图上绘制一个如图6-82所示的花雕形，其构图深度为150，绘制的花雕形和曲面如图6-83所示。

（2）用二维刀具路径中的挖槽模组对花瓣内区域进行挖槽刀具路径的创建。刀具直径为Φ8的平铣刀，由于只需要刀具的运动轨迹，所以其他参数不需要设置，切削深度也不需要设置，只要在【粗切/精修的参数】中将"切削间距"设置得小一些即可，如图6-84所示。

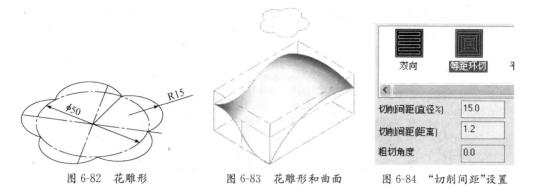

图 6-82　花雕形　　　　图 6-83　花雕形和曲面　　　　图 6-84　"切削间距"设置

（3）选择【刀具路径】→【曲面精加工】→【精加工投影加工】菜单命令，或单击【曲面精加工】工具栏中的"精加工投影加工"按钮，可打开【曲面精加工投影】对话框。

（4）设置【刀具参数】选项卡。选择刀具并设置刀具参数如图 6-85 所示。

（5）设置【曲面加工参数】选项卡。设置高度参数及加工面预留量如图 6-86 所示，其中加工面预留量设为"-2"，表示该槽将刻到曲面下面 2mm 处。

图 6-85　刀具参数

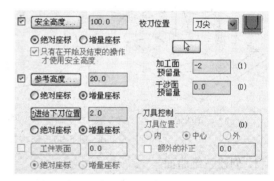

图 6-86　高度参数及加工面预留量

（6）设置【投影精加工参数】选项卡。选择【NCI】单选钮，再在右边的操作列表框中选择二维挖槽操作，具体设置如图 6-87 所示。

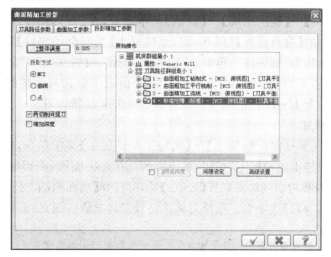

图 6-87　【投影精加工参数】选项卡

(7)设置完成后单击✔按钮,则显示刀具路径如图 6-88 所示。进行实体切削验证,验证效果如图 6-89 所示。

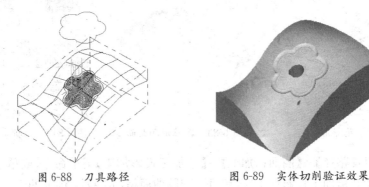

图 6-88　刀具路径　　　　　图 6-89　实体切削验证效果

【实例 2】创建如图 6-90 所示的三维曲面,并对其进行三维加工。

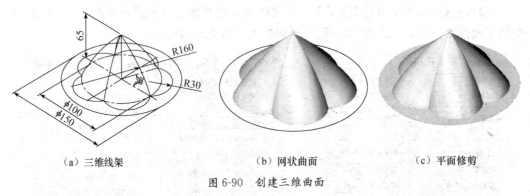

（a）三维线架　　　　　（b）网状曲面　　　　　（c）平面修剪

图 6-90　创建三维曲面

1. 创建三维曲面

绘制如图 6-90(a)所示的三维线架,再将其顶面自动创建一个如图 6-90(b)所示的网状曲面;用平面修剪命令将 $\Phi150$ 的圆平整成平面后,再用曲面修剪命令将圆平面修剪,如图 6-90(c)所示。

2. 选择机床类型并设置毛坯

选择【机床类型】→【铣削系统】→【默认】菜单命令,在【刀具路径管理器】中打开【属性】菜单,单击其中的【材料设置】(图 6-62),系统弹出【机器群组属性】对话框的【素材设置】选项卡;选择形状为"圆柱体",再单击"边界盒"按钮,设置 Z 方向"延伸量"为 10。此时,毛坯的尺寸如图 6-91 所示(图中素材原点的 Z 值取了整数);毛坯的高度为 76,指加工完成后仍保留一个 10mm 高的圆柱。设置好后单击✔按钮即可。

3. 曲面挖槽粗加工

选择【刀具路径】→【曲面粗加工】→【粗加工挖槽加工】菜单命令,或单击【曲面粗加工】工具栏中的"粗加工挖槽加工"按钮,系统提示选择加工曲面,用矩形窗口选中所有曲面,并选择 $\Phi150$ 的圆为切削边界后按【Enter】键,可打开【曲面粗加工挖槽】对话框。

(1)设置【刀具参数】选项卡。选择刀具并设置刀具参数如图 6-92 所示。

提示:
选择刀具时,要注意查看刀具的刀长尺寸应大于曲面的总高 65mm,以免夹头碰撞工件。

(2)设置【曲面加工参数】选项卡。设置高度参数及加工面预留量如图 6-93 所示。

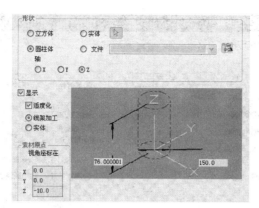

图 6-91 毛坯的尺寸

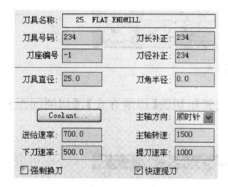

图 6-92 刀具参数

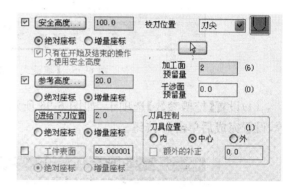

图 6-93 高度参数及加工面预留量

(3)设置【粗加工参数】选项卡。设置【整体误差】、【Z 轴最大进给量】并选择【螺旋式下刀】复选框,如图 6-94 所示。在该选项卡中单击"螺旋式下刀"按钮,在弹出的【螺旋/斜插式下刀参数】对话框中设置【螺旋式下刀】选项卡,如图 6-95 所示。单击"切削深度"按钮,参照图 6-67 设置【切削深度的设定】对话框。

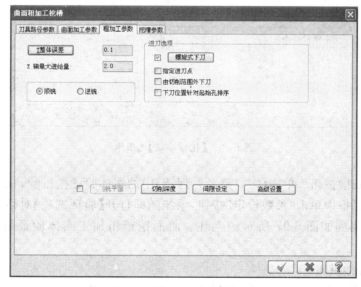

图 6-94 【粗加工参数】选项卡

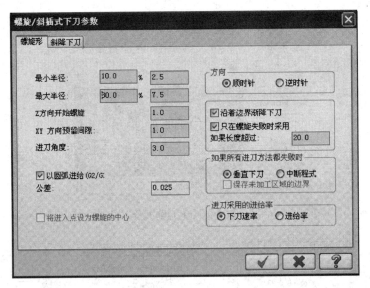

图 6-95 【螺旋式下刀】选项卡

(4)设置【挖槽参数】选项卡,如图 6-96 所示。设置粗切的【切削方式】、【切削间距】等,设置完成后单击 ✓ 按钮。

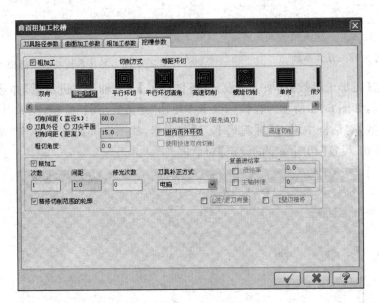

图 6-96 【挖槽参数】选项卡

(5)实体切削按钮。单击【刀具路径管理器】中的实体验证按钮 ,在弹出的【实体切削验证】对话框中单击"参数设定"按钮,系统随即打开【验证选项】对话框,设置好后单击 ✓ 按钮,得到如图 6-97 所示的毛坯。曲面挖槽粗加工实体验证效果如图 6-98 所示。

4. 等高外形粗加工

此项加工属半精加工,进一步切除材料,使形状更接近曲面。

图 6-97 毛坯

图 6-98 实体验证效果

选择【刀具路径】→【曲面粗加工】→【粗加工等高外形加工】菜单命令,或单击【曲面粗加工】工具栏中的"粗加工等高外形加工"按钮,在系统提示下用窗口方式选择曲面及圆平面为加工面,选择 $\Phi150$ 的圆为切削边界后,系统可打开【曲面粗加工等高外形】对话框。

(1)设置【刀具参数】选项卡:可参照图 6-71 所示进行设置。

(2)设置【曲面加工参数】选项卡:可参照图 6-72 所示进行设置。

(3)设置【等高外形粗加工参数】选项卡:设置【整体误差】、【Z轴最大进给量】等参数,如图 6-99 所示;在该选项卡中选择【螺旋式下刀】复选框并单击按钮,设置螺旋下刀参数,如图 6-100 所示;再参照图 6-67 所示设置【切削深度的设定】对话框。

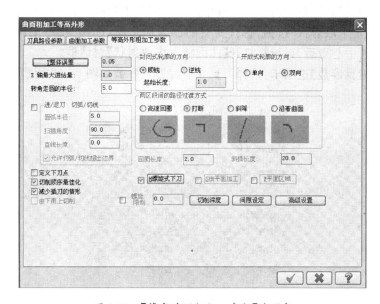
图 6-99 【等高外形粗加工参数】选项卡

(4)设置完成后单击按钮,并进行实体切削验证,验证效果如图 6-101 所示。

5. 放射状精加工

由于该曲面形状最适合用放射状加工模组,所以此时可以用放射状精加工的方法来精切。

图 6-100　螺旋下刀参数

图 6-101　实体切削验证效果

选择【刀具路径】→【曲面精加工】→【精加工放射状】菜单命令,或单击【曲面精加工】工具栏中的"精加工放射状"按钮,选择所有曲面为加工面,选择 $\Phi150$ 的圆为切削边界,选择原点为放射中心点后,系统将打开【曲面精加工放射状】对话框。

(1)设置【刀具参数】选项卡:选择刀具并设置刀具参数如图 6-102 所示。

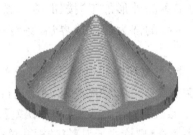

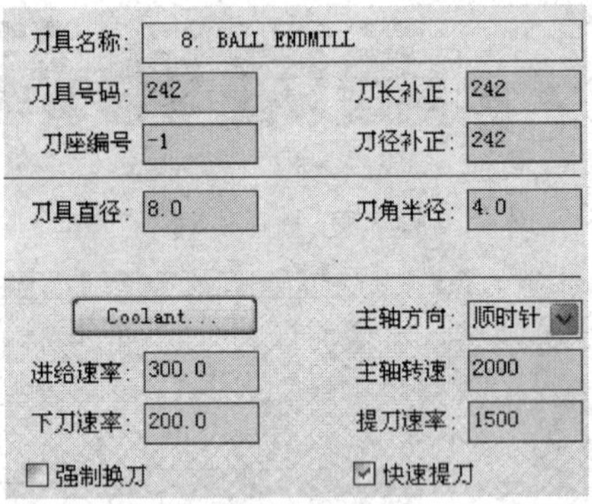

图 6-102　刀具参数

(2)设置【曲面加工参数】选项卡:参照前面【曲面加工参数】选项卡设置高度参数,注意将加工面预留量设为"0"。

(3)设置【曲面放射状精加工参数】选项卡:设置【整体误差】、【最大角度增量】和【起始补正距离】等,如图 6-103 所示。

(4)设置完成后单击✔按钮,可得放射状精加工刀具路径,然后进行实体切削验证,验证效果如图 6-104 所示。

288

图 6-103 【曲面放射状精加工参数】选项卡　　　　图 6-104　实体切削验证效果

6. 残料清角精加工

由于前面精加工刀具直径较大,网状曲面相交处切除不到的地方就需要用残料清角精加工模组来进行加工。

选择【刀具路径】→【曲面精加工】→【精加工残料清角加工】菜单命令,或单击【曲面精加工】工具栏中的"精加工残料清角加工"按钮,按前面的方法选择加工面和切削边界后,可打开【曲面精加工残料清角】对话框。

(1)设置【刀具参数】选项卡:选择刀具并设置刀具参数如图 6-105 所示。

图 6-105　刀具参数

提示:

工厂中一般有专门的清角刀具,当刀具很小时,可以做成锥形的。由于刀具直径小,所以主轴转速很高,进给量和背吃刀量应较小。

清角加工时,应用从大到小的几把刀具来逐步加工。本例仅清角一次。

(2)设置【曲面加工参数】选项卡:可同放射状加工一样设置。

(3)设置【残料清角精加工参数】选项卡,设置【整体误差】和【最大切削间距】,如图 6-106 所示。

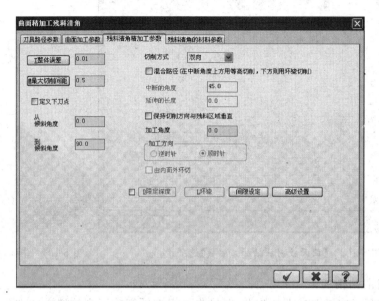

图 6-106 【残料清角精加工参数】选项卡

(4)设置【残料清角的材料参数】选项卡:设置【粗铣刀具的刀具直径】等参数,如图 6-107 所示。

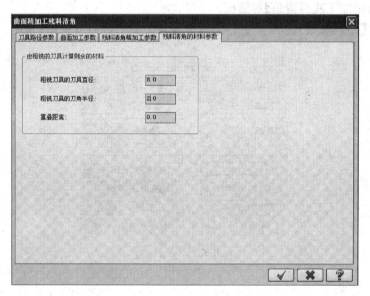

图 6-107 【残料清角的材料参数】选项卡

(5)设置完成后单击✔按钮,则显示刀具路径如图 6-108(a)所示。进行实体切削验证,验证效果如图 6-108(b)所示。

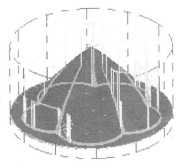

（a）刀具路径　　　　　　　　　　　（b）实体切削验证

图 6-108　刀具路径及实体切削验证效果

7. 二维外形铣削加工

将网状曲面下面的圆柱直径铣削到 $\phi150$mm。

本 章 小 结

　　三维刀具路径是 Mastercam 软件中的重要内容，主要是指加工曲面或实体表面等复杂型面时，刀具不仅沿 XY 轴方向运动，同时还沿 Z 轴做不间歇的运动，从而形成三维的刀具路径。加工曲面的方式主要有 3 轴加工，它是一种比较成熟的技术。此外，还有 4轴、5 轴加工，目前正处于研究应用阶段。

　　学习本章内容时，可先浏览"6.1 曲面加工共同参数"，了解这节中涉及的问题。由于这部分内容在各加工模组中基本相同，所以在学习粗、精加工各模组有不明之处时，可返回查阅。此外，曲面的加工有多种方法，因此要熟悉各曲面加工模组的特点和应用场合，同时通过实体切削验证来进行观察和对比，以便更接近工程实际应用。

　　本章详细地介绍了三维刀具路径的粗、精加工方法和编制流程，使读者能快速地了解MasterCAM X⁴ 和编程步骤。对本章未涉及的实体表面的加工，也是采用曲面粗、精加工模组，操作方法同曲面加工完全相同。

思 考 与 练 习

①MasterCAM X⁴ 的构图面和视角有什么不同的用途？

②MasterCAM X⁴ 提供了哪几种曲面构图模块？

③MasterCAM X⁴ 提供了几种曲面倒圆角的方法？

④MasterCAM X⁴ 提供的粗加工和精加工方法有何异同点？

⑤在同一种加工方法中，比较粗加工与精加工产生的切削效果有何不同？

⑥在相同的加工方法中，精加工与粗加工有哪些共同的切削参数？有哪些不同的切削参数？

⑦完成图 6-109 曲面造型及数控编程，毛坯尺寸为 $\phi60$mm×45mm 的圆柱体。

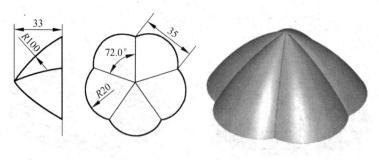

图 6-109

⑧完成图 6-110 曲面造型及数控编程,毛坯尺寸为 100mm×60mm×45mm 的长方体。

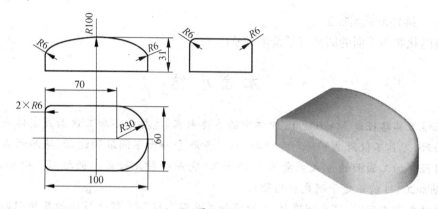

图 6-110

⑨完成图 6-111 曲面造型及数控编程,毛坯尺寸为 100mm×80mm×50mm 的长方体。

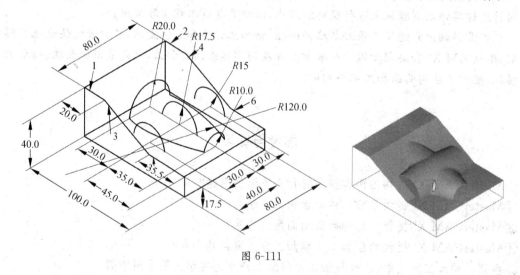

图 6-111

⑩完成图 6-112 零件造型及数控编程,毛坯尺寸为 90mm×90mm×30mm 的长方体。

⑪完成图 6-113 零件造型及数控编程,毛坯尺寸为 φ54mm×40mm 的圆柱体。

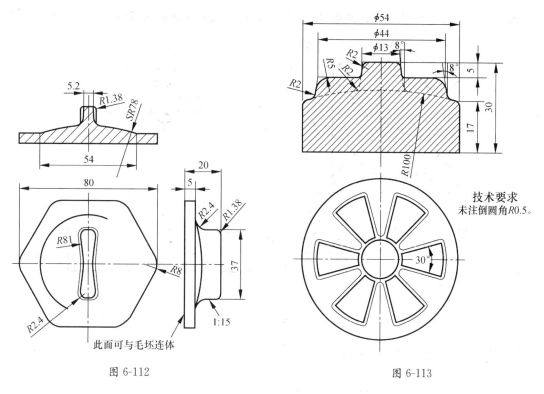

图 6-112

图 6-113

技术要求
未注倒圆角R0.5。

⑫完成图 6-114 零件造型及数控编程,毛坯尺寸为 150mm×90mm×50mm 的长方体。

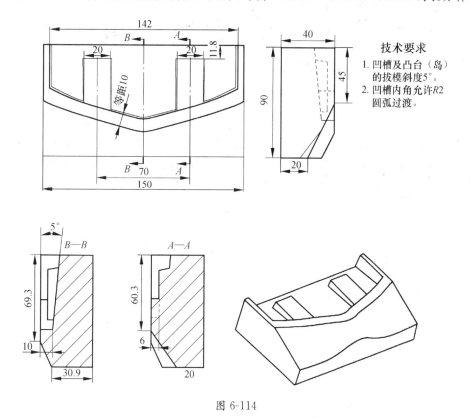

技术要求
1. 凹槽及凸台（岛）
  的拔模斜度5°。
2. 凹槽内角允许R2
  圆弧过渡。

图 6-114

293

⑬完成图 6-115 零件造型及数控编程，毛坯尺寸为 96mm×96mm×35mm 的长方体。

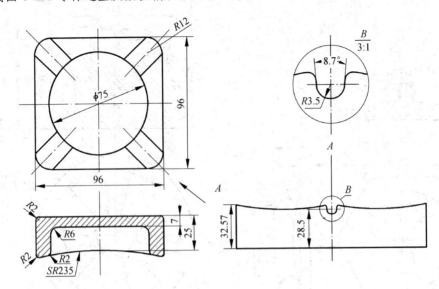

图 6-115

⑭完成图 6-116 零件造型及数控编程，毛坯尺寸为 270mm×70mm×40mm 的长方体。

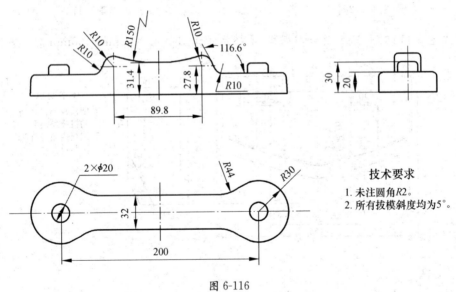

技术要求

1. 未注圆角R2。
2. 所有拔模斜度均为5°。

图 6-116

第7章　铣削加工综合项目

图 7-1 所示为玩具盒盖,材质为塑料,试进行三维造型并自动生成制作该制品时其凸模的数控加工程序,凸模用材为 40Cr。

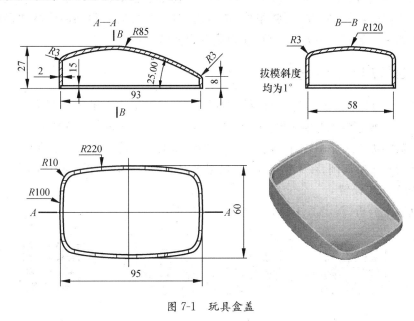

图 7-1　玩具盒盖

7.1　工　艺　分　析

7.1.1　主轴转速和进给速度的计算

在 MasterCAM X⁴ 铣削加工中,主轴转速和进给速度可按以下方法计算。

1. 主轴转速的计算

主轴转速的计算式为

$$n = \frac{1000v}{\pi d}$$

式中　n——主轴转速;

　　　v——铣刀切削速度,可以根据刀具材料与工件材料参照《金属加工工艺手册》查得;

　　　d——铣刀直径。

2. 进给速度的计算

进给速度的计算式为

$$v_f = f_s \cdot z \cdot n$$

式中　v_f——加工时的进给速度；

f_s——每齿进给量，可以根据刀具材料与工件材料参考《金属加工工艺手册》查得；

z——铣刀的齿数；

n——主轴转速。

7.1.2　零件的形状分析

由图 7-1 可知，该制品结构比较简单，四周由 $R100$、$R15$、$R220$ 及 $R10$ 圆弧相切过渡围成，且有 1°拔模斜度，表面由挤出实体提取内表面方法得到。顶部线架模型由直线与 $R85$ 圆弧相切以及 $R120$、$R5$ 圆弧组成，边界由扫描方法得到，顶面由网状曲面构成。止口形状由四周圆弧作等距方法得到，止口侧壁表面是垂直面。

7.1.3　数控加工工艺设计

由图 7-1 可知，凸模零件所有的结构都可在立式加工中心上一次装夹加工完成。零件毛坯已经在普通机床上加工到尺寸为 135mm×100mm×50mm，故只需考虑型腔部分的加工。数控加工工序中，按照粗加工——半精加工——精加工的步骤进行，为了保证加工质量和刀具正常切削，在半精加工中，根据走刀方式的不同做了一些特殊处理。

1. 加工工步设置

根据以上分析，制定工件的加工工艺路线如下：

2. 工件的装夹与定位

工件的外形是长方体，采用平口钳定位与装夹。平口钳采用百分表找正，基准钳口与机床 X 轴一致并固定于工作台上，预加毛坯装在平口钳上，上顶面露出钳口至少 31mm。采用寻边器找出毛坯 X、Y 方向中心点在机床坐标系中的坐标值，作为工件坐标系原点。

3. 刀具的选择

凸模工件的材料为 40Cr，刀具材料选用高速钢。

4. 编制数控加工工序卡

综合以上的分析，编制数控加工工序卡如表 7-1 所列。

表 7-1　数控加工工序卡

工　序　号	工步内容	刀具号	刀具规格	主轴转速/(r/min)	进给速度/(mm/min)
1	粗加工分型面	T1	φ20 平底铣刀	350	50
2	粗加工型芯面	T2	φ16 球头铣刀	350	50
3	精加工分型面	T3	φ15 平底铣刀	500	100
4	精加工止口顶面	T3	φ15 平底铣刀	500	100
5	半精加工型芯面	T4	φ20 圆鼻铣刀	800	80
6	精加工型芯面	T5	φ15 圆鼻铣刀	1000	150

7.2 绘制三维线架

7.2.1 设置工作环境

单击次菜单区中的相应命令,分别设定:Z(工作深度)为"0";WCS 为"T";Tplane(刀具平面)为"T";Cplane(构图平面)为"T";Gview(屏幕视角)为"T"。层别设置如表 7-2所列。

表 7-2 层别设置

层 别 号	名　　称	色号(颜色)	线　型	备　注
1	线架	0(黑色)	实线	
2	昆氏曲面	11(青色)	默认	
3	实体	2(深绿色)	默认	
4	型芯面与分型面	10(绿色)	默认	
5	止口及分型面边界线	0(黑色)	实线	三条边界线
6	加工	10(绿色)	默认	

7.2.2 绘制线架

1. 设置层别颜色

(1)单击次菜单区中的【系统颜色】按钮,系统弹出【颜色】对话框,如图 7-2 所示,选择当前颜色"0(黑色)"。

(2)单击次菜单区中的【层别】按钮,系统弹出【层别管理】对话框,如图 7-3 所示,输入层别编号为"1",名称为"线架"。

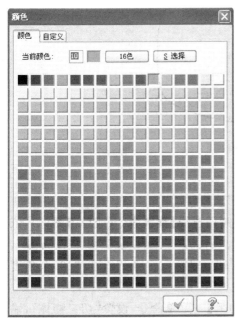

图 7-2 【颜色】对话框

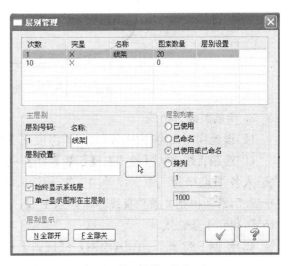

图 7-3 【层别管理】对话框

297

2. 绘制底边骨架线

（1）单击【绘图】→【矩形】菜单命令，在【矩形】对话框中设定宽度为"95"，高度为"60"，设置基准点为中心点，选择选项定义坐标原点作为矩形的中心，单击按钮，完成矩形绘制。

（2）单击【绘图】→【圆弧】→【切弧】菜单命令，单击矩形左边的线，输入半径为"100"，并以方式捕捉左边线的中点作为相切点，然后屏幕上出现两条切线，选择需要的一条；用同样方法绘制出与矩形上边线相切的圆弧 R220。

（3）单击【绘图】→【倒圆角】→【倒圆角】菜单命令，设定半径为"10"，其余参数默认设置，然后选取 R100 与 R220 的圆弧，单击按钮，绘制出如图 7-4 所示的四分之一底边线。

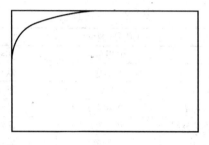

图 7-4　四分之一底边线

（4）在工具栏中单击图标按钮，删除多余的矩形边线，然后单击按钮刷新屏幕。

（5）单击【转换】→【镜像】菜单命令，窗选四分之一底边线，在【镜像】对话框中，单击选项定义 X 轴为镜像轴，设定为"复制"方式，可得到二分之一的边线形状。然后，窗选二分之一的边线并单击选项定义 Y 轴为镜像轴，同样以"复制"方式可镜像出整个底边线，如图 7-5 所示。

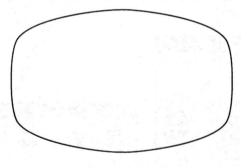

图 7-5　底边线

3. 绘制前面骨架线

（1）设置构图面为"FRONT"，工作深度 Z 为"0"。

（2）绘制直线：单击【绘图】→【任意直线】→【绘制任意线】菜单命令（或单击图标），依次输入各端点坐标为"－47.5,0"、"－47.5,30"、"47.5,0"和"47.5,8"、和"47.5,27"、"－47.5,27"，得到 2 条垂直线和 1 条水平线；输入端点坐标"47.5,8"、长度"100"、角度"155"，得到 1 条斜线。

（3）绘制 R85 圆弧：单击【绘图】→【圆弧】→【切弧】→菜单命令，设置"切二物体"，输入半径为"85"，依次选择【斜线】和【水平线】。

绘制的前面骨架线略图,如图 7-6 所示。

图 7-6　前面骨架线略图

(4)删除水平线:单击【编辑】→【删除】→【删除图素】菜单命令(或单击图标),选择水平线。

(5)修剪:单击菜单【编辑】→【修剪/打断】→【修剪/打断/延伸】菜单命令(或单击图标),依次单击长的垂直线、R85 圆弧和斜线的保留部分。

修剪后得到前面骨架线,如图 7-7 所示。

图 7-7　前面骨架线

4. 绘制侧面骨架线

(1)设置构图面为"SIDE",工作深度 Z 为"捕捉"$R85$ 圆弧的四等分点(顶点即 $z=-12.08968$)。

(2)绘制 $R120$ 圆弧:单击【绘图】→【圆弧】→【圆心＋点】菜单命令(或单击图标),依次输入半径为"120"、圆心坐标为"$0,-93,-12.08968$"。

绘制的侧面骨架线略图,如图 7-8 所示。

(3)打断:单击【编辑】→【修剪/打断】→【两点打断】菜单命令(或单击图标),选择 $R85$ 圆弧,依次在该圆弧左右两侧打断,使欲保留的圆弧长度在图 7-3 底边线以外。

(4)删除圆弧:单击【编辑】→【删除】→【删除图素】菜单命令(或单击图标),选择被打断的 $R120$ 圆弧下部,删除不要的部分。

得到的侧面骨架线如图 7-9 所示。

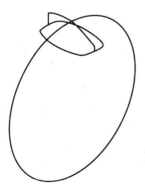

图 7-8　侧面骨架线略图

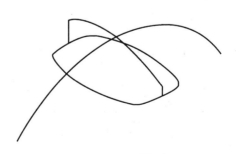

图 7-9　侧面骨架线

7.3 绘制曲面

7.3.1 绘制扫描曲面

（1）删除前面骨架线中的两条垂直线，打断前面骨架线中的 R85 圆弧，断点在 R85 与 R120 两圆弧角点 P1 处，如图 7-10 所示。

（2）单击【绘图】→【绘制曲面】→【扫描曲面】菜单命令（或单击图标），选择没有打断的 R120 圆弧作为"截面方向外形（across contour）"，部分串联选中打断后的 R85 圆弧的一部分和斜切线为"引导方向外形（along contour）"，起始点位于打断点 P1 处。串联引导方向外形如图 7-11 所示。得到的扫描曲面如图 7-12 所示。

图 7-10 断点   图 7-11 串联引导方向外形   图 7-12 扫描曲面

（3）生成边界线：单击【绘图】→【曲面曲线】→【指定边界】菜单命令（或单击图标），分别选择右下方 3 条边界生成边界线。之后删除曲面，留下所作边界线。生成的右下方 3 条边界线，结果如图 7-13 所示。

（4）同理，重复步骤（2）、（3），生成左上方 3 条边界线。最终生成的边界线如图 7-14 所示。

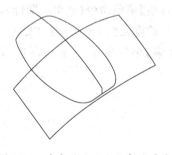 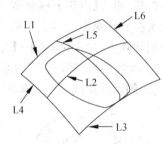

图 7-13 生成的右下方 3 条边界线   图 7-14 最终生成的边界线

7.3.2 绘制网状曲面

（1）设置颜色为"11（青色）"，层别编号为"2"，名称为"网状曲面"。

（2）绘制网状曲面：单击【绘图】→【绘制曲面】→【网状曲面】菜单命令（或单击图标），在图 7-14 中，单击串联选择曲线 L1、L2、L3 为"引导方向"线，部分串联选择曲线 L4、L5、L6 为"截断方向"线，绘制的网状曲面如图 7-15 所示。

图 7-15　网状曲面

7.4　绘制实体

7.4.1　绘制挤出实体

(1)设置颜色为"2(深绿色)",层别编号为"3",名称为"实体"。

(2)单击【实体】→【挤出】菜单命令(或单击图标),串联选取图 7-5 所示的"底边线",按图 7-16 所示设置挤出实体参数,挤出方向设置为 Z 轴正方向(指向网状曲面),如图 7-17 所示,绘制的挤出实体如图 7-18 所示。

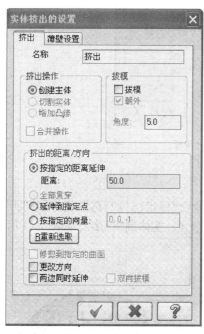

图 7-16　挤出实体参数设置对话框

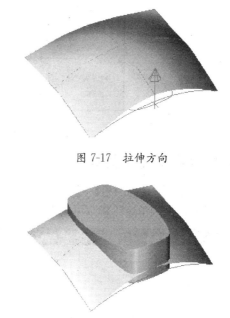

图 7-17　拉伸方向

图 7-18　挤出实体

7.4.2　利用曲面修剪实体

单击【实体】→【修剪】菜单命令(或单击图标),系统弹出【修建实体】对话框,如图 7-19 所示。单击设置修剪到位【S 曲面】,选择先前生成的网状曲面,单击设置实体保留部分(即箭头方向)为 Z 轴负方向,如图 7-20 所示。单击 ✓ 按钮,实体修剪结果如图 7-21 所示。

图 7-19 【修建实体】对话框

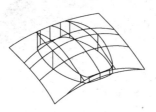

图 7-20 保留部分

图 7-21 实体修剪结果

7.4.3 隐藏图素

单击次菜单区中的【层别】按钮,系统弹出【层别管理】对话框,如图 7-22 所示,将线架和网状曲面图层的"突显"去除,即隐藏线架和网状曲面。

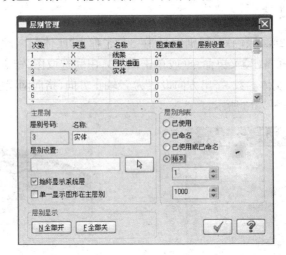

图 7-22 【层别管理】对话框

7.4.4 实体顶部倒圆角

单击【实体】→【倒圆角】→【实体倒圆角】菜单命令(或单击图标),选取实体顶部四周边界,按照【实体倒圆角参数】对话框设置参数,如图 7-23 所示。实体倒圆角结果如图 7-24 所示。

图 7-23 【实体倒圆角参数】对话框

图 7-24 实体倒圆角结果

302

7.4.5 实体抽壳

单击【实体】→【抽壳】菜单命令（或单击图标），选取底平面为开口面，按照如图 7-25 所示设置抽壳参数，其中抽壳厚度设置为"2"。单击按钮，实体抽壳结果如图 7-26 所示。

图 7-25 设置抽壳参数

图 7-26 实体抽壳结果

7.4.6 绘制止口

(1)单击次菜单区中的相应命令，设置构图面为"TOP"，工作深度 Z 为"0"，层别为"1"。

(2)将实体和网状曲面图层的"突显"去除，即隐藏实体和网状曲面。

(3)单击【转换】→【串联补正】菜单命令（或单击图标），串联选取图 7-5 中的底边线，向内 1mm 等距线，按照图 7-27 所示设置串联补正参数。单击 ✓ 按钮，得到底边等距线如图 7-28 所示。

图 7-27 设置串联补正参数

图 7-28 底边等距线

(4)恢复实体图层的"突显"，即突显实体。

(5)单击【实体】→【挤出】菜单命令（或单击图标），串联选取等距线为挤出截面，设置挤出方向朝向实体内部，按照图 7-29 所示的设置实体挤出参数，单击按钮，绘制的止口结果如图 7-30 所示。

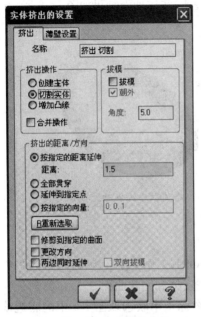

图 7-29　设置实体挤出参数　　　　　　　　图 7-30　绘制的止口结果

7.5　模具加工用面与边界线

7.5.1　生成凸模所用型芯面

1. 抽取实体模型内表面

(1)单击次菜单区中的相应命令，设置层别为"4"、名称为"型芯面与分型面"、颜色为"10(绿色)"。

(2)单击【绘图】→【绘制曲面】→【由实体产生】菜单命令（或单击图标），选取实体即可。然后隐藏实体并删除外侧曲面，实体模型内表面如图 7-31 所示。

图 7-31　实体模型内表面

2. 生成凸模所有型心面

按照塑料件收缩率放大实体模型内表面,生成凸模所用型芯曲面。

单击【转换】→【比例缩放】菜单命令(或单击图标),窗口方式选取所有绘图区对话框,按照图 7-32 所示设置收缩率等参数,并单击按钮结束。

图 7-32 设置收缩率

提示:

塑件根据材料、形状和注塑工艺参数等不同,收缩率有所不同,具体可参照相关资料。

7.5.2 生成止口及分型面边界线

(1)单击次菜单区中的相应命令,设置构图面为"TOP"、工作深度 Z 为"0"、层别为"5"、名称为"止口及分型面边界线"、颜色为"0(黑色)"。

(2)生成止口及分型面边界线:单击【绘图】→【曲面曲线】→【指定边界】菜单命令(或单击鼠标),分别选择型芯曲面与止口相交处边界线;分型面与止口相交处边界线,生成的两条边界线如图 7-33 所示。分别在左侧边中点处打断两条边。

(3)生成矩形边界线:单击【绘图】→【矩形】菜单命令(或单击图标),矩形中心在坐标原点,绘制 $135×100$ 矩形,如图 7-33 所示,并在矩形左侧边中点处打断该边。

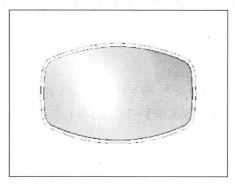

图 7-33 止口及分型面边界线

7.5.3　绘制分型面

（1）单击次菜单区中的相应命令，将层别改为"4"，即"型芯面与分型面"图层，颜色为"10（绿色）"。

（2）单击【绘图】→【绘制曲面】→【平面修剪】菜单命令（或单击图标），串联选取图 7-33 中的矩形、分型面与止口相交处边界线作为截面边界，注意串联两个截面边界时都以左端中点作为串联起始点，串联方向一致。然后单击按钮，生成分型面，其结果如图 7-34 所示。

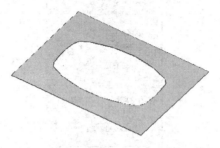

图 7-34　分型面结果

7.5.4　凸模加工用面

最终模具加工用面由型芯曲面和分型面组成，如图 7-35 所示。

图 7-35　最终模具加工用面

7.6　凸模加工刀具路径生成

7.6.1　选择铣削加工系统

（1）单击次菜单区中的相应命令，设置层别为"6"，名称为"加工"。

（2）单击【机床类型】→【铣削系统】→【默认】菜单命令，MasterCAM X⁴ 软件系统将进入到铣削加工模块。

7.6.2　设置工件毛坯

（1）在 MasterCAM X⁴ 主窗口中，双击如图 7-36 所示的【刀具路径】操作管理器中的

【属性-Generic Mill】标识。

（2）展开属性后的操作管理器如图 7-37 所示。

（3）单击 7-37 所示操作管理器中的【材料设置】标识，系统弹出如图 7-38 所示【机器群组属性】对话框。在【素材设置】选项卡中设置如图 7-38 所示的参数，设置立方体毛坯为"135×100×50"。

（4）单击按钮，完成工件毛坯设置。

图 7-36　操作管理器

图 7-37　展开属性后的操作管理器

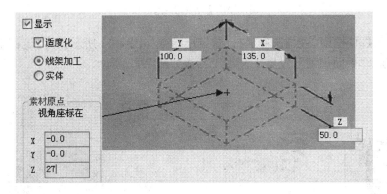

图 7-38　素材设置

7.6.3　挖槽加工法粗加工分型面

采用 $\Phi 20$ 直柄波纹立铣刀粗加工去除大部分余量，预留 1.5mm 半精和精加工量。

（1）单击【刀具路径】→【挖槽】菜单命令，系统弹出【输入新 NC 名称】对话框，如图 7-39 所示，可以重新输入名称或直接确认采用系统默认名称，确认后，单击✔按钮。

图 7-39　【输入新 NC 名称】对话框

（2）系统弹出【串联选项】对话框，串联选择分型面上的两条边界（注意：串联两个边界线时都在左端中点作为串联起始点,串联方向一致),单击按钮结束选择。

(3)系统弹出【挖槽】对话框,单击【刀具参数】选项卡,设置刀具参数如图 7-40 所示。

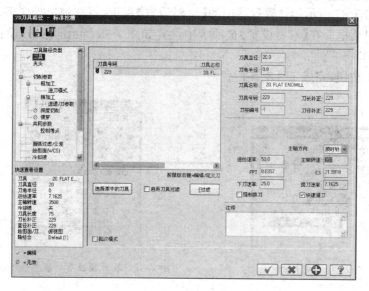

图 7-40　【刀具参数】选项卡

(4)单击【2D挖槽参数】选项卡,设置挖槽参数如图 7-41 所示。在【挖槽加工形式】下拉列表中选择"平面加工",设置平面加工参数如图 7-42 所示。

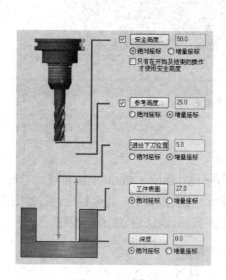

图 7-41　挖槽参数

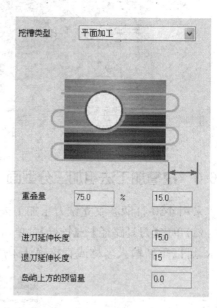

图 7-42　平面加工参数

(5)单击【粗切/精修的参数】选项卡,设置粗切/精修参数,如图 7-43 所示。

所有参数设置完毕后单击✔按钮,生成分型面粗加工刀具路径,如图 7-44 所示,模拟铣削结果如图 7-45 所示。

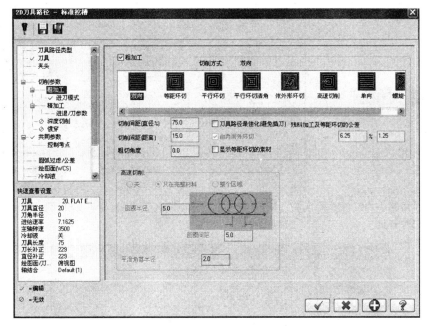

图 7-43　粗切/精修参数

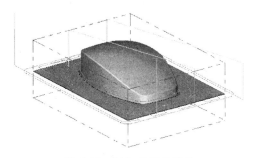

图 7-44　粗加工刀具路径

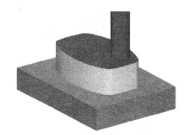

图 7-45　模拟铣削结果

7.6.4　平行铣削加工法粗加工型芯面

采用 Φ16 直柄球头铣刀粗加工去除大部分余量,预留 1.5mm 半精和精加工量。

(1)单击【刀具路径】→【曲面粗加工】→【粗加工平行铣削】菜单命令,系统弹出【选取工件的形状】对话框,如图 7-46 所示,选取【凸】单选钮,单击按钮。

(2)窗选型芯曲面(即除分型平面外的曲面),系统弹出【刀具路径的曲面选取】对话框,如图 7-47 所示,单击按钮结束选择。

(3)系统弹出【曲面粗加工平行铣削】对话框,单击【刀具路径参数】选项卡,设置刀具参数如图 7-48 所示。

(4)单击【曲面加工参数】选项卡,按照图 7-49 所示设置【曲面加工参数】选项卡。

设置干涉检查如下。

在图 7-49 中,单击 按钮。系统弹出【刀具路径的曲面选取】对话框(图 7-47)。在该对话框【干涉曲面】选项区中,单击 按钮,选择分型面作为干涉检查面,单击按钮结束选择,系统返回图 7-49,设定干涉面预留量为 1.5mm。

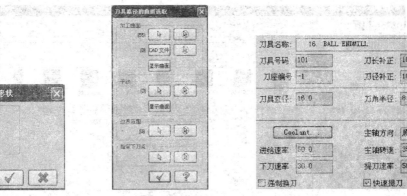

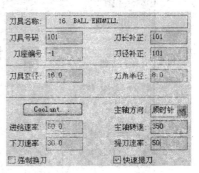

图 7-46 【选取工件的　　图 7-47 【刀具路径的曲面　　图 7-48 【刀具路径参数】选项卡
形状】对话框　　　　　　选取】对话框

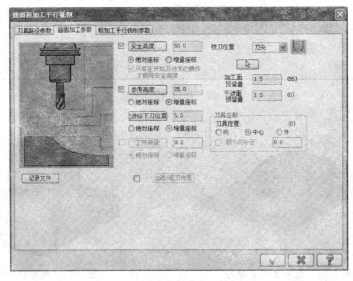

图 7-49 【曲面加工参数】选项卡

(5)单击【粗加工平行铣削参数】选项卡,设置【曲面平行铣削粗加工参数】选项卡,如图 7-50 所示。

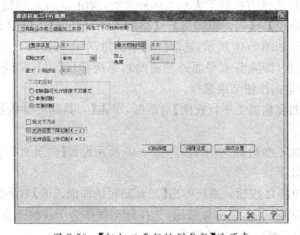

图 7-50 【粗加工平行铣削参数】选项卡

310

（6）参数设置完毕后，单击✔按钮。曲面粗加工平行铣削刀具路径如图 7-51 所示，加工模拟效果如图 7-52 所示。

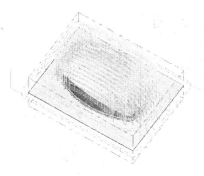

图 7-51 曲面粗加工平行铣削刀具路径

图 7-52 加工模拟效果

7.6.5 挖槽加工法精加工分型面

采用 Φ15 直柄立铣刀对分型面进行精加工。

（1）单击【刀具路径】→【挖槽】菜单命令，系统弹出【串联选项】对话框，串联选择分型面上的两个边界(注意：串联两个边界线时都在左端中点作为串联起始点，串联方向一致)，单击按钮结束选择。

（2）系统弹出【挖槽】对话框，单击【刀具参数】选项卡，设置刀具参数如图 7-53 所示。

（3）单击【2D 挖槽参数】选项卡，设置挖槽参数如图 7-54 所示。在【挖槽加工形式】下拉列表中选择"平面加工"，设置平面加工参数如图 7-55 所示。

图 7-53 刀具参数

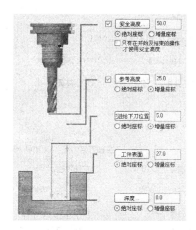

图 7-54 挖槽参数

图 7-55 平面加工参数

（4）单击【粗切/精修的参数】选项卡，设置粗切/精修的参数如图 7-56 所示。

所有参数设置完毕后单击按钮，生成分型面精加工刀具路径，模拟切削结果如图 7-57 所示。

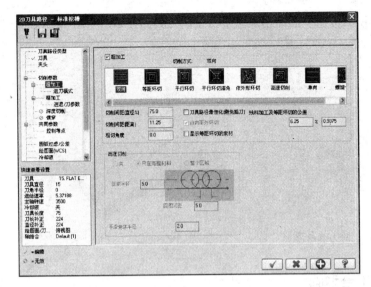

图 7-56 【粗切/精修的参数】选项卡   图 7-57　模拟切削结果

7.6.6　外形铣削加工法精加工止口顶面

采用 Φ15 直柄立铣刀轮廓铣削方式加工。

(1)单击【刀具路径】→【外形铣削】菜单命令,系统弹出【串联选项】对话框,串联选择止口与曲面相交处边界线,单击按钮结束选择。

(2)系统弹出【外形】对话框,单击【刀具参数】选项卡,设置刀具参数如图 7-58 所示。

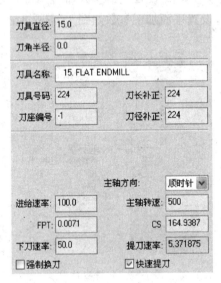

图 7-58　刀具参数

(3)单击【外形加工参数】选项卡,设置外形铣削加工参数如图 7-59 所示。其中,【进/退刀向量】选项采用默认设置即可。参数设置完毕后单击按钮,生成止口顶面精加工刀具路径,切削模拟效果如图 7-60 所示。

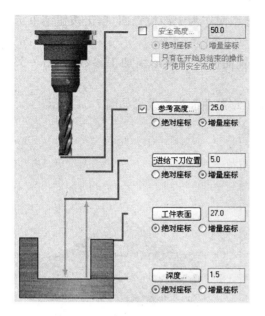

图 7-59　外形铣削加工参数

图 7-60　切削模拟效果

7.6.7　等高外形法半精加工型芯曲面

采用 $\Phi20$ 直柄圆鼻铣刀半精加工,预留 0.2mm 精加工余量。

(1)单击【刀具路径】→【曲面精加工】→【精加工等高外形】菜单命令,窗选型芯曲面(即除分型平面外的曲面),系统弹出【刀具路径的曲面选取】对话框(图 7-47),单击按钮结束选择。

(2)系统弹出【曲面精加工等高外形】对话框,单击【刀具参数】选项卡,设置刀具参数如图 7-61 所示。

(3)单击【曲面加工参数】选项卡,设置曲面加工参数,如图 7-62 所示。

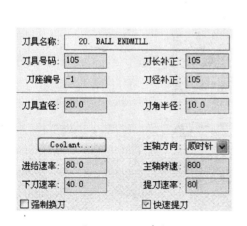

图 7-61　刀具参数

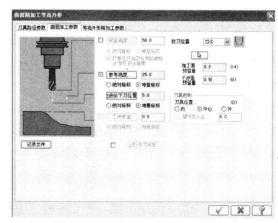

图 7-62　曲面加工参数

设置干涉检查如下。

在图 7-62 中,单击 按钮,系统弹出【刀具路径的曲面选取】对话框(图 7-47)。在该对话框【干涉曲面】选项卡中,单击 🗟 按钮,选择分型面作为干涉检查面,单击按钮结束选择,系统返回图 7-62,设定干涉面预留量为 0.5mm。

(4)单击【等高外形精加工参数】选项卡,设置曲面等高外形精加工参数,如图 7-63 所示。

(5)参数设置完毕后,单击 ✔ 按钮。半精加工型芯曲面模拟效果如图 7-64 所示。

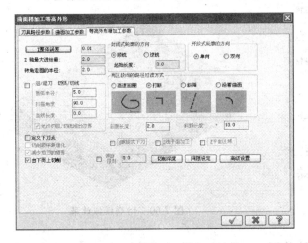

图 7-63　曲面等高外形精加工参数

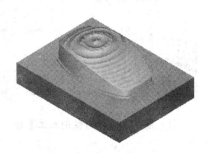

图 7-64　加工型芯曲面模拟效果

7.6.8　浅平面加工法精加工型芯曲面

采用 Φ15 直柄圆鼻铣刀精加工。

(1)单击【刀具路径】→【曲面精加工】→【精加工浅平面加工】菜单命令,窗选型芯曲面(即除分型平面外的曲面),系统弹出【刀具路径的曲面选取】对话框(图 7-47),单击按钮结束选择。

(2)系统弹出【曲面精加工浅平面】对话框,单击【刀具参数】选项卡,设置刀具参数,如图 7-65 所示。

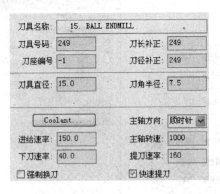

图 7-65　刀具参数

(3)单击【曲面加工参数】选项卡,设置曲面加工参数,如图 7-66 所示。

设置干涉检查如下。

在图 7-66 中,单击 🗟 按钮,系统弹出【刀具路径的曲面选取】对话框(图 7-47)。在该对话框【干涉曲面】选项区中,单击 按钮,选择分型面作为干涉检查面,单击按钮结束选择,系统返回图 7-66,设定干涉面预留量为 0.5mm。

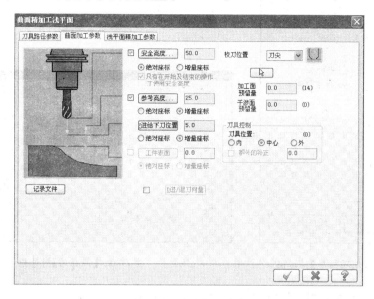

图 7-66　曲面加工参数

(4)单击【浅平面精加工参数】选项卡,按照图 7-67 所示设置浅平面精加工参数。

(5)参数设置完毕后,单击 按钮。精加工型芯曲面模拟效果如图 7-68 所示。

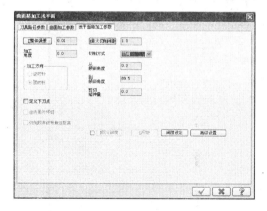

图 7-67　浅平面精加工参数

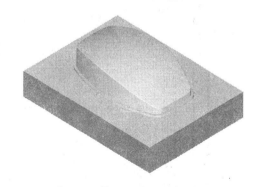

图 7-68　精加工型曲面模拟效果

7.7　后　置　处　理

检查刀具路径无误后,执行后置处理操作,MasterCAM X⁴ 自动产生数控铣削加工NC 程序。

(1)在操作管理器中,单击 按钮,选择全部操作,单击"后处理"按钮,系统弹出【后处理程序】对话框,如图 7-69 所示,单击 按钮。

(2)系统弹出【另存为】对话框,如图 7-70 所示,选择保存位置和输入文件名,单击【保存】按钮。

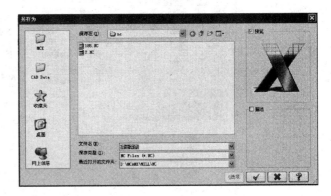

图 7-69 【后处理程序】对话框　　　　　　　　图 7-70 【另存为】对话框

(3)系统自动生成"数控 NC 程序",如图 7-71 所示。

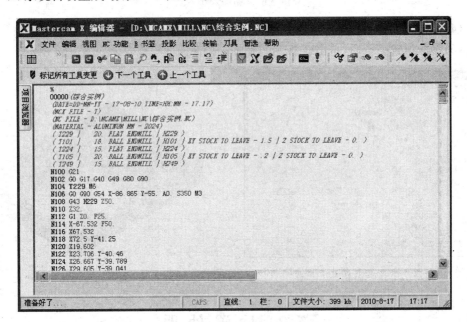

图 7-71 生成的"数控 NC 程序"

7.8 存 档

单击【文件】→【另存为】菜单命令,系统弹出【另存为】对话框,如图 7-72 所示,选择保存路径,在文件命令输入框中输入文件名,单击 √ 按钮,结束文件保存。

316

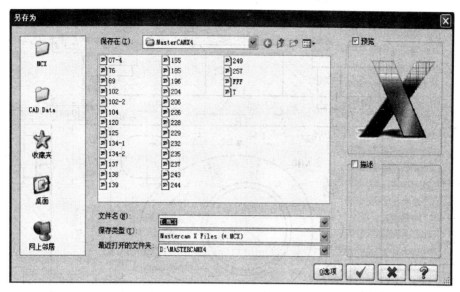

图 7-72 【另存为】对话框

7.9 加工操作

利用机床数控系统网络传输功能把 NC 程序传入数控装置存储器，或者使用 DNC 方式进行加工。操作前把所用刀具按照编号装入刀库，并把对刀参数存入相应位置，经过空运行等方式验证后即可加工。

本章小结

一个零件的生产，首先要进行其工艺分析，然后进行零件从设计到加工的规划。通过零件三维线架造型，曲面造型与编辑，实体造型与编辑，曲面加工与编程等操作，让读者有实际工作的体验，从而掌握零件从设计到加工的全过程。

本章主要以工程实例操作为导引，将前面几章所学知识融会贯通，具有典型性。在完成本章的学习之后，使读者达到举一反三的目的，并提高 MasterCAM X[4] 的综合应用能力和使用技巧。

思考与练习

① 图 7-73 所示为板类零件，该零件为单件生产，材料为 45 中碳钢，经过调质处理，硬度为 280HBS～320HBS，具有较好的机械加工性能，轮廓加工面表面粗糙度为 $1.6\mu m$，轮廓底面粗糙度为 $3.2\mu m$。

② 图 7-74 所示为模具型腔零件，该零件为单件生产，材料为 40Cr 合金结构钢，经过调质处理，硬度为 280HBS～300HBS，具有较好的机械加工性能，模具内轮廓加工面表面质量为 $0.4\mu m$，数控加工后须手工抛光。

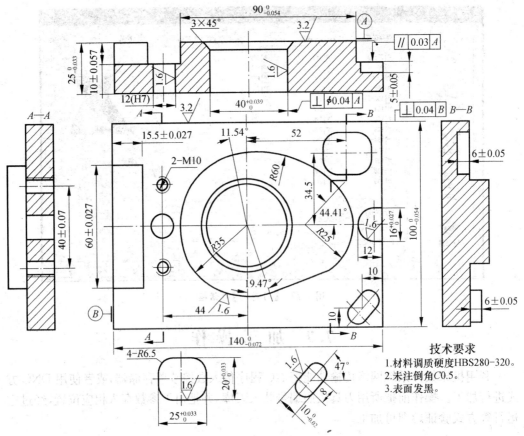

图 7-73 板类零件

技术要求
1.材料调质硬度HBS280-320。
2.未注倒角C0.5。
3.表面发黑。

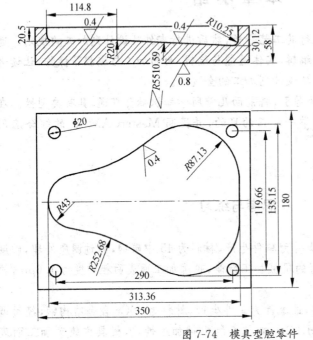

座登模下模技术要求
1. 上下两平面必须磨平。
2. 内表明和周面必须抛光，且不能有刀具加工痕迹。
3. 直径20的孔在装配时配钻。
4. 材料调质处理280HBS~300HBS。

图 7-74 模具型腔零件

第8章 车削加工

8.1 车削加工基础知识

车削是机械加工中使用最多的一道工序,数控车床也是工厂使用最多的机床之一,它主要用于轴类和盘类零件的加工。

车削加工是纯二维的加工,零件为圆柱体形状,比铣削加工简单得多。以往国内的数控车床大都使用手工编程,现今随着 CAM 技术的普及,在数控车床上也开始利用 MasterCAM X⁴ 软件编写车削加工程序。

车削加工的各种方法和铣削一样,也要进行工件、刀具及材料参数的设置,其材料的设置与铣削加工系统的相同,但工件和刀具的参数设置与铣削加工有较大的不同。一般车削加工是指刀具根据零件图形的特征及所设置车削的加工参数,车削轨迹与 Z 平行,通过步进量一层一层地车削成型。

下面主要介绍车削模块中一般车削加工流程及其参数设置方法,以及在设置参数时应注意的一些问题。

8.1.1 数控车床坐标系

1. X 轴和 Z 轴方向

通常,数控车床都提供 X 轴和 Z 轴两轴联动控制。其中,Z 轴平行于机床主轴,$+Z$ 方向为刀具远离刀柄的方向;X 轴垂直于车床的主轴,$+X$ 方向为刀具离开主轴线方向。当刀座位于操作人员的对面时,远离机床和操作者方向为 $+X$ 方向;当刀座位于操作人员的同侧时,远离机床且靠近操作者方向为 $+X$ 方向。有些车床有主轴角位移控制(C-axis),即主轴的旋转转角可以精确控制。

2. 车床坐标系设定

在车床加工中,在画图之前要先进行数控机床坐标系设定。顺序选择次菜单区中的【构图面和刀具面】→【H 车床半径(或 D 车床直径)】命令进行坐标设置。车床坐标系设定如图 8-1 所示。

常用坐标有 $+xz$、$-xz$、$+dz$ 和 $-dz$。车床坐标系中的 X 轴方向坐标值有两种表示方式:半径值和直径值。当采用字母 H 时,表示输入的数值为半径值;采用字母 D 时,表示输入的数值为直径值。采用不同的坐标表示方法时,其输入的数值也不同,采用直径表示方法的坐标值应为半径表示方法的 2 倍。

图 8-1　车床坐标系设定

8.1.2　车削加工中零件图形的要求

在车床加工中,工件一般都是回转体,所以,在绘制几何模型时只需绘制零件的一半剖面图。螺纹、凹槽及切槽面的外形可由各加工模组分别定义。有些几何模型在绘制时只要确定其控制点的位置,而不用绘制外形。控制点及螺纹、凹槽及切槽(切断)等外形的起止点,绘制方法与普通点相同。几何图形中的"控制点",如图 8-2 中"×"所示。

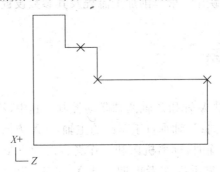

图 8-2　几何图形中的"控制点"

8.1.3　刀具管理和刀具参数

1. 车床刀具管理器

单击 MasterCAM X⁴ 主窗口中的【刀具路径】→【车床刀具管理器】菜单命令,系统弹出【刀具管理】对话框,如图 8-3 所示。

在刀具列表中单击鼠标右键,系统弹出刀具管理器快捷菜单,如图 8-4 所示。在该快捷菜单中,各选项的功能与铣床加工系统中刀具管理器对话框快捷菜单对应的选项相同。

2. 刀具参数设置

在采用不同的加工模组生成刀具路径时,除了设置各模组的特有参数外,还需要设置它们的共同刀具参数。车床加工模组的【刀具路径参数】选项卡如图 8-5 所示。

320

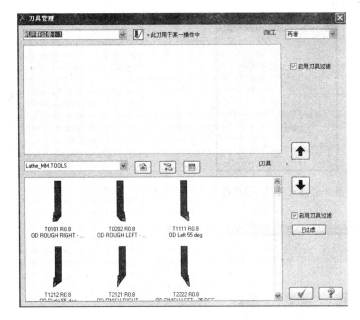

图 8-3 【刀具管理】对话框

图 8-4 车床刀具管理器快捷菜单

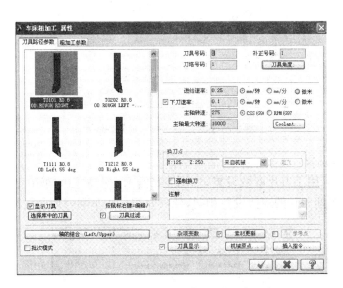

图 8-5 【刀具路径参数】选项卡

车床加工模组刀具参数与铣床加工模组刀具参数的设置基本相同,只是参数中增加了【机械原点】按钮。单击该按钮系统打开【坐标设定】对话框,如图 8-6 所示。在其中可设置【刀具原点】和【工作补正】。车刀通常由刀片和刀把两部分组成,所以车床系统刀具的设置包括刀具类型、刀片、刀把及参数的设置。

3. 刀具类型

MasterCAM X[4] 车床系统提供的刀具有"一般车削"刀具、"车螺纹"刀具、"径向车削/截断"刀具、"搪孔"刀具和"钻孔/攻牙/铰孔"5 类常用刀具,"自设"选项用于自定义刀具,刀具类型如图 8-7 所示。

图 8-6　【坐标设定】对话框

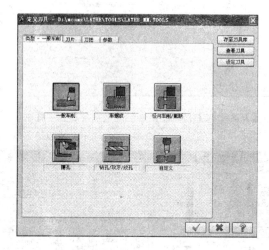

图 8-7　【类型——一般车削】选项卡

4. 刀片参数设置

【刀片】选项卡用于刀片参数设置,如图 8-8 所示。在常用的车削刀具中,只有"一般车削"和"搪孔"车削刀片的参数设置相同,现只介绍一般车削刀片参数设置。

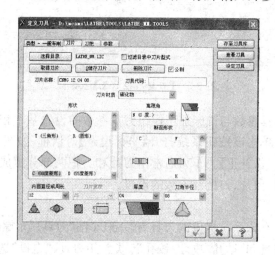

图 8-8　一般车削【刀片】选项卡

1)一般车削刀片参数

一般车削【刀片】选项卡,如图 8-8 所示。一般车削(外圆和内孔车削)刀片参数,需要定义【刀片材质】、【型式】、【离隙角】、【截面形状】、【内圆直径或周长】、【刀片厚度】、【厚度】、【刀鼻厚度】等参数。所有这些参数可在相应的列表或下拉列表中进行选择,一般车削【刀片】选项卡中各下拉列表,如图 8-9 所示。

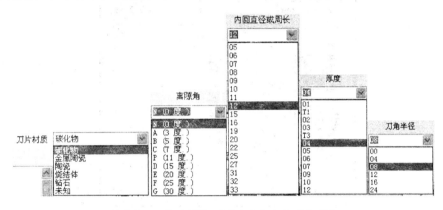

图 8-9　一般车削【刀片】选项卡中各下拉列表

2)车螺纹刀片参数

螺纹车削刀片设置参数有:"刀片型式"、"刀片图形(外形尺寸)"、"内(外)径及刀片厚度"等参数。其中刀片型式可以在【型式】列表中进行选择,在选择了刀片型式后,系统在刀片图形选项区中显示出选取刀片的外形特征尺寸,可在相应的文本框中设置刀片的几何参数。车螺纹【刀片】选项卡,如图 8-10 所示。

3)径向车削/截断刀片参数

径向车削/截断车削刀片设置方法与螺纹车削刀片的设置方法基本相同,主要包括"刀片型式"和"刀片图形(外形尺寸)"的设置。径向车削/截断【刀片】选项卡,如图 8-11 所示。

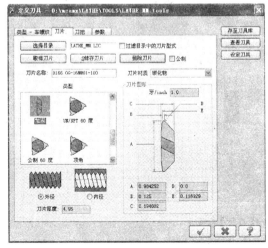

图 8-10　车螺纹【刀片】选项卡

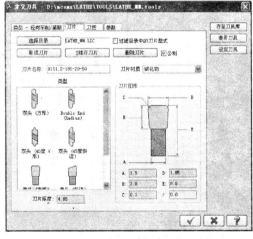

图 8-11　径向车削/截断【刀片】选项卡

323

4)钻孔/攻牙/铰孔刀具参数

在钻孔/攻牙/铰孔的【刀具型式】中提供了8种不同类型的用于钻孔、攻牙、铰孔的刀具,钻孔/攻牙/铰孔【刀具】的选项卡,如图8-12所示。

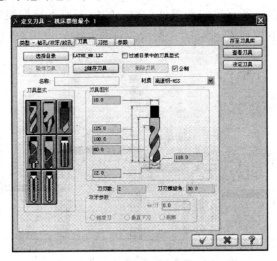

图8-12　钻孔/攻牙/铰孔【刀具】的选项卡

5. 刀把参数设置

不同的刀具,其刀把也不尽相同。其中一般车削刀把、车螺纹刀把和径向车削/截断刀把3种车削刀具的【刀把】选项卡的设置方法基本相同,现只介绍一般车削刀把参数设置,其余两种刀具的刀把可参照设置。

1)一般车削刀把参数

一般车削【刀把】选项卡如图8-13所示。一般车削刀把需要设置3种参数来定义,即刀把【型式】、【刀把图形】和【刀把断面形状】。

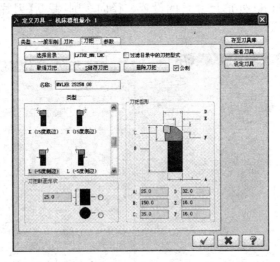

图8-13　一般车削【刀把】选项卡

2)搪孔车削搪杆参数

搪孔车削【搪杆】选项卡如图8-14所示,需要定义【型式】、【刀把图形】等参数。

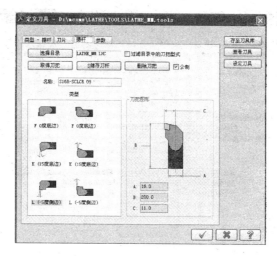

图 8-14 搪孔车削【搪杆】选项卡

3)钻孔/攻牙/铰孔【刀把】选项卡,如图 8-15 所示,需要定义【刀把图形】等参数。

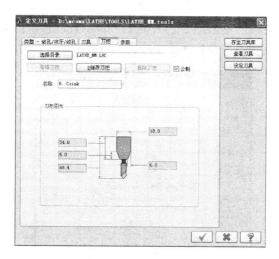

图 8-15 钻孔/攻牙/铰孔【刀把】选项卡

6. 车刀参数设置

所有车刀参数的设置方法都是一样的,可以通过【参数】选项卡来进行车刀参数的设置,如图 8-16 所示。

【参数】选项卡主要包括以下参数设置。

(1)程式参数:该选项区可设置【刀具号码】、【刀塔号码】、【刀具补正号码】和【刀具背面补偿号码】。

(2)预设的切削参数:该选项区可设置【进给率】、【进刀速率】、【材质每转进给的百分比】、【主轴转速】、【材质表面速率的百分比】。

(3)径向车削/截断参数:该选项区可设置【粗车的切削量】、【精车的切削量】、【素材的安全间隙】、【提刀偏移】。

(4)补正。刀具补正位置、检查刀具图形、公制(单位)、刀具名称、制造商的刀具代码。

图 8-16　车刀参数的设置

（5）Coolant（冷却）参数：单击图 8-16 中的【Coolant】按钮，系统弹出【Coolant】参数对话框，如图 8-17 所示，在其中可设置加工中冷却的方式。

图 8-17　【Coolant】参数对话框

8.1.4　工件设置

在 MasterCAM X⁴ 主窗口的操作管理器中，单击【刀具路径】→【属性】→【工具设置】→【材料设置】选项卡，系统弹出【材料设置】选项卡，如图 8-18 所示。

在"材料设置"对话框中可进行车床加工系统的工件、材料等设置。在车床加工系统中的工件设置中，除了要设置工件的外形尺寸外，还需要对工件的夹头及顶尖进行设置。

1. 工件外形设置

在图 8-18 中，通过【材料】选项区设置工件外形。

首先需要设置工件的"主轴转向"，主轴转向可以设置为【左转】或【右转】，系统的默认设置为【左转】。车床加工系统的工件是以车床主轴为旋转轴的回转体，回转体的边界可以用串联或矩形进行定义。在图 8-18 中，单击【材料】选项区中的【信息内容】按钮，系统弹出【机床组件材料】对话框，如图 8-19 所示，在其中可设置"工件外形参数"。

图 8-18 【材料设置】选项卡

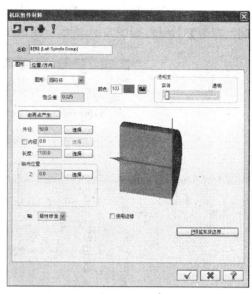

图 8-19 【机床组件材料】对话框

2. 工件夹头设置

在图 8-18 中，通过【Chunk】选项区设置工件夹头。

工件夹头的设置方法与工件外形的设置方法基本相同。其"主轴转向"也可设置为【左转】（系统默认设置）或【右转】。夹头的外形边界可以用串联、矩形或已绘制的工件夹头外形进行定义。在图 8-18 中，单击【Chunk】选项区中的【参数】按钮，系统弹出【机床组件夹爪的设定】对话框，如图 8-20 所示。在该对话框中可设置"工件夹头外形参数"。

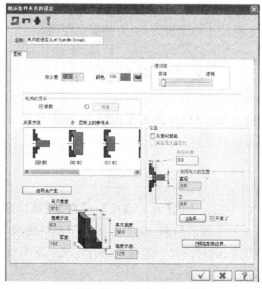

图 8-20 【机床组件夹爪的设定】对话框

3. 顶尖设置

在图 8-18 中，通过【Tailstock】选项区设置顶尖。

顶尖的外形设置与工件夹头的外形设置相同，也可以用串联、矩形或已绘制的顶尖外形进行定义。在图 8-18 中，单击【Tailstock】选项区中的【参数】按钮，系统弹出【机床组件中间支撑架】对话框，如图 8-21 所示。在该对话框中可设置"顶尖外形参数"。

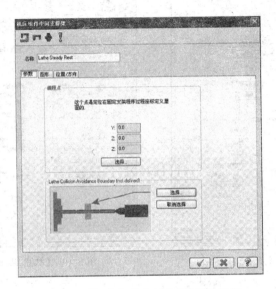

图 8-21 【机床组件中间支撑架】对话框

4. 安全距离

工件外形、夹头外形和顶尖外形的设置都是用于定义加工过程中的安全边界。在定义安全边界后还需要定义两个安全距离。安全距离需要通过图 8-18 中的【Tool Clearance】选项区进行设置。

【快速移动】：该文本框用于指定工件快速移动时的安全距离。

【进入/退出】：该文本框用于指定进刀/退刀的安全距离。

8.2 粗车、精车

粗车用于切除工件的大余量材料，为精车做准备；精车使工件达到最终的尺寸和形状。两种加工的参数基本相同。

8.2.1 粗车

单击 MasterCAM X^4 主窗口中的【刀具路径】→【粗车】菜单命令，可调用粗车模组。粗车模组用来切除工件上大余量的材料，使工件接近于最终的尺寸和形状，为精车做准备。加工外形可用串联方法，通过选择一组线条进行定义。粗车所特有的参数可用【粗车参数】选项卡进行设置，如图 8-22 所示。

车床粗加工【粗车参数】的设置主要是对加工参数、粗车方向与角度、刀具补偿、走刀形式、进刀/退刀路径及切进等参数进行设置。

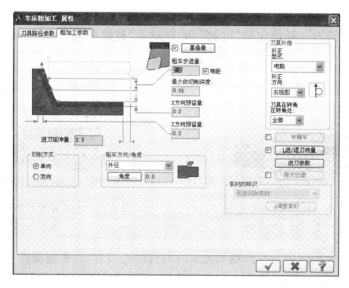

图 8-22 【粗车参数】选项卡

1. 加工参数

粗车的加工参数包括"重叠量"、"粗车步进量(粗车深度)"、"进刀延伸量(提前量)"和"预留量"参数。

(1)重叠量:是指相邻粗车削之间的重叠距离。当设置了重叠量时,每次车削的退刀量等于车削深度与重叠量之和。单击图 8-22 中的【重叠量】按钮,系统弹出【粗车重叠量参数】对话框,如图 8-23 所示。

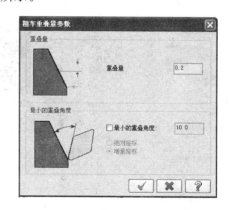

图 8-23 【粗车重叠量参数】对话框

(2)粗车步进量:是指粗车深度,如果选中【等距】复选框,则系统将粗车深度设置为刀具允许的最大粗车深度。

(3)进刀延伸量:进刀延伸量是指开始进刀时刀具距工件表面的距离。

(4)预留量:预留量的设置包括在 X 轴和 Z 轴两个方向上设置预留量。

2. 粗车方向/角度

【粗车方向/角度】选项组用于选择粗车"方向"和指定粗车"角度",如图 8-24 所示。

在其下拉列表中有4种粗车方向:外径、内径、端面和背面。

3. 刀具补偿

车床加工系统刀具补偿包括"电脑"和"控制器"补偿两类。刀具补偿补正型式如图8-25所示。

图 8-24 粗车方向/角度

图 8-25 刀具补偿补正型式

4. 切削方法

"切削方法"选项区用于选择粗车加工时刀具的走刀方式,系统提供了两种走刀方式。

(1)【单向】车削:一般设置为单向车削加工,只有采用双向刀具进行粗车加工时才能选择双向车削走刀方式。

(2)【双向】车削:只有采用双向刀具进行粗车加工时才能选择双向车削走刀方式。

5. 进/退刀向量

选中【进/退刀向量】复选框并单击此按钮,打开刀具【进/退刀参数】对话框,如图8-26所示。

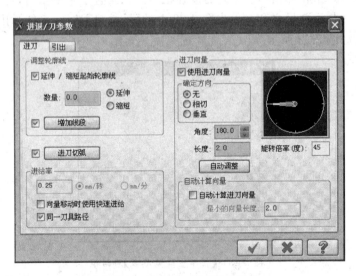

图 8-26 【进/退刀参数】对话框

该对话框用于设置粗车加工车削刀具路径的进/退刀刀具路径。其中,【进刀】选项卡用于设置进刀刀具路径,【引出】选项卡用于设置退刀刀具路径。

【进刀】选项卡中部分选项的功能如下。

(1)调整轮廓线。

延伸/缩短起始轮廓线:【延伸/缩短起始轮廓线】的【延伸】或【缩短】方向是沿轮廓线

串联起点处的切线方向,延伸或缩短的距离可通过【数量】文本框进行设置。

增加线段:在图 8-26 中选中【增加线段】复选框并单击此按钮,系统弹出【新轮廓线】对话框,如图 8-27 所示,可设置增加线段的【长度】和【角度】值。

(2)进刀切弧:在图 8-26 中选中【进刀切弧】复选框并单击此按钮,系统弹出【进/退刀切弧】对话框,如图 8-28 所示。可设置进/退刀切弧的【扫掠角度】和【半径】值。

图 8-27 【新轮廓线】对话框

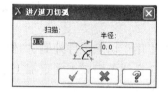

图 8-28 【进/退刀切弧】对话框

(3)进刀向量:在图 8-26 中选中【使用进刀向量】复选框,只能用于添加直线式的进刀/退刀刀具路径,直线刀具路径通过【角度】和【长度】进行定义。

(4)确定方向:【确定方向】选项区中可以设置与刀具路径【相切】或【垂直】的方向。

6. 进刀参数

单击【进刀参数】按钮,系统弹出【进刀的切削参数】对话框,如图 8-29 所示。该对话框可用于设置粗车加工中的进刀参数,该对话框由【进刀的切削设定】、【刀具宽度补正】和【起始切削】3 个选项区组成。

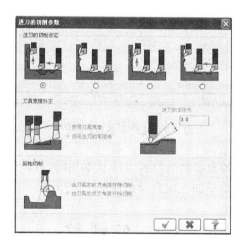

图 8-29 【进刀的切削参数】对话框

(1)【进刀的切削参数】:用于设置在加工中切进形式。其中:第一选项为不允许切进加工;第二选项为允许切进加工;第三选项为允许径向加工;第四选项为允许端面切进加工。若不允许切进车削,生成刀具路径时忽略所有的切进部分。

(2)【刀具宽度补正】:设置刀具偏置的方式有【使用刀具宽度】和【使用进刀的离隙角】两种。

在刀具宽度补正选项组中,如果采用【使用进刀的离隙(安全)角】,则需要在【进刀的离隙(安全)角】文本框中指定安全角度。

(3)【起始切削】:当采用刀具宽度来设置刀具偏移时,要在【起始切削】选项区中设置开始底切加工刀具的角点。可采用【由刀具的前方角落开始切削】或【由刀具后方角落开始切削】。

8.2.2 精车

单击 MasterCAM X⁴ 主窗口中的【刀具路径】→【精车】菜单命令,可调用精车模组进行精车加工。

精车加工用于切除工件外侧、内侧或端面的小余量材料。与粗车加工方法一样,也需要在绘图区选择线条串联来确定加工外形。该模组所特有的参数可通过【精车参数】选项卡进行设置,如图 8-30 所示。

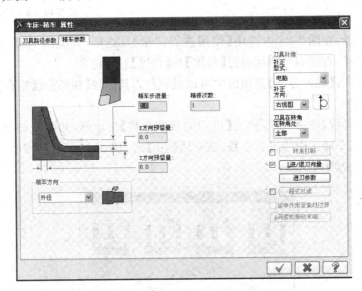

图 8-30 【精车参数】选项卡

精车模组与粗车模组特有参数的设置方法基本相同,可以根据粗车加工后的余量及本次精车加工余量来设置精车加工次数及每次加工的步进量(切削深度)。

8.3 车 螺 纹

单击 MasterCAM X⁴ 主窗口中的【刀具路径】→【车螺纹刀具路径】菜单命令,可调用车螺纹模组,进行车螺纹加工。

螺纹车削模组可用于加工内螺纹、外螺纹、螺旋槽等。与其他模组所不同,使用车削螺纹模组不需要选择加工的几何模型,只要定义螺纹的起始点与终点。车削螺纹模组的特有参数设置包括螺纹外形及螺纹车削参数的设置。

1. 螺纹外形设置

螺纹参数可以通过【螺纹型式的参数】选项卡进行设置,如图 8-31 所示,其中包括螺纹的类型、起点和终点位置及各螺纹参数的设置。

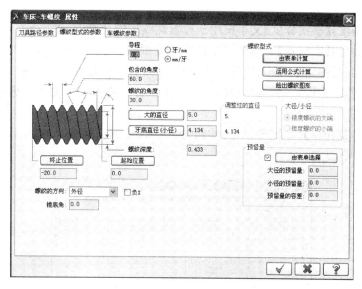

图 8-31 【螺纹型式的参数】选项卡

(1)螺纹类型:【螺纹的方向】下拉列表中提供了 3 种螺纹类型:"内径"(内螺纹)、"外径"(外螺纹)和"端面/背面"(端面螺纹),如图 8-32 所示。

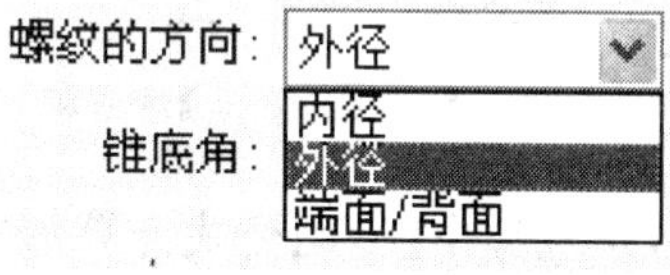

图 8-32 螺纹类型

(2)起始/结束位置:

起始位置:进行外螺纹或内螺纹加工时,【起始位置】文本框用于指定螺纹起点的 Z 轴坐标;当选择端面螺纹加工时,该文本框用于指定螺纹起点的 X 轴坐标。

结束位置:进行外螺纹或内螺纹加工时,【结束位置】文本框用于指定螺纹终点的 Z 轴坐标;当选择端面螺纹加工时,该文本框用于指定螺纹终点的 X 轴坐标。

螺纹参数设置包括螺距、螺纹角度、大径、底径及螺纹锥角的设置。

(3)大径、底径:

【大的直径】:该文本框用于指定螺纹大径。

【牙底直径(小径)】:该文本框用于指定螺纹底径。

(4)螺纹角度。有以下两个参数。

【包含的角度】:该文本框用于指定螺纹的两条边的夹角。

【螺纹的角度】:该文本框用于指定螺纹的第一条边与螺纹轴垂线的夹角。

在进行螺纹角度设置时,【螺纹的角度】设置值应小于【包含的角度】设置值,一般【包含的角度】设置值为【螺纹的角度】设置值的 2 倍。

(5)螺纹螺距:【导程】用于设置螺纹螺距,有两种参数:【牙/mm】(每毫米牙数)和【mm/牙】(螺距)。

(6)螺牙高度:【螺纹深度】文本框用于设置螺纹的螺牙高度,赤高=(大径-底径)/2。

(7)螺纹锥角:【锥底角】文本框用于设置螺纹锥角。输入的值为正值时,螺纹直径由起点至终点方向线性增大;输入的值为负值时,螺纹直径由起点至终点方向线性减小。

(8)螺纹型式:在设置螺纹参数时,可以直接在各文本框汇总输入参数值,也可在【螺纹型式】选项区中进行设置。

单击【由表单计算】(系统预设置)按钮,系统弹出【螺纹的表单】对话框,如图 8-33 所示,进行螺纹参数设置。

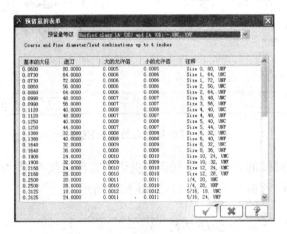

图 8-33　【螺纹的表单】对话框

单击【运行公式计算】按钮,系统弹出【运用公式计算螺纹】对话框,如图 8-34 所示,进行螺纹参数设置。

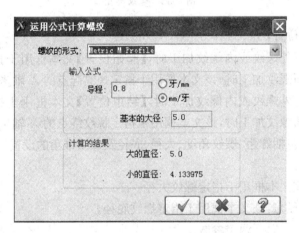

图 8-34　【运用公式计算螺纹】对话框

单击【绘出螺纹图形】按钮,直接绘制螺纹外形,设置螺纹参数。

2. 螺纹车削参数设置

螺纹的车削参数可通过【车螺纹参数】选项卡进行设置,如图 8-35 所示。该组参数主要用于设置在进行螺纹车削加工时的加工方式,包括 NC 代码的格式、车削深度和车削次数的设置。

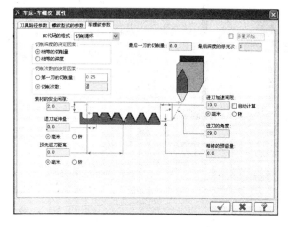

图 8-35 【车螺纹参数】选项卡

(1)车削深度:【切削深度的决定因素】选项组用于设置每次车削时车削深度的方式。

【相等的切削量】:当选中该复选框时,系统按相同的车削量来设置每次车削的深度。

【相等的深度】:当选中该复选框时,系统按统一的深度进行加工。

(2)车削次数:【切削次数的决定因素】选项组用于设置车削次数的方式。

【第一刀的切削量】:当选中该复选框时,系统根据指定的首次车销量、最终车削量和螺纹深度来计算车削次数。

【切削次数】:当选中该复选框时,系统根据设置的车削次数、最后一刀车销量和螺纹深度来计算车削量。

(3)NC 代码的格式:系统在【NC 代码的格式】下拉列表中提供了用于螺纹车削的 4 种 NC 代码格式。

"一般切削(G32)":用于简单螺纹的车削。

"切削循环(G76)":用于复合螺纹的车削。

"固定螺纹(G92)":用于固定螺纹的车削。

"交替切削(G32)":用于交互切削方式。

3. 车螺纹加工操作步骤

(1)单击 MasterCAM X⁴ 主窗口中的【刀具路径】→【车螺纹刀具路径】菜单命令。

(2)系统弹出【车床-车螺纹属性】对话框,如图 8-36 所示。在刀具库列表中直接选择螺纹加工刀具,并进行设置。

(3)单击【螺纹型式的参数】选项卡,设置螺纹外形参数。

(4)单击【车螺纹参数】选项卡,设置加工参数。

(5)单击按钮,即可添加刀具路径到操作管理器中。

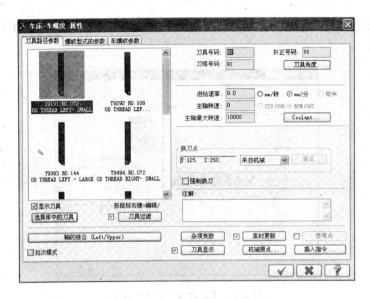

图 8-36 【车床-车螺纹属性】对话框

8.4 切槽加工

单击 MasterCAM X[4] 主窗口中的【刀具路径】→【车削循环】→【径向车削】菜单命令，可调用切槽加工模组，进行切槽加工。

切槽加工用于在垂直车床主轴方向或端面方向车削凹槽。在切槽模组中，其加工几何模型的选择及其特有参数的设置方法均与前面介绍的各模组有较大不同。系统提供了多种定义加工区域的方法，其特有参数的设置包括凹槽外形、粗车参数及精车参数设置。

1. 切槽图形定义

单击【刀具路径】→【车削循环】→【径向车削】菜单命令后，系统弹出【径向车削的切槽选项】对话框，如图 8-37 所示。

图 8-37 【径向车削的切槽选项】对话框

该对话框的【切槽的定义方式】选项区中提供了 4 种选择加工几何模型的方法来定义切槽加工区域形状。

(1)【一点】：在绘图区中选择一点，将所选择的点作为切槽的一个起始角点，实际加工区域大小及外形还需要通过设置切槽外形来进一步定义。

（2）【两点】：在绘图区中选择两个点，通过这两个点来定义切槽的宽度和高度，实际的加工区域大小及外形还需通过设置切槽外形来进一步定义。

（3）【三直线】：在绘图区中选择 3 条直线，而所选择的 3 条直线为凹槽的 3 条边。这时所选择的 3 条直线尽可以定义切槽的宽度和高度。同样，实际的加工区域大小及外形也需通过设置切槽外形来进一步定义。

（4）【串连】：在绘图区选择两个串联来定义加工区域的内外边界，这时切槽的外形由所选择的串联进行定义，在切槽外形设置中只需设置切槽的开口方向，且只能使用切槽的粗车方法加工。

2. 切槽设置

设置好【径向车削的切槽选项】对话框后，单击 ✓ 按钮，系统弹出【车床-径向粗车属性】对话框。切槽的形状及开口方向可以通过径向粗车对话框的【径向车削外形参数】选项卡来设置，如图 8-38 所示。

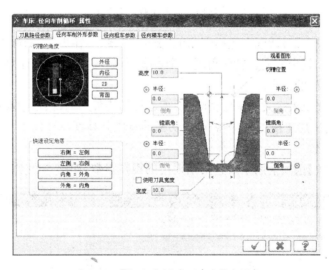

图 8-38 【径向车削外形参数】选项卡

该选项卡包括切槽开口方向、切槽外形及快捷切槽 3 部分的设置。

1）设置切槽开口方向

可通过【切槽的角度】选项区设置切槽的开口方向。可以直接在【角度】文本框中输入角度或用鼠标选取圆盘中的示意图来设置切槽的开口方向，也可以选择系统定义的几种特殊方向作为切槽的开口方向。

【外径】：切外槽的进给方向为 $-x$，角度为 $90°$。

【内径】：切外槽的进给方向为 $+x$，角度为 $-90°$。

【端面】：切端面槽的进给方向为 $-z$，角度为 $0°$。

【背面】：切端面槽的进给方向为 $+z$，角度为 $180°$。

【进刀的方向】：通过在绘图区选择一条直线来定义切槽的进刀方向。

【底线方向】：通过在绘图区选择一条直线来定义切槽的端面方向。

2)定义切槽外形

系统通过设置切槽的"宽度(底部宽度)"、"高度"、"锥底角(侧壁倾角)"和"半径"(内、外圆角半径)等参数来定义切槽的形状。

若内外角位置采用倒直角方式,则需选中【倒角】单选钮,并单击该按钮,系统弹出【切槽的倒角设定】对话框,如图8-39所示。

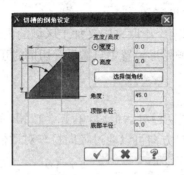

图8-39 【切槽的倒角设定】对话框

【切槽的倒角设定】对话框中包括倒角的"宽度/高度"、"角度"、"底部半径"和"顶部半径"等参数的设置。其中宽度、高度、角度3个参数只需设置其中的2个即可,系统会自动计算出另一个参数值的大小。

通过【Chain】选项来定义加工模型时,不需进行切槽外形的设置;当通过【2 Points】和【3 lines】选项来定义加工模型时,不需设置切槽的宽度和高度。

3)切槽粗车参数

【径向粗车参数】选项卡用于设置切槽模组的粗车参数,如图8-40所示。

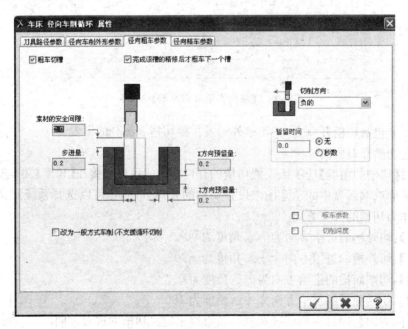

图8-40 【径向粗车参数】选项卡

338

选中【粗车切槽】复选框后,即可生成切槽粗车刀具路径,否则系统只生成精车加工刀具路径。当通过串联选项定义加工模型时,仅能进行粗车加工,所以这时只能选中此复选框。

切槽模组的粗车参数主要包括车削方向、进刀量、提刀速度、槽底停留时间、斜壁加工方式、啄车参数和深度参数的设置。

(1)切削方向。

【切削方向】下拉列表用于选择切槽粗车加工时的走刀方向,如图 8-41 所示。

"正数":刀具从切槽的左侧开始并沿＋z 方向移动。

"负数":刀具从切槽的右侧开始并沿－z 方向移动。

"双向":刀具从切槽的中间开始并以双向车削方式进行加工。

(2)粗切量。

【粗切量】下拉列表用于选择定义进刀量的方式,如图 8-42 所示。

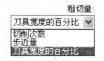

图 8-41 【切削方向】下拉列表　　　　图 8-42 【粗切量】下拉列表

"次数":通过指定车削次数来计算进刀量。

"步进量":直接指定进刀量。

"刀具宽度的百分比":将进刀量定义为指定的刀具宽度百分比。

(3)暂留时间。

【暂留时间】选项区用于设置每次粗车加工时在凹槽底部刀具停留的时间。

【无】:刀具在凹槽底部不停留。

【秒数】:刀具在凹槽底停留指定的时间。

【转数】:刀具在凹槽底停留指定的圈数。

(4)槽壁。

【槽壁】选项区用于设置当切槽侧壁为斜壁时的加工方式。

【步进】:按所设置的下刀量进行加工,这时将在侧壁形成台阶。

【平滑】:对刀具在侧壁的走刀方式进行设置。

(5)退刀位移方式。

【退刀位移方式】选项区用于设置加工中提刀的速度。

【快速位移】:选择该单选钮,采用快速提刀。

【进给率】:选择该单选钮,按指定的速度提刀,在进行倾斜凹槽加工时,建议采用指定的速度提刀。

(6)啄车参数。

当选中【啄车参数】复选框,并单击该按钮时,系统弹出【啄车参数】对话框,如图 8-43 所示,在其中进行啄车参数的设置。啄车参数包括啄车【深度】、【退刀位移】、【暂留时间】(槽底停留时间)。

(7)分层切削。

当选中【分层切削】复选框,并单击该按钮时,系统弹出【切槽的分层切深设定】对话框,如图 8-44 所示。在该对话框中,可进行深度分层加工参数的设置,包括"每次的切削深度"设置、"深度间移动方式"设置和"退刀至素材的安全间隙"。

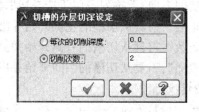

图 8-43 【啄车参数】对话框　　　　　图 8-44 【切槽的分层切深设定】对话框

定义每次的切削深度的方式有两种。

【每次的切削深度】:选择此选项可直接指定每次的加工深度。

【切削次数】:通过指定加工次数,由系统根据凹槽深度自动计算出每次的加工深度。

3. 切槽精车参数

切槽模组精车参数可通过【径向精车参数】选项卡设置,如图 8-45 所示。

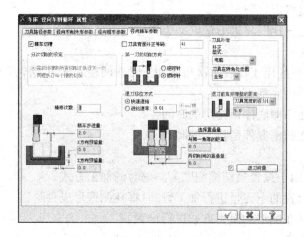

图 8-45 【径向精车参数】选项卡

精车参数设置的主要参数有:加工顺序、进刀刀具路径、首次加工方向的设置等。

精车切槽:当选中【精车切槽】复选框后,系统可根据所设置的参数生成切槽精车路径。

分次切削的设定:【分次切削的设定】选项区用于设置在同时加工多个口槽且进行多次精车车削时的加工顺序。

【完成该槽的所有切削才执行下一个】:系统先执行一个凹槽的所有精加工,再进行下一个凹槽的精加工。

【同理执行每个槽的切削】:系统按层依次进行所有凹槽的精加工。

进行刀具路径的设置:当选中复选框,并单击该按钮时,系统弹出【进刀】对话框,如图

340

8-46 所示。

图 8-46 【进刀】对话框

该复选框用于在每次精车加工刀具路径前添加一段起始刀具路径。其设置方法与粗车模组的进/退刀刀具路径的设置方法相同。

首次加工方向:【第一刀的切削方向】选项区用于设置进行首次切削加工的方向,可以设置为【逆时针】方向或【顺时针】方向。

8.5　车 端 面

单击 MasterCAM X⁴ 主窗口中的【刀具路径】→【车端面】菜单命令,可调用车端面模组,进行端面车削加工。

车端面加工区域由两点定义的矩形区域来确定。该模组的参数可通过【车端面参数】选项卡进行设置,如图 8-47 所示。

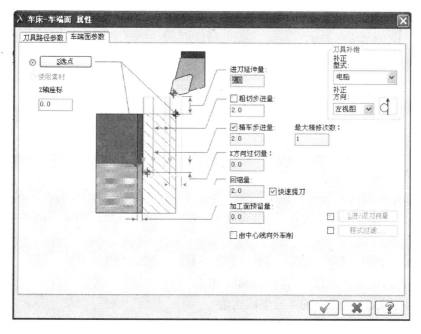

图 8-47　【车端面参数】选项卡

341

在该组选项卡中,特有的参数有【X方向过切量】和【由中心线向外车削】两个参数,其他参数的设置与前面各模组中相应参数的设置方法相同。

(1)【X方向过切量】:该文本框用于指定在车端面加工中路径超出定义区域的过切距离。

(2)【由中心线向外车削】:当选中该复选框时,从距工件旋转轴较近的位置开始向外加工,未选中该复选框则从外向内加工。

8.6 截断车削加工

单击 MasterCAM X⁴ 主窗口中的【刀具路径】→【截断】菜单命令,可调用截断模组,进行截断车削加工。

"截断"车削加工用于对工件进行切槽或切断加工。可以通过选择一个点来定义切槽的位置。该模组的参数可通过【截断的参数】选项卡进行设置,如图 8-48 所示。

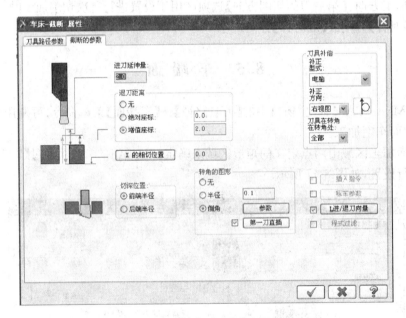

图 8-48 【截断的参数】选项卡

1. 截断车削加工参数设置

该组参数中的特有参数设置包括最终深度、起始位置及刀具最终切入位置的设置。

(1)最终深度:"X 的相切位置"选项用于设置切槽车削终止点的 X 轴坐标,系统默认设置为 0。

(2)【转角的图形】:该选项区用于设置车削起始点位置的外形。

无:在起始点位置垂直切入,不生成倒角。

半径:根据文本框指定的半径生成倒角。

倒角:根据所设置倒角参数生成倒角。选择该单选钮,并单击"参数"按钮,系统弹出【截断的倒角设定】对话框,如图 8-49 所示;选择并单击,系统弹出【第一刀直插】对话框,

342

如图 8-50 所示,可分别设置"倒角"和"安全切削"参数。

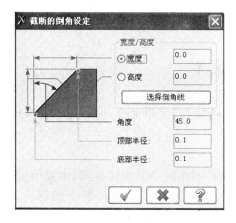

图 8-49 【截断的倒角设定】对话框

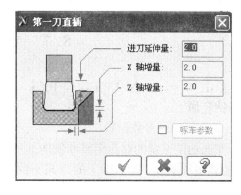

图 8-50 【第一刀直插】对话框

(3)【切深位置】:该选项区有以下两种选项。

前端半径:刀具的前角点切入至指定终止点的 X 轴坐标位置。

后端半径:刀具的后角点切入至指定终止点的 X 轴坐标位置。

2. 截断车削加工操作步骤

(1)单击【刀具路径】→【截断】菜单命令,选择工件上需要截断的点。

(2)系统弹出【车床-截断属性】对话框,如图 8-51 所示。在刀具库列表中直接选择截断车削加工用的刀具,并设置刀具参数。

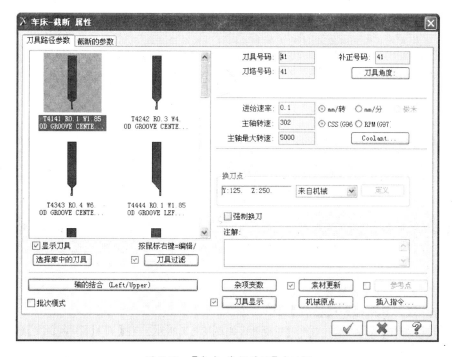

图 8-51 【车床-截断属性】对话框

(3)单击【刀具路径参数】选项卡,设置刀具路径参数。

(4)单击【截断的参数】选项卡,设置截断的参数。单击 √ 按钮,系统即可添加截断刀具路径到操作管理器中,完成操作。

8.7 钻 孔 加 工

单击 MasterCAM X⁴ 主窗口中的【刀具路径】→【钻孔】菜单命令,可调用钻孔模组,进行钻孔加工。

1. 钻孔加工参数设置

车床加工系统的钻孔模组和铣床加工系统的钻孔模组的功能大致相同,主要用于钻孔、铰孔或攻螺纹。但其加工的方式不同,在车床的钻孔加工中,刀具仅沿 Z 轴移动,而工件随卡盘旋转;但在铣床的钻孔加工中,刀具既沿 Z 轴移动又绕主轴旋转。

在车床的钻孔模组中,提供了 8 种标准形式和 12 种自定义形式的加工方式。【深孔钻无啄钻】选项卡用于设置车床钻孔模组特有参数,如图 8-52 所示。

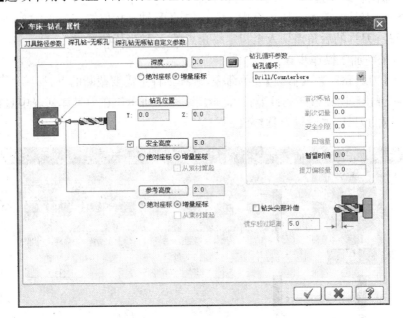

图 8-52 【深孔钻-无啄钻】选项卡

该选项卡中各参数的设置方法与铣床钻孔模组基本相同,所不同的是铣床钻孔模组的中心孔位置是通过在绘图区选择,而车床钻孔模组的中心孔位置则通过【钻孔位置】选项进行设置。

2. 钻孔加工的操作步骤

(1)选择【刀具路径】→【钻孔】菜单命令。

(2)系统弹出【车床-钻孔属性】对话框,如图 8-53 所示。在【刀具路径参数】选项卡的刀具列表中选择刀具参数。

(3)切换到【深孔钻-无啄钻】选项卡,设置钻孔参数,如图 8-52 所示。

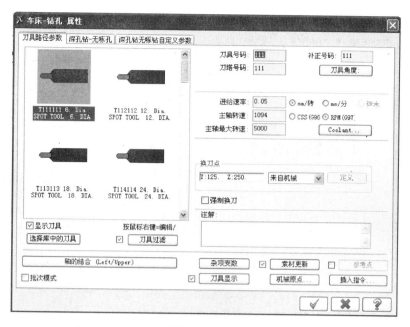

图 8-53 【车床-钻孔属性】对话框

(4) 单击图 8-53 中的按钮,系统即可添加钻孔刀具路径到操作管理器中,完成操作。

8.8 简 式 加 工

单击 MasterCAM X⁴ 主窗口中的【刀具路径】→【快速】→【粗车】菜单命令,可调用简式车削加工模组,进行"粗车"、"精车"、"径向车削"加工。利用该模组生成刀具路径时,所需设置的参数较少。该模组一般用于较简单的粗车、精车或径向车削加工。

8.8.1 简式粗车加工

选择【刀具路径】→【快速】→【粗车】菜单命令,可进行简式粗车加工。其选取加工几何模型的方法与粗车模组的相同。

单击【简式粗车参数】选项卡,如图 8-54 所示。该选项卡的参数设置比粗车模组参数简单,各参数的设置方法与粗车模组中相应参数的设置方法相同。

8.8.2 简式精车加工

选择【刀具路径】→【快速】→【精车】菜单命令,可进行简式精车加工。

单击【简式精车参数】选项卡,如图 8-55 所示。采用该方式进行加工时,可以先不选择加工模型。其加工模型可通过设置该加工特有参数的【简式精车参数】选项卡来定义。在【精的外形】选项区中选择【操作】复选框,即一个已粗车加工过的模型作为简式精车加工的对象,也可以选择【串联】复选框,并单击按钮,在绘图区中选择加工模型。

该选项卡的参数设置比精车模组参数的设置简单,各参数的设置方法与精车模组中相应参数的设置方法相同。

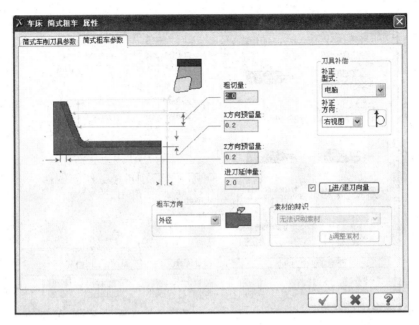

图 8-54 【简式粗车参数】选项卡

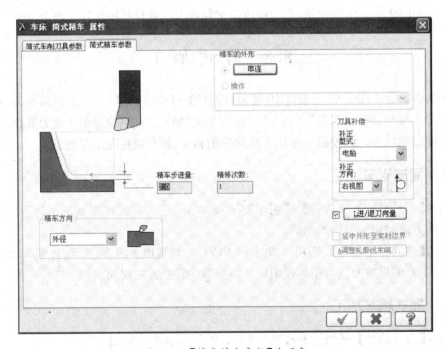

图 8-55 【简式精车参数】选项卡

8.8.3 简式径向车削加工

选择【刀具路径】→【快速】→【径向车削】菜单命令,系统弹出【简式径向车削的选项】对话框,如图 8-56 所示。

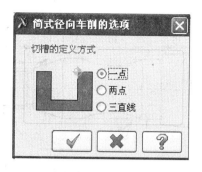

图 8-56 【简式径向车削的选项】对话框

该加工方式的设置方法与使用切槽模组进行加工的方法基本相同,也需要先选取加工模组,然后进行切槽外形设置及粗车和精车参数的设置。

在定义加工模型时,在图 8-56 中只能通过【一点】、【两点】和【三直线】这 3 种方式来定义凹槽的位置与形状。

定义完加工模型后,系统弹出【车床-简式径向车削属性】对话框,单击该对话框中【简式径向车削型式参数】选项卡,如图 8-57 所示,在其中可设置切槽的形状。该选项卡中的各个参数的设置方法与切槽模组的切槽外形的设置方法相似。

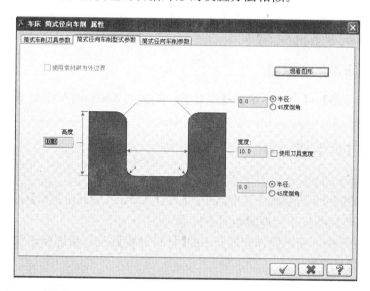

图 8-57 【简式径向车削型式参数】选项卡

简式径向车削加工的粗车参数和精车参数同在一个选项卡中进行设置,设置粗车参数和精车参数可单击【简式径向车削参数】选项卡(图 8-56)。该选项卡的各个参数的设置方法与切槽模组的粗车参数的设置方法相同。

8.9 车削加工综合项目

要求加工如图.8-58 所示的零件图形。提供毛坯尺寸为 $\phi 40mm \times 120mm$ 圆棒料,生成车削加工刀具路径,并进行加工仿真,最后产生数控车削加工 NC 程序。

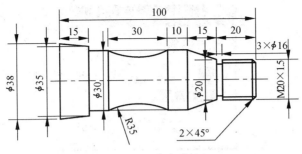

图 8-58 零件图形

8.9.1 工艺分析与操作步骤

1. 该零件的加工工艺路线

(1)端面加工:去掉其右端面的 3mm 余量。

(2)外形加工:粗、精加工外圆(包括 2×45° 的倒角)。

(3)切槽:螺纹退刀槽的加工。

(4)车螺纹:加工 M20×1.5 的螺纹。

2. 操作步骤

选择车削加工系统→设置工件毛坯→车端面→粗车外形→精车外形→切槽→车螺纹→实体加工模型→生成数控 NC 程序。

8.9.2 选择车削加工系统

选择【机床类型】→【车削系统】→【默认】菜单命令,MasterCAM X⁴ 软件系统将进入到车削加工模块。

8.9.3 设置工件毛坯

操作步骤如下。

(1)双击如图 8-59 所示操作管理器中的【属性-Lathe Default MM】标识。

(2)展开属性后的操作管理器如图 8-61 所示。

(3)单击如图 8-60 所示操作管理器中的【材料设置】标识,系统弹出如图 8-61 所示的【机器群组属性】对话框。

图 8-59 操作管理器

图 8-60 展开属性后的操作管理器

（4）单击【材料设置】选项卡中的【材料】选项区中的【信息内容】按钮，系统弹出如图 8-62 所示的【机床组件材料】对话框。

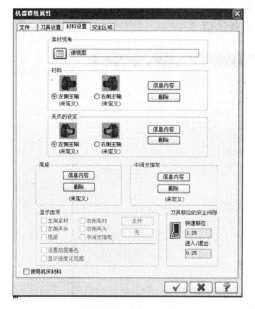

图 8-61 【机器群组属性】对话框　　　　图 8-62 【机床组件材料】对话框

（5）在【外径】文本框中输入"40"，在【长度】文本框中输入"120"，在【基线 Z】文本框中输入"3"，工件的"基线 Z"设置在【右端面】。

（6）单击按钮，完成毛坯设置的图形，如图 8-63 所示。

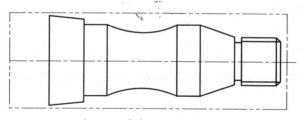

图 8-63　完成毛坯设置的图形

8.9.4 车端面

1. 启动车端面

（1）选择【刀具路径】→【车端面】菜单命令，系统弹出【输入新 NC 名称】对话框，如图 8-64 所示。在文本框中可以重新输入名称或直接确认采用系统默认名称。

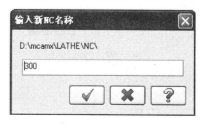

图 8-64 【输入新 NC 名称】对话框

(2)确认后,单击✔按钮,系统弹出【车床-车端面属性】对话框。

2. 设置车端面刀具路径参数

在图 8-65 所示的对话框中设置车端面【刀具路径参数】选项卡。输入【进给率】为"80"mm/min;【主轴转速】为"500"r/min,其余用默认值。

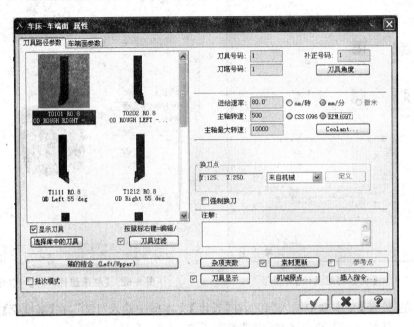

图 8-65 【刀具路径参数】选项卡

3. 设置车端面参数

(1)选择【车端面参数】选项卡,如图 8-66 所示。设置车端面参数,输入【粗车步进量】为"1.5",【精车步进量】为"0.5",选择【选点】单选钮,其余用默认值。

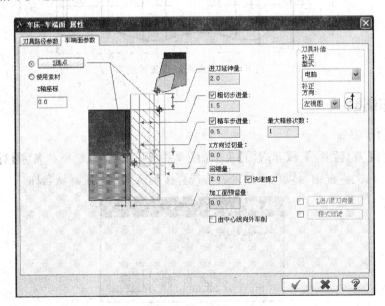

图 8-66 【车端面参数】选项卡

350

（2）单击图 8-66 中的【选点】按钮，在绘图区分别选取"P1、P2"两个点，如图 8-67 所示，用于确定端面加工的范围。

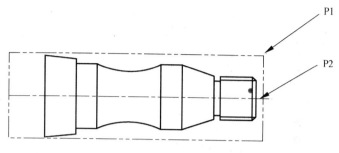

图 8-67 选取"P1、P2"两个点

4. 生成端面加工刀具路径

"选点"完成后，系统返回图 8-66，单击 ✔ 按钮，生成该零件端面加工刀具路径，如图 8-68 所示。

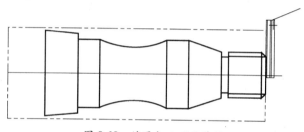

图 8-68 端面加工刀具路径

8.9.5 粗车外形

1. 启动粗车

（1）选择【刀具路径】→【粗车】菜单命令，系统弹出【转换参数】对话框，单击【部分串联】选项，选择"接续"，图 8-69 中线段 L1～L2 的全部外形线。注意：线段 L1 与 L2 串联方向应保持一致。

（2）完成选取的图形如图 8-69 所示。

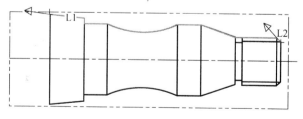

图 8-69 选取的图形

2. 设置外圆粗车刀具参数

设置外圆粗车【刀具路径参数】选项卡，如图 8-70 所示。输入【进给速率】为"200"mm/min；选择【下刀速度】复选框，并输入【下刀速度】为"100"r/min；主轴转速为"600"r/min。选择一把新刀具，并将"刀片"设置成"刀鼻半径为 0.8"，选择【素材更新】复选框，其余选

351

项用默认值。

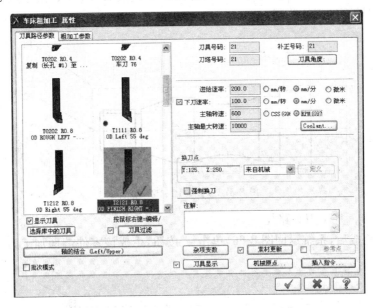

图 8-70 【刀具路径参数】选项卡

3. 设置粗车参数

(1)单击【粗车参数】选项卡,如图 8-71 所示,输入【粗车步进量】为"1.5",其余选项用默认值。

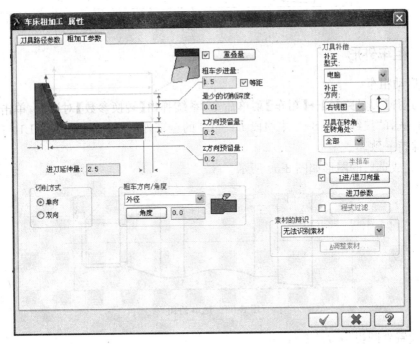

图 8-71 【粗车参数】选项卡

(2)单击该选项卡中的【进/退刀向量】按钮,系统弹出【输入/输出】对话框的【进刀】选项卡,如图 8-72 所示。在【确定方向】选项区中选择【垂直】,其余选项用默认值。

352

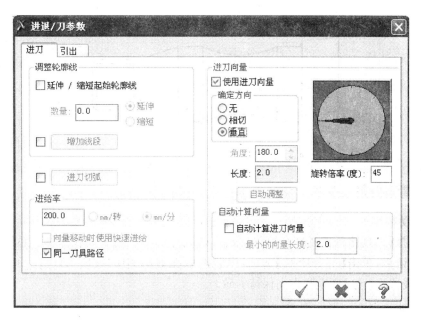

图 8-72 【输入/输出】对话框的【进刀】选项卡

(3)同理,设置【引出】选项卡,在【确定方向】选项区中选择【垂直】,其余选项用默认值。【输入/输出】对话框设置完后,单击 ✔ 按钮,系统返回【车床粗加工属性】对话框,如图 8-71 所示。

(4)单击图 8-71 中的【进刀参数】按钮,系统弹出【进刀的切削参数】对话框,如图 8-73 所示。在【进刀的切削设置设定】选项区中,选择第二项,参数用默认值。

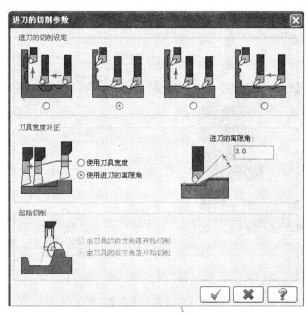

图 8-73 【进刀的切削参数】对话框

4. 生成外圆粗车刀具路径

单击图 8-71 中的 ✔ 按钮,该零件生成外圆粗车刀具路径,如图 8-74 所示。

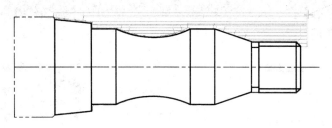

图 8-74 外圆粗车刀具路径

8.9.6 精车外形

1. 启动精车

(1)选择【刀具路径】→【精车】菜单命令,选取外形线和粗车操作一样。系统弹出【转换参数】对话框,单击【部分串联】选项,串联选取图 8-69 中的线段 L1～L2 的全部外形线。注意线段 L1 与 L2 串联方向保持一致。

(2)完成选取的图形如图 8-69 所示。

2. 设置外圆精车刀具参数

设置外圆精车【刀具路径参数】选项卡,如图 8-75 所示。输入【进给速率】为"80"mm/min,【主轴转速】为"600"r/min。选择一把新刀具,并将"刀具"设置成"刀鼻半径为 0.8",其余选项用默认值。

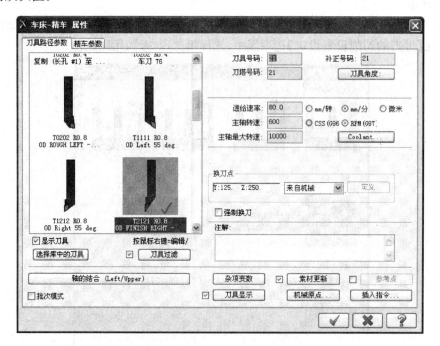

图 8-75 【刀具路径参数】选项卡

3. 设置精车参数

(1)单击【精车参数】选项卡,如图 8-76 所示,输入【精车步进量】为"0.5",其余选项用默认值。

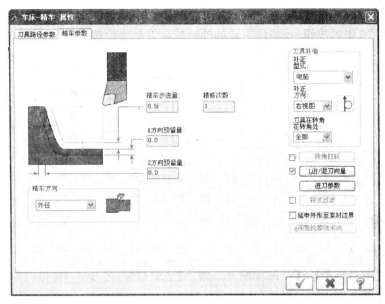

图 8-76 【精车参数】选项卡

(2)单击该选项卡中的【进/退刀向量】按钮,系统弹出【输入/输出】对话框的【引入】选项卡(图 8-72),在【确定方向】选项区中选择【垂直】,其余选项用默认值。

(3)同理,设置【引出】选项卡,在【确定方向】选线区中选择【垂直】,其余选项用默认值。【输入/输出】对话框设置完后,单击该对话框中的✔按钮,系统返回图 8-76 所示的对话框。

(4)单击图 8-76 中的【进刀参数】按钮,系统弹出【进刀的切削参数】对话框,如图 8-77 所示。在【进刀的切削设定】选项区中,选择第三项,参数用默认值。

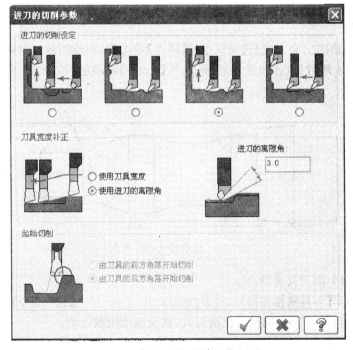

图 8-77 【进刀的切削参数】对话框

4. 生成外圆精车刀具路径

单击图 8-76 中的按钮,该零件生成的外圆精车刀具路径如图 8-78 所示。

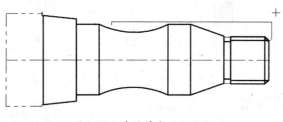

图 8-78　外圆精车刀具路径

8.9.7　切槽

1. 启动径向车削

(1)选择【刀具路径】→【径向车削刀具路径】菜单命令,系统弹出【径向车削的切槽选项】对话框,如图 8-79 所示。

图 8-79　【径向车削的切槽选项】对话框

(2)单击【切槽的定义方式】选项区中的【两点】单选钮,在绘图区选取确定切槽区域的两点,即 P3 与 P4 两对角点,如图 8-80 所示,按【Enter】键确定。

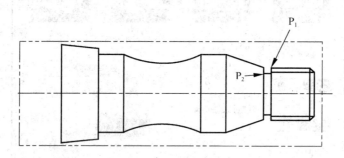

图 8-80　选取槽的两对角点

2. 设置径向车削刀具参数

设置径向粗车【刀具路径参数】选项卡,如图 8-81 所示。输入【进给速率】为"60"mm/min,【主轴转速】为"400"r/min。选择一把新刀具,其余选项用默认值。

3. 设置径向车削外形参数

在图 8-81 中，单击【径向车削外形参数】选项卡，如图 8-82 所示，参数设置均用默认值。

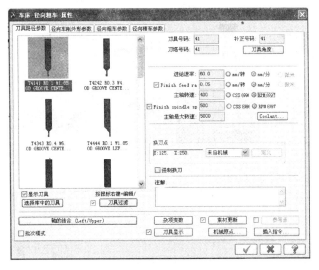

图 8-81 【刀具路径参数】选项卡

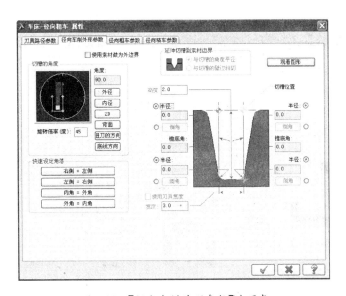

图 8-82 【径向车削外形参数】选项卡

4. 设置径向粗车参数

【径向粗车参数】选项卡如图 8-83 所示。【切削方向】选择"负的"；单击【退刀位移方式】选项组中的【进给率】，并输入【进给率】为"300"mm/min。其余选项用默认值。

5. 设置径向精车参数

【径向精车参数】选项卡如图 8-84 所示。输入【精车步进量】为"0.5"。其余选项用默认值。

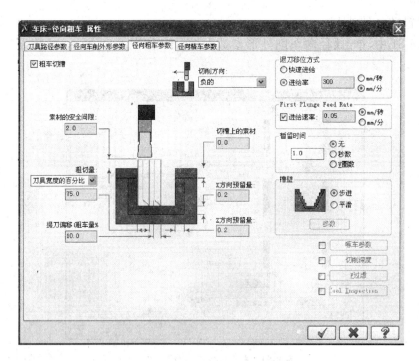

图 8-83 【径向粗车参数】选项卡

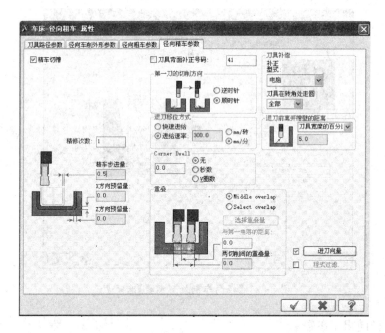

图 8-84 【径向精车参数】选项卡

6. 生成切槽刀具路径

完成参数设置后,单击图 8-84 中的 ✔ 按钮,该零件切槽刀具路径生成,如图 8-85 所示。

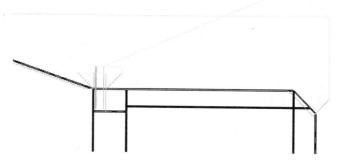

图 8-85　槽刀具路径生成

8.9.8　车螺纹

1. 启动车螺纹

单击菜单【刀具路径】→【车螺纹刀具路径】命令,系统弹出【车床-车螺纹属性】对话框,如图 8-86 所示。

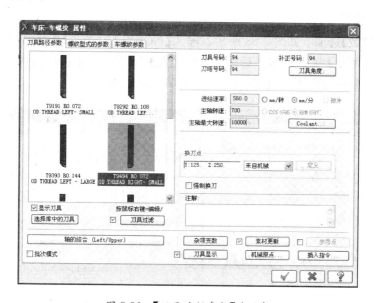

图 8-86　【刀具路径参数】选项卡

2. 设置车螺纹刀具参数

【刀具路径参数】选项卡如图 8-86 所示,输入【进给速率】为"560"mm/min,【主轴转速】为"700"r/min,其余选项用默认值。

3. 设置螺纹型式的参数

【螺纹型式的参数】选项卡如图 8-87 所示。输入【导程】为"1.5"mm/牙,【大的直径】为"20",【牙底直径(小径)】为"18.14",【螺纹深度】为"0.93",【终止位置】为"-18.5",其余选项用默认值。

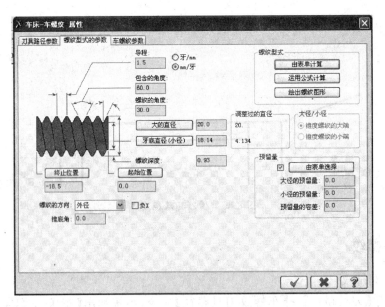

图 8-87　【螺纹型式的参数】选项卡

4. 设置车螺纹参数

【车螺纹参数】选项卡如图 8-88 所示。输入【NC 代码的格式】为"固定螺纹（G92）"，【最后一刀的切削量】为"0.2"，【最后深度的修光次】为"2"。单击【进刀加速间隙】选项区中的【自动计算】复选框，单位为"毫米"，其余选项用默认值。

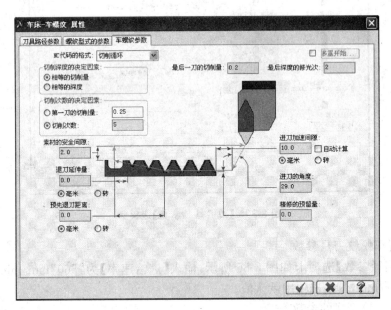

图 8-88　【车螺纹参数】选项卡

5. 生成车螺纹刀具路径

完成参数设置后，单击图 8-88 中的 ✓ 按钮，该零件车螺纹刀具路径生成，如图 8-89所示。

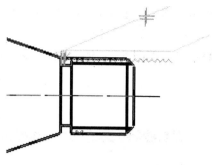

图 8-89　车螺纹刀具路径

8.9.9　实体加工模拟

全部车削加工刀具路径生成后,为了检查刀具路径正确与否,可以通过刀具路径实体模拟或快速模拟检验刀具路径。

(1)在 MasterCAM X⁴ 主窗口的操作管理器中,单击按钮,选择全部操作,单击"实体模拟"按钮,系统弹出【实体切削验证】对话框,如图 8-90 所示。

(2)单击"播放"按钮,检查无误后,单击✔按钮,实体加工模拟结果如图 8-91 所示。

图 8-90　【实体切削验证】对话框

图 8-91　实体加工模拟结果

8.9.10　生成数控 NC 程序

检查刀具路径无误后,执行后处理操作,MasterCAM X⁴ 自动产生数控车削加工 NC 程序。

（1）在操作管理器中，单击 ✔ 按钮，选择全部操作，单击"后处理"按钮，系统弹出【后处理程序】对话框，如图8-92所示，单击 ✔ 按钮。

（2）系统弹出【另存为】对话框，如图8-93所示，选择保存位置和输入文件名，单击【保存】按钮。

图8-92 【后处理程序】对话框　　　　　　图8-93 【另存为】对话框

（3）生成数控NC程序如图8-94所示。

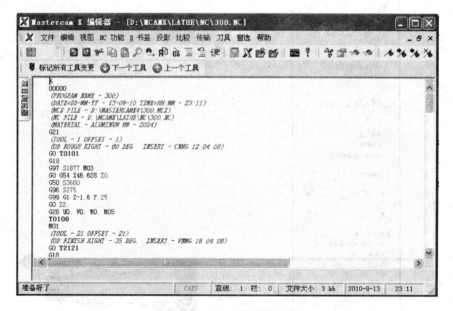

图8-94 生成数控NC程序

本 章 小 结

本章主要讲述了 MasterCAM X[4] 的车削加工模块中的常用车削加工功能。在完成本章的学习之后，读者应该具备熟练地构建车削加工所需的二维图形、常用车削加工思路

362

与方法的能力,为学习零件的车削加工打好基础。

在图形绘制中,车削加工与铣削加工方法基本相同,所不同的是:车削加工一般只需绘制二维图形,而不需绘制三维图形,且二维图形只需绘制其对称图形的一半即可,省时、省力。通过介绍车削加工刀具参数、粗车参数、精车参数及操作方法,读者可以掌握 MasterCAM X⁴ 车削常用零件的加工方法及应用。

思考与练习

① 车床坐标系分为哪 4 种? 车床刀具类型分为哪 4 种?

② 在数控车床坐标中,+Z 方向是什么? MasterCAM X⁴ 车削加工常用的构图平面是哪一个?

③ 切槽车削加工时,为什么要设置底部刀具停留时间?

④ 自定毛坯外形及尺寸,用多种方法进行车削加工共同参数的设置。

⑤ 按图 8-95 所示的各零件图,选择合适的加工方法,生成车削加工刀具路径,并进行实体加工模拟,最后生成车削加工数控 NC 程序。

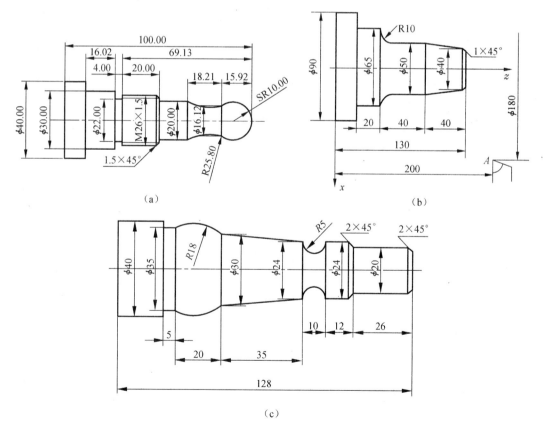

图 8-95 零件图

参 考 文 献

[1]蔡冬根. Mastercam 9.0 应用与实例教程. 北京:人民邮电出版社,2006.

[2]李杭. Mastercam 应用教程. 南昌:江西高校出版社,2005

[3]康亚鹏. 数控编程与加工 Mastercam X 基础教程. 北京:人民邮电出版社,2007.

[4]徐承俊,魏中平. MasterCAM 系统设计与开发. 北京:国防工业出版社,2004.

[5]唐立山. CAD/CAM 软件应用(MasterCAM 版). 北京:国防工业出版社,2009.

[6]姜勇. AutoCAD 习题精解. 北京:人民邮电出版社,2000.

[7]吴长德. Mastercam 9.0 系统学习与实训. 北京:机械工业出版社,2005.

[8]何满才. Mastercam X 习题精解. 北京:人民邮电出版社,2007.

[9]刘文. MasterCAM X^2 数控加工技术宝典. 北京:清华大学出版社,2008.

[10]张灶法. Mastercam X^2 实用教程. 北京:清华大学出版社,2008.